물리화학실험

최종하 · 정광우 · 이기학 공저

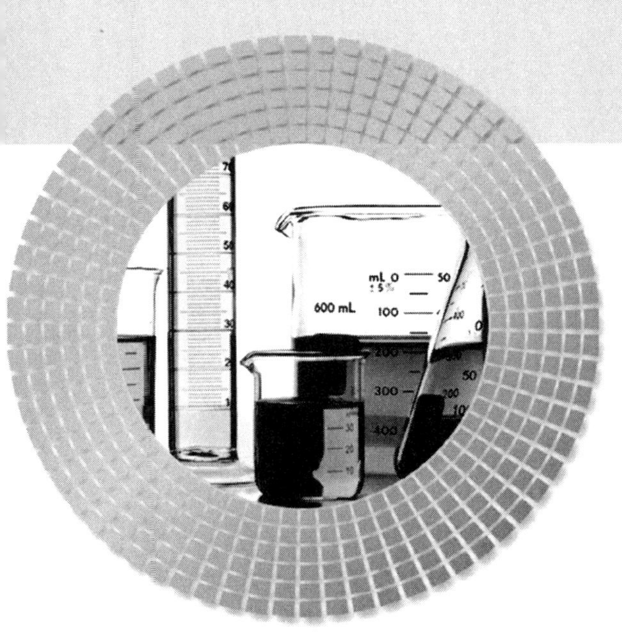

Physical Chemistry Laboratory

자유아카데미

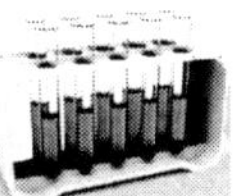

머리말

물리화학은 물질의 조성과 변화 과정을 연구하는 화학의 세부 분야로, 물리학의 기본 원리를 적용하여 화학적 현상을 규명하는 것이 특징이다. 따라서 화학에서 일어나는 제반 현상들을 가장 근본적인 이치로 탐구하기 때문에 화학을 전공하는 학생들은 물론, 화학 관련 과학 및 응용 기술을 공부하는 학생들도 물리화학을 주요 전공과목의 하나로 배우고 있다. 특히 물리화학실험은 화학적 현상의 근본적인 이해를 목적으로 매우 정확한 실험적 관찰과 함께 새로운 사실의 이해와 원인을 규명하므로 화학의 원리에 대한 기본 지식을 자연스럽게 습득할 수 있으리라 기대된다.

풍부한 재정지원을 바탕으로 우수한 교육 장비들을 두루 갖추고 있는 선진국 대학들의 물리화학실험의 내용에 비해 국내 대학들의 실험 여건은 아직도 열악한 경우가 대부분이다. 따라서 집필진은 본 교재의 집필 과정에 있어서 다음의 사항들을 염두에 두었다.

첫째, 국내 대학 화학과의 교육목표와 교육실정에 부합하는 물리화학실험 교재
둘째, 국내 대학의 충분치 못한 여건을 감안하여 고가 장비에 의존하는 실험보다는 적은 비용으로도 효율적으로 물리화학의 원리를 이해하는 실험
셋째, 최근 화학의 발전 추세와 부합하는 새로운 실험 주제의 개발

물리화학실험은 실험마다 측정 장비를 사용하는 경우가 많기 때문에 실험 시설 및 재정 형편상 한 강좌에 모든 학생들이 동일한 실험을 수행하는 것은 사실상 불가능하다. 이러한 경우 한 학기에 하는 모든 실험 과정을 매주 한꺼번에 준비해 놓고 각 실험 조가 매주 돌아가면서 다른 실험을 하는 것이 효율적이다. 이 경우 학생들은 학기 초에 모든 실험에 대한 지식을 미리 습득하도록 하는 것이 좋다. 따라서 담당 교수 또는 조교는 학기 초에 모든 실험에 대하여 한꺼번에 강의 또는 세미나를 통하여 학생들이 각 실험에 대한 기초지식을 갖도록 해야 할 것이다.

이 책을 기술함에 있어서 화학 용어는 대체로 대한화학회의 화학술어집에 따라 표기하였으며, 중요한 용어는 이해하는 데 도움이 되도록 원어를 괄호 안에 함께 나타내었다.

저자들의 얕은 지식으로 인하여 본의 아니게 잘못 기술한 부분도 있으리라 짐작되며, 이에 현명하신 독자 여러분의 충고를 기대하는 바이다. 또한 좋은 내용의 물리화학실험을 소개하시고자 하는 교수님 및 조교선생님들께서는 언제든지 연락주시길 바란다. 모쪼록 이 책이 물리화학실험에 대한 기본 지식을 갖추는 데에 조금이나마 도움이 되기를 진심으로 기원한다.

끝으로 이 책의 출판을 위해 수고하신 출판사 관계자 여러분께 감사드린다.

2013년 1월

대표저자 정광우

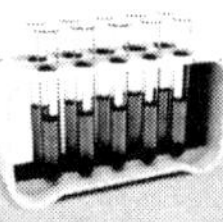

차례

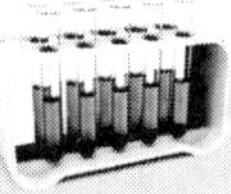

화학 실험에 앞서

화학은 "물질의 성질과 그 변화"를 연구하는 학문으로 그 응용 범위가 대단히 넓고, 현대 자연과학 및 응용공학의 모든 분야와 관련되어 있다. 따라서 화학은 화학을 전공하기 위해서만이 아니라 현대의 과학이나 공학을 이해하기 위해서 반드시 필요하다.

화학은 기본적으로 자연 현상의 정확한 관찰을 바탕으로 하는 실험과학이기 때문에 화학을 배우는 과정에서 실험은 핵심적인 부분을 차지한다. 화학 실험실에서 얻게 되는 경험을 통해, 정확하고 자세한 관찰과 논리적인 사고를 바탕으로 자연 법칙을 이해하고 이를 응용할 수 있는 능력을 키울 수 있으며, 나아가서 다른 자연과학 및 공학분야 연구 개발에 직접적으로 활용할 수 있게 된다. 화학 실험을 보다 유익하게 익히기 위해서 반드시 유의해야 할 사항들은 다음과 같다.

첫째, 실험을 할 때는 언제나 실험의 목적과 방법을 충분히 이해하여 실험에 대한 자신감을 갖도록 한다. 화학 실험은 조심하지 않으면 정확한 결과를 얻지 못하거나 심각한 사고가 일어날 수 있다.

둘째, 실험을 시작하기 전에 필요한 기구와 시약이 준비되어 있는가를 확인한다.

셋째, 실험에 사용하는 기구와 시약의 정확한 명칭 및 특성을 충분히 파악하고, 안전한 사용법을 익혀두도록 한다.

넷째, 반드시 시약의 종류를 확실하게 표시해두는 습관을 익혀야 한다. 공동으로 사용하는 시약병에 담긴 시약은 오염이 되지 않도록 조심해야 한다. 사용 후에 남은 시약을 공동으로 사용하는 시약병에 다시 넣어서는 안 되고, 전용으로 사용하는 피펫 이외의 기구를 공동 시약병에 넣어도 안 된다.

다섯째, 실험을 하는 동안에 중요한 관찰 사항이나 측정값 또는 의문 사항은 즉시 실험 노트에 적어두는 버릇을 익혀야 한다. 측정값을 이용한 계산의 모든 과정도 함께 적어두어야 한다. 측정값을 아무 곳에나 적어두었다가 실험이 끝난 후에 노트를 정리하는 것은 대단히 나쁜 버릇이다.

여섯째, 실험을 마친 후에는 실험 노트에 적어둔 관찰 사항을 바탕으로 "실험 보고서"를 작성한다. 실험 보고서에는 실험에서 얻은 결과에 대한 정확한 분석이 포함되어야 한다.

일곱째, 실험의 결과에 대하여 동료와 토론을 하는 과정에서 많은 것을 배울 수 있다. 그러나 무조건 동료의 실험 결과를 베껴서는 안 된다. 공동으로 수행한 실험의 경우에는 실험 데이터가 같아야 하지만 계산된 결과와 해석은 다를 수도 있다.

여덟째, 실험하는 과정에서 생각난 의문 사항은 반드시 도서관의 참고 자료를 활용하여 해결하는 버릇이 필요하다. 필요하면 조교나 동료의 도움을 받을 수는 있지만 스스로 의문 사항을 해결하는 능력을 키울 필요가 있다. 화학 물질의 성질에 대한 자세한 자료는 다음과 같은 참고 자료를 이용할 수 있다.

1) CRC Handbook of Chemistry and Physics(CRC Press, Boca Raton, Florida)
2) Merck Index(Merck & Co., Rakway, New Jersey)

아홉째, 실험이 끝난 후에는 기구를 깨끗이 씻어서 원래의 자리에 정리해두고, 남은 시약을 적절하게 처리해야 한다.

열번째, 화학 실험실에서 큰 소리로 떠들거나 장난을 쳐서는 안 되며, 실험실에서 음식물을 먹거나 음료수를 마시는 것은 매우 위험하다.

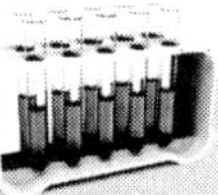

실험실 안전 규칙

1. 안전 장비를 확인해야 한다(Identify the Safety Equipment).

사고가 날 경우 비상구를 이용하여 대피하는 법, 수화기의 위치 및 작동법, 소화담요, 샤워, 구급약 등의 위치와 사용법을 미리 알아두어야 한다. 모든 사고가 났을 때는 즉시 조교 선생님께 알려야 한다.

2. 화학실험은 화재, 폭발 및 유독 가스 질식, 유독성 액체 접촉 등의 위험성에 대한 가능성이 많으므로 반드시 허가받은 실험만 진행한다.

3. 화학 안전 정보를 반드시 읽어야 한다(Read the Chemical Safety Information).

실험 시작 전 실험의 내용을 숙지하고, 사용하는 시약, 반응, 기구 등의 특성을 미리 미리 알아야만 한다.

4. 적절한 의상을 갖추어야 한다(Dress Appropriately).

항상 실험복을 착용하고 신발은 앞이 트이지 않은 안전하고 편한 신발을 택한다(샌들, 콘택트렌즈, 긴 바지, 짧은 치마, 긴 머리 등은 금물! 실험복과 보안경 착용).

5. 반드시 보안경을 착용한다(Take a safty glass).

시약이 튀거나 유리파편이나 뜨거운 증기에 의하여 눈에 치명적 손상을 줄 수 있기 때문에 반드시 눈을 보호하기 위하여 보안경을 착용하고, 가능하면 콘택트렌즈는 착용하지 않는다. 눈에 유독성 액체가 튀었을 때는 다량의 물로 깨끗이 씻고 곧 적절한 치료를 받아야 한다.

6. 실험실은 통풍이 잘되도록 해야 한다(good ventilation).

독성이 있거나 냄새가 심한 시료를 다룰 때는 반드시 후드 안에서 실험하고 머리를 후드 안으로 넣지 않는다.

7. 모르는 시약은 맛을 보거나 냄새를 직접 맡지 않는다(Don't Taste or Sniff Chemicals).

특히 입으로 피펫을 사용하면 안 된다(Do Not Pipette By Mouth). 대부분의 시약은 유독하므로, 절대 맛을 보아서는 안 되며, 시약의 냄새를 맡을 때는 손으로 부채질하듯 서서히 냄새를 맡고, 다량의 기체를 흡입하지 않도록 주의한다.

8. 실험실에서 먹거나 마시면 안 된다(Don't Eat or Drink in Lab).

9. 실험실에서 얻은 데이터는 잘 기입한다(Keep Data During Lab).

10. 시험관이나 플라스크를 가열할 때는 중탕 냄비를 사용한다(When you heat the water bath should be used).

시약이 담긴 기구를 가열할 때는 물중탕 냄비를 이용하고, 증기가 나오는 입구를 사람에게 향하지 않도록 한다. 시험관이나 플라스크 안의 가열 시료를 관찰할 때는 직접 위에서 관찰하지 말고, 옆쪽으로 관찰한다.

11. 진한 산과 염기, 독성이 있는 시약은 조심하여 다룬다(Be careful of the deals with toxic reagents).

진한 산과 염기 및 유독한 시약은 섞이면서 많은 열을 발생할 수 있으므로 항상 조심해서 다루고, 물을 섞어 묽힘을 하게 될 때도 물을 저어가며 진한 산이나 염기를 서서히 넣어주어야 하고, 물을 산에 직접 부어서는 안 된다.

12. 시약 사용 시 반드시 시약병의 표지를 정확히 두 번 이상 확인한 후 사용한다(Check the reagent name more twice).

시약을 사용할 때는 시약병의 표지를 항상 두 번 이상 확인한 후 사용하는 습관을 들이도록 한다. 시약병을 이동할 때는 반드시 두 손을 사용하여야 하며, 병의 몸통 부분과 바닥 부분을 받쳐 들어야 한다. 한 손으로 병을 이동하거나, 병마개만 잡고 이동시키는 일은 절대 금물이다.

13. 액체를 가열할 때는 반드시 끓임쪽(boiling chip)을 넣는다(When heating, always put boiling chip should be used).

액체가 가열되면서 갑자기 끓어오르는 현상으로 위험한 상황을 방지하기 위하여 끓임쪽을 넣고 가열해야 한다.

14. 뜨거운 유리 기구는 집게를 이용한다(Use tongs to a hot glass apparatus).

뜨거운 시험관을 이동할 때는 시험관 나무 집게를 시용하고, 뜨거운 도가니를 이동할 때는 쇠로 된 도가니 집게를 사용한다.

15. 고무 마개에 유리관을 끼울 때는 조심하고, 유리관에 물을 묻혀서 끼운다 (Be careful when you insert a rubber tube).

가능하면 고무 마개와 유리관을 수건으로 감싸는 것이 좋고, 무리하게 힘을 가하지 않는다.

16. 시약병, 유리 기구, 실험대는 항상 깨끗하게 준비되어 있어야 한다(Must always be ready to clean bench, reagent bottle anad apparatus).

17. 실험 진행 시에는 반드시 자리를 지킨다(When the experiment must continue to keep the seat).

실험은 반응의 진행 상황을 관찰해야 하므로 항상 현상을 지켜보는 것이 중요하며, 실험 시에는 항상 위험이 따르기 때문에 자리를 이탈하지 말고, 실험이 종료될 때까지 관찰하는 습관을 가져야 한다.

18. 사용한 시약은 적절한 분리 방법에 의해 처리해야 한다(Don't Dispose of Chemicals Down the Drain).

화학물질을 하수구에 버리면 안 된다. 반드시 적절한 방법에 의해 회수통을 모아 처리할 수 있도록 해야 한다. 특히 진한 산이나 염기, 유기 용매 등은 하수구에 그냥 버려서는 안 된다. 중금속을 포함하는 용액들은 배수구로 직접 버려서는 안 된다. 분말로 된 산화 마그네슘과 대리석의 비가 1:1인 혼합물로 거른 후 실험실에서 처리해야 한다.

19. 실험 종료 시 시약병은 제자리에 두고, 기구는 항상 깨끗하게 씻어서 정리한다 (At the end of the experiment equipment is always clean, washed).

전기, 수도, 가열기 등을 안전하게 점검하고 귀가한다.

20. 응급 처치법에 대해서 사전 준비를 해야 한다(First Aid methods should be the prepared before experiment).

화학실험을 하는 데는 근본적으로 위험은 항상 따라온다고 생각해야 한다. 그러나 실험에 대한 화학적 또는 물리적 성질의 지식을 잘 적용하고, 실험 방법 및 시약, 기구에 대한 충분한 지식과 실험실의 기본 안전 수칙을 잘 이해하면 훈련에 의하여 위험을 최대한 줄일 수 있다. 화학실험을 할 때 일어날 수 있는 위험 요인은 유독성, 가연성 또는 폭발성 물질, 화상, 전기, 높은 온도와 압력 등이다. 또한 산과 알칼리 접촉, 전류의 변화 등에 대해서는 사고의 사전 예방이 가장 중요하고, 항상 부주의, 태만 또는 경솔하게 행동해서는 안 된다.

21. 화학약품이 피부에 접촉되거나 눈에 들어가서는 안 된다(Chemicals on the skin or eye contact should not be contact).

눈에 약품이 들어가면 물이나 세척병으로 충분히 세척하고 누워 있어야 하며, 위험한 시약이 피부에 접촉되면, 즉시 마른천이나 휴지로 닦고 접촉된 부위를 물로 충분히 씻고, 더운물과 비누로 충분히 세척한다. 산과 알칼리 물질들은 공장에서 대형으로 중화시키거나 또는 적절한 용기에서 작은 양을 중화시킨다. 이 과정은 pH-시험지 또는 pH-미터로 중화 상태를 검사할 수 있다.

22. 화학약품은 깨지기 쉬운 용기를 이동할 때는 반드시 밑을 받혀 옮기고, 양동이, 바구니 또는 나무 상자로 안전하게 이동하며, 5 L 초과 용기를 사용하지 않는다(Be cafeful when you move the containing the fragile chemical containers with basket or wood container).

23. 실험실 약품은 서늘하고 건조한 상태에서 보관한다. 폭발성과 가연성 물질은 늘 따로 보관하여야 한다.

24. 화재가 발생했을 때를 대비하여 충분한 사전 교육을 받아야 한다 (Preeducation must be needed before a fire).

화재 발생 시 우선 상처를 입은 사람들은 화재 지역으로부터 이동시키고, 옷에 불이 붙은 사람은 담요로 즉시 싸서 불을 끄거나, 소화기를 사용하거나(얼굴은 피하고) 실험실 샤워로 처치해야 한다. 또한 화재경보기를 작동시킨다. 메인 밸브를 잠가 가스 공급을 중단시킨다.

전기 설비와 관련된 화재의 경우에는 먼저 스위치를 내려 전기 공급을 중단한다.

25. 사고 발생 시 응급조치는 꼭 필요하며, 의사의 전문적인 진료의 전 단계에 반드시 이루어져야 한다(Occurring the accident, immediate First Aid is necessary).

1) 응급치료에 대한 차트(wall chart)

2) 의사나 병원의 전화 번호, 주소

3) 응급 치료용 구급 상자

4) 눈 세척병

5) 간단한 응급 처치법

- 부식액 화상 : 피부 화상 부위를 철저히 물로 씻는다.
- 브로민 화상 : 파라핀 오일이나 에탄올로 씻는다.
- 플루오린화 수소산 화상 : 2% 암모니아 용액이나 묽은 탄산수소 소듐 용액으로 씻는다.
- 아이오딘 화상 : 1% 싸이오황산 소듐 용액으로 씻는다.
- 눈 화상 : 물로 충분히 씻고, 씻는 동안 눈방울을 사방으로 돌려야 한다.
- 독극물 중독 : 환자를 눕히고, 의식이 있다면 구토를 발생시키거나, 정제 활성탄소를 먹이는 것도 가능하고 남은 독극물이나 토해낸 물질은 검사를 위해서 가능한 보관한다. 의식이 없을 때는 환자를 눕히고, 머리를 뒤로 돌려 얼굴이 바닥 쪽으로 향하게 한다. 맥박과 호흡을 주시한다.

호흡이 중단되었다면 먼저 입과 코로 20회 정도 인공호흡을 하고, 약 30초 간격으로 인공호흡을 계속한다. 필요하다면 심장 마사지를 하고, 빠른 시간 안에 의사가 도착하도록 한다.

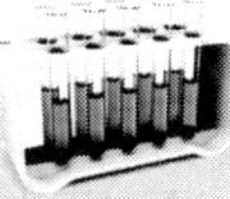

사고 발생시 응급처치 방법

화학 실험실에서 사고가 일어났을 경우에는 모든 실험을 중단하고, 당황하지 말고 침착하게 상황을 파악하여 적절한 조치를 취한 후에 조교에게 즉시 보고해야 한다. 사고에 대한 적절한 조치를 취하지 않을 경우에는 자칫 더 큰 사고로 이어질 수도 있다. 실험실에서 생긴 상처는 적절한 응급 처리를 한 후에 즉시 의사에게 치료를 받아야 한다.

1. 시약을 쏟았을 경우

피부나 옷에 시약을 쏟았을 경우에는 흐르는 수돗물로 10분 이상 씻어낸다. 몸의 넓은 부위에 시약을 쏟았을 경우에는 샤워로 충분히 씻어낸다. 피부에 상처가 생겼을 경우에는 아무 약이나 바르지 말고, 깨끗한 붕대로 상처를 보호한 다음에 의사에게 적절한 치료를 받아야 한다.

2. 눈에 시약이 들어갔을 경우

눈을 뜬 상태로 흐르는 수돗물로 10분 이상 씻은 후에 즉시 의사의 치료를 받는다.

3. 화재가 발생했을 경우

버너나 전열기 등을 모두 끄고, 인화성 물질을 먼 곳으로 옮긴 후, 방독면을 착용한 후에 "화학 화재용 소화기"나 모래를 사용해서 불을 끈다. 물과 잘 섞이지 않는 유기 용매에 불이 붙었을 경우에는 물을 사용해서는 절대 안 된다. 화학 실험실에서 일어난 화재의 경우에는 독성 가스에 의한 피해가 우려되기 때문에 화재 경보기를 작동시켜서 건물 내의 모든 사람들에게 위험을 알리고, 학교 당국에 즉시 보고해야 한다.

4. 옷에 불이 붙었을 경우

당황해서 뛰어다니지 말고, 바닥에 누운 후에 실험복과 같은 옷이나 소화 담요를 사용해서 불을 끈다. 바닥에 몸을 굴려서 불을 끌 수도 있고, 얼굴에 가까운 부위가 아니라면 화학화재용 소화기를 사용해도 되며, 유기 용매에 의한 불이 아닐 경우에는 물을 사용해도 좋다.

5. 화상을 입었을 경우

화상이 심할 경우에는 아무 연고나 함부로 바르지 말아야 한다. 상처를 깨끗한 헝겊으로 덮은 다음에 즉시 의사의 치료를 받아야 한다. 화상이 심하지 않을 경우에는 차가운 물로 씻어서 열기를 식힌 후에 화상 연고를 바르고 붕대로 덮는다.

6. 피부를 베었을 경우

상처를 에탄올로 소독하고, 유리 파편 등을 완전히 제거한 다음 깨끗한 수건으로 눌러서 지혈을 시킨다. 상처가 심각할 경우에는 의사의 치료를 받아야 한다.

7. 시약을 마셨을 경우

즉시 손을 입에 넣어서 마신 것을 모두 토하도록 한 후에 의사의 치료를 받는다.

8. 유독한 기체를 마셨을 경우

즉시 통풍이 잘 되는 곳으로 옮기고 앉거나 누워서 깊게 호흡을 한다. 다량의 기체를 마셨을 경우에는 즉시 의사의 치료를 받아야 한다.

9. 폭발이 발생했을 경우

실험실의 모든 학생은 가까운 출구를 이용해서 대피해야 한다. 화재가 발생했을 경우에는 화재 발생의 경우와 같이 처리한다.

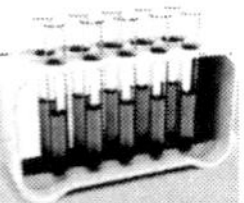

화학 실험 기본사항

1 시약의 취급 방법

실험을 성공적으로 마치기 위해서는 순도가 높은 시약이 필요하다. 새 시약병에 담긴 시약은 순도가 확실하겠지만, 이미 사용하던 시약병에 담긴 시약의 경우에는 평소에 시약을 어떻게 사용했는가에 따라서 그 순도가 결정된다. 시약병에 담긴 시약의 순도를 유지하기 위해서는 시약을 취급 하는 방법을 잘 익혀두어야 한다.

(1) 필요한 시약의 양을 미리 확인하여 가장 작은 시약병을 사용해야 하며, 사용하기 전에 시약병의 표식을 두 번 이상 확인해야 한다. 다른 학생들과 함께 사용하는 시약병을 자신의 실험대로 가져가서는 안 된다.

(2) 시약을 꺼낸 후에는 반드시 시약병의 뚜껑을 닫아 두어야 한다.

(3) 시약병의 뚜껑은 실험대 위에 놓지 말고 손가락으로 잡고 있어야 한다. 시약병의 뚜껑에 이 물질이 묻으면 시약병의 시약을 모두 오염시킬 수 있다.

(4) 사용하고 남은 시약은 절대 시약병에 다시 넣어서는 안 된다. 작은 양의 시약을 아끼려는 생각 때문에 시약병에 담긴 시약을 모두 못쓰게 만들 수 있다.

(5) 액체 시약이 담긴 시약병은 반드시 해당 시약용 전용 피펫을 사용한다. 필요한 양만큼의 시약을 비커에 덜어서 사용하고, 비커에 남은 시약은 회수통에 버려야 한다.

(6) 시약병을 놓아두는 실험대와 저울 주변에 시약을 흘리지 않도록 조심하고, 언제나 깨끗하게 닦아두어야 한다. 액체 시약병의 바깥에 흘러내린 시약도 깨끗하게 닦아내야 한다.

(7) 고체 시약을 취급할 때는 언제나 깨끗하게 닦은 약주걱(스패튤라)을 사용해야 한다. 사용하는 시약의 양에 따라 적당한 크기의 약주걱을 선택해야 한다.

(8) 액체 시약을 따라낼 때는 두 손으로 시약병을 안전하게 잡고, 시약병의 표식에 흘러내린 시약이 묻지 않도록 표식이 위를 향하도록 해야 한다.

(9) 액체 시약을 따라낼 때에는 유리 막대나 비커의 벽을 따라 액체가 흘러내리도록 해야 한다. 용액에 액체를 직접 떨어뜨리는 것은 매우 위험하다.

2 저울 사용법

화학 실험에서 시료의 질량을 측정하는 데는 저울을 사용한다. 저울은 그 정밀도에 따라 다양한 종류가 존재한다. 정밀도가 비교적 낮은 어림 저울은 0.01 g 또는 0.001 g까지 측정할 수 있고, 화학 저울은 0.0001 g까지 측정할 수 있도록 제작되어 있다.

저울은 정밀 측정 장치이기 때문에 정확한 사용법을 알고 깨끗하게 사용해야 한다. 저울의 사용법은 제작사에 따라서 조금씩 다르기 때문에 저울을 처음 사용하기 전에 반드시 사용법을 주의해서 읽어 두어야 한다. 저울은 진동이 없는 실험대 위에 항상 수평이 유지되도록 놓아두어야 하고, 각자의 실험대로 옮겨 다녀서는 안 된다. 저울의 접시에 시약이 떨어지지 않도록 조심해야 하고, 만약 물이나 시약이 묻었을 경우에는 즉시 깨끗하게 닦아내야 한다.

특히 화학 저울은 대단히 정밀한 장치이기 때문에 특별히 조심해서 취급해야 한다. 시료를 접시에 얹거나 내릴 때만 저울의 문을 열어야 한다. 접시에 시료를 얹거나 내릴 때와 저울 추를 바꾸는 다이얼을 돌릴 때에는 손잡이를 돌려서 저울대가 받침대에서 올려져 있도록 해야 한다.

3 액체의 부피 측정 방법

액체의 부피를 측정할 때는 눈금 실린더, 뷰렛, 피펫 또는 부피 측정용 플라스크를 사용한다. 비커나 플라스크에 새겨진 눈금은 정확하지 않기 때문에 어림 측정을 할 때만 사용해야 한다. 부피를 측정하는 유리 기구를 가열하면 유리가 팽창해서 정확한 측정이 불가능하게 되기 때문에 절대 가열해서는 안 된다.

부피를 측정하는 유리 기구는 먼저 비눗물이나 세척액을 이용해서 세척솔로 깨끗하게 씻은 후에 증류수로 여러 번 헹군 다음 완전히 건조시켜서 사용하는 것이 좋다. 시간이 없을 경우에는 증류수로 헹군 다음에 다시 사용하려는 액체로 몇 번 더 헹구어 사용한다. 유리 기구가 깨끗하지 않으면 유리벽에 묻은 액체가 균일하게 흘러내리지 않고, 부피 측정도 정확하지 않게 된다. 액체를 바꿀 경우에는 반드시 유리 기구를 다시 세척해야 한다.

유리 기구의 눈금을 읽기 전에 유리 벽에 묻은 액체가 모두 흘러 내리도록 충분히 기다려야 하고, 눈금이 새겨진 부분이 기울지 않았는지 확인한다. 눈금을 읽을 때는 눈의 높이가 액체의 메니스커스와 같이 되도록 하고, 메니스커스의 바닥 부분에 해당하는 위치에 해당하는 눈금을 읽어야 한다. 유리 기구의 가장 작은 눈금을 10등분해서 읽는다. 즉 1 mL 간격으로 눈금이 새겨진 유리 기구의 경우에는 0.1 mL까지 읽어야 한다. 부피를 측정하는 유리 기구는 실험에 필요한 정밀도와 사용 목적에 알맞은 것을 선택해서 사용해야 한다.

(1) 눈금 실린더

액체의 부피를 어림으로 측정하는 경우에 사용하는 것으로 측정하고자 하는 액체의 부피에 적당한 크기의 눈금실린더를 사용해야 한다. 너무 크거나 작은 눈금실린더를 사용하면 정확한 측정이 어렵다.

(2) 뷰렛

적정 실험에서 주로 사용되며, 소모된 액체 시료의 양을 정확하게 측정하기 편리하도록 위에서부터 눈금이 새겨져 있다. 액체의 부피를 측정한 다음 일정한 양의 시료를 따라낸 후에 다시 눈금을 읽어서 그 차이로부터 따라낸 액체의 부피를 알아낸다.

뷰렛을 사용하기 전에 콕크가 빠져서 옆으로 액체가 새어 나오지 않는가를 확인해야 하고, 뷰렛에 액체를 넣을 때는 반드시 깔때기를 사용해야 한다. 뷰렛의 콕크는 왼손으로 감아쥐고 손가락의 끝 부분으로 콕크의 끝 부분을 안쪽으로 밀면서 돌려야 한다.

(3) 피펫

일정한 양의 액체를 정확하게 취하기 위해서 사용하는 유리 기구이다. 피펫에는 일정한 양만을 취할 수 있도록 만들어진 홀피펫과 뷰렛과 같이 눈금이 새겨진 눈금피펫이 있다.

피펫을 사용할 때는 피펫용 벌브를 사용하고, 입으로 액체를 빨아올리지 말아야 한다.

피펫의 끝을 비커의 바닥 부분까지 넣은 다음에 고무 벌브의 끝을 피펫에 가볍게 대어서 액체가 눈금의 위까지 올라오도록 한 후에, 재빨리 벌브를 떼어내고 오른손 둘째 손가락으로 피켓의 구멍을 막아서 액체가 흘러내리지 않도록 한다. 오른손 첫째와 셋째 손가락을 이용해서 피펫을 좌우로 돌리면 액체가 조금씩 흘러나온다. 먼저 원하는 눈금에 메니스커스를 맞춘 후에 반응 그릇으로 옮겨가서 원하는 양의 시약을 취한다. 피펫에 액체를 넣은 채로 실험실을 돌아다녀서는 안 된다.

홀피펫의 경우에는 액체가 모두 흘러내린 다음에 피펫의 구멍을 막고, 왼손으로 피펫의 중앙 부분을 가볍게 쥐어서 피켓의 끝에 남아 있는 액체를 떨어뜨려야만 정확한 부피의 시료를 취할 수 있다. 피펫을 입으로 불거나 털어서는 안 된다. 피펫의 끝을 용기의 벽에 닫게 하여 피펫의 끝에 묻어 있는 액체도 용기로 옮겨야 한다.

최근에 많이 보급되고 있는 자동 피펫은 그 사용법이 매우 간단할 뿐만 아니라 정밀도도 높은 장점이 있다.

(4) 부피 측정용 플라스크

일정한 양의 액체를 정확하게 취할 수 있도록 눈금이 새겨진 플라스크로 흔히 일정한 농도의 용액을 만들 때 사용한다.

먼저 용질의 양을 정확하게 측정해서 플라스크에 넣은 후에 용매를 눈금까지 채운다. 메니스커스를 정확하게 맞추기 위해서 드롭퍼("스포이드"라고도 함)를 사용해도 좋다. 플라스크의 마개를 막은 다음에 잘 흔들어서 균일한 용액이 되도록 한다. 고체 용질을 사용할 경우에는 용매를 적당히 넣어서 용질을 완전히 녹인 다음에 용매를 눈금까지 채워야 한다. 부피 측정용 플라스크는 일정한 온도에서 사용해야만 정확한 부피를 측정할 수 있기 때문에 플라스크를 가열해서는 안 된다. 만약 고체 용질이 잘 녹지 않아서 가열해야 할 경우에는 비커에 용질을 넣고 최소한의 용매를 넣은 후에 적당히 가열하면서 용질을 녹인다. 비커의 용액을 플라스크에 옮기고 난 후에 용매로 비커를 여러 차례 세척하여 그 용액도 플라스크에 함께 넣어주어야만 정확한 농도의 용액을 만들 수 있다.

(5) 온도계의 종류와 사용법

화학 실험실에서는 주로 온도에 따라 부피가 변하는 액체의 부피를 이용해서 온도를 측정하는 온도계를 사용한다. 붉은색으로 착색된 알코올을 사용하는 알코올 온도계와 수은을 사용하는 수은 온도계가 많이 이용된다. 온도계의 밑부분이 온도를 측정하려는 시료와 충분히 접촉하도록 한 후에 온도를 읽어야 한다. 수은 온도계의 경우에는 메니스커스가 위로 볼록하게 되어 있으므로 눈의 높이를 메니스커스의 위와 같이 되도록 한 후에 가장 작은 눈금을 10등분해서 읽는다.

온도계의 눈금은 주로 순수한 물의 어는점(0℃)과 끓는점(100℃)을 기준으로 새겨져 있다. 그러나 대량으로 생산된 온도계의 경우에는 눈금이 정확한 위치에 새겨져 있지 않는 경우가 많기 때문에 온도계를 사용하기 전에 얼음물과 끓는 물로 온도계의 눈금을 확인하는 것이 바람직하다.

온도계는 온도를 측정하는 기구이므로 유리 막대와 같이 용액을 저어주는 목적으로 사용해서는 안 된다.

시료의 온도가 온도계의 눈금을 벗어나게 되면 온도계가 파손될 염려가 있기 때문에 조심해야 한다. 수은 온도계가 깨어져서 수은이 실험대에 떨어졌을 때는 즉시 충분한 양의 황가루를 뿌려두고 24시간 이상 방치한 후에 황 분말을 수거해서 폐기물 통에 버려야 한다. 수은은 매우 유독하기 때문에 그대로 두거나 손으로 만져서는 안 된다.

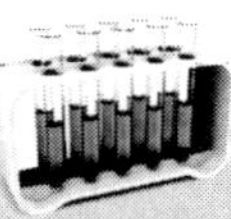

화학 실험기구의 명칭

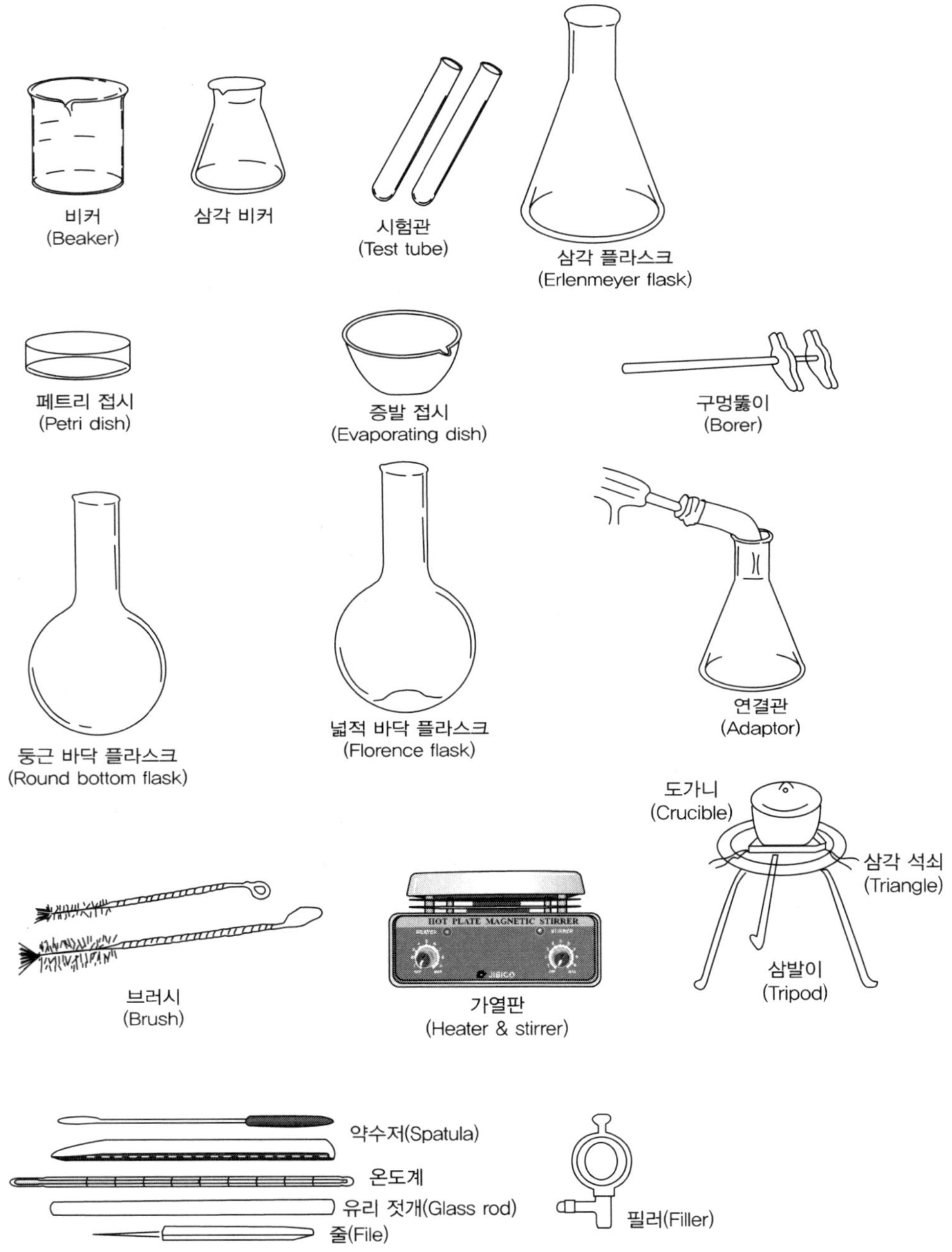

비커
(Beaker)

삼각 비커

시험관
(Test tube)

삼각 플라스크
(Erlenmeyer flask)

페트리 접시
(Petri dish)

증발 접시
(Evaporating dish)

구멍뚫이
(Borer)

둥근 바닥 플라스크
(Round bottom flask)

넓적 바닥 플라스크
(Florence flask)

연결관
(Adaptor)

도가니
(Crucible)

삼각 석쇠
(Triangle)

삼발이
(Tripod)

브러시
(Brush)

가열판
(Heater & stirrer)

약수저(Spatula)

온도계

유리 젓개(Glass rod)

줄(File)

필러(Filler)

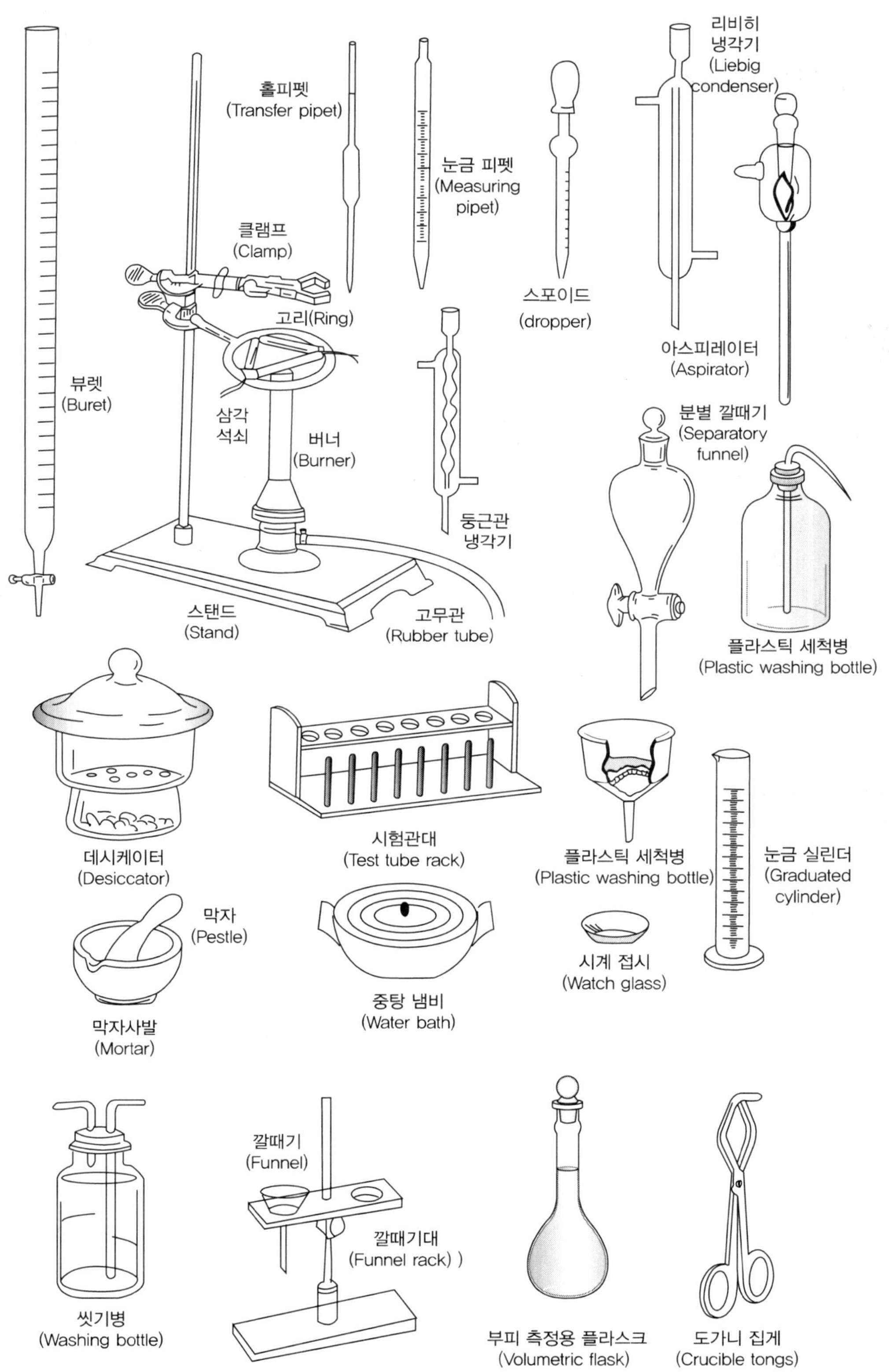
뷰렛
(Buret)
홀피펫
(Transfer pipet)
눈금 피펫
(Measuring
pipet)
클램프
(Clamp)
고리(Ring)
삼각
석쇠
버너
(Burner)
스탠드
(Stand)
고무관
(Rubber tube)
둥근관
냉각기
스포이드
(dropper)
리비히
냉각기
(Liebig
condenser)
아스피레이터
(Aspirator)
분별 깔때기
(Separatory
funnel)
플라스틱 세척병
(Plastic washing bottle)
데시케이터
(Desiccator)
시험관대
(Test tube rack)
플라스틱 세척병
(Plastic washing bottle)
눈금 실린더
(Graduated
cylinder)
막자
(Pestle)
막자사발
(Mortar)
중탕 냄비
(Water bath)
시계 접시
(Watch glass)
깔때기
(Funnel)
깔때기대
(Funnel rack))
씻기병
(Washing bottle)
부피 측정용 플라스크
(Volumetric flask)
도가니 집게
(Crucible tongs)

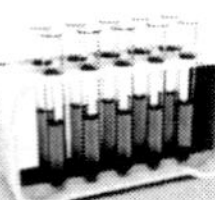

시약의 제조

1 과정

1) 조제하는 양보다 부피가 큰 깨끗한 눈금 플라스크를 준비하고, 1/3정도 증류수를 채운다.
2) 저울이나 피펫 메스실린더 등으로 조제 시약을 정확하게 측정한다.
3) 정확하게 측정한 시약을 눈금 플라스크에 붓고 잘 흔들어 완전히 녹인다.
4) 눈금 플라스크의 메니스커스(눈금선) 약간 밑에 액면이 오도록 증류수를 붓고 정확하게 하려면 피펫이나 스포이드 등을 사용한다.
5) 고정된 단단한 실험대 위에 메스 플라스크를 놓고, 눈금선과 눈의 시선이 수평이 되도록 하며, 증류수를 조금씩 떨어뜨려 액면이 눈금에 일치하도록 한다.
6) 마개를 잘 막고, 완전히 섞이도록 흔들어준다.

2 용액의 농도

농도는 용액(용매A+용질B)의 묽고 진한 정도를 나타내는데, 여러 가지 표시법이 있다.

농도 단위	표현 기호	계산 방법
질량 백분율	$wt\%$	$wt\% = \dfrac{B\text{질량}(g)}{A\text{질량}(g)+B\text{질량}(g)} \times 100\%$
몰농도	M	$\mathrm{M_B} = \dfrac{B\text{몰수}}{(A+B)\text{부피}(l)}$
몰랄농도	m	$\mathrm{m_B} = \dfrac{B\text{몰수}}{A\text{질량}(kg)}$
노말 농도	N	$\mathrm{N_B} = \dfrac{B\text{당량}}{(A+B)\text{부피}(l)}$
몰분율	x_i	$x_\mathrm{B} = \dfrac{B\text{몰수}}{(A+B)\text{몰수}}$
ppm 농도	ppm	$\mathrm{ppm} = \dfrac{\text{검출 물질의 질량 또는 부피}}{\text{시료 전체의 질량 또는 부피}} \times 10^6$
ppb 농도	ppb	$\mathrm{ppb} = \dfrac{\text{검출 물질의 질량 또는 부피}}{\text{시료 전체의 질량 또는 부피}} \times 10^8$

3 용액의 묽힘

용액을 묽힐 때는 진한 용액의 몰농도를 M_1, 진한 용액의 부피를 V_1, 묽은 용액의 몰농도는 M_2, 묽은 용액의 농도는 V_2라면, 다음 식을 사용한다.

$$M_1 V_1 = M_2 V_2$$ (진한 용액의 용질 몰수 = 묽은 용액의 용질 몰수)

용액을 묽힐 때는 증류수에 진한 용액을 조금씩 첨가하면서 반응시키면서 묽혀야 한다.

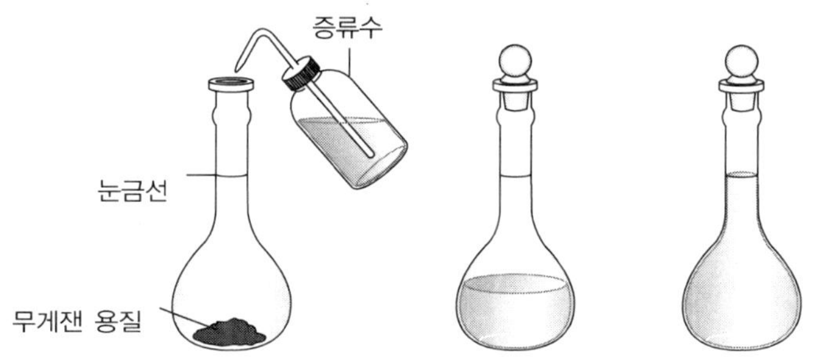

|그림 1| **용액의 제조 그림**

4 산 염기 적정

산 용액을 염기 용액으로 적정할 때 산의 노말 농도를 N_1, 산 용액의 부피를 V_1, 염기 용액의 노말 농도는 N_2, 묽은 용액의 농도는 V_2라면, 다음 식을 사용한다.

$$N_1 V_1 = N_2 V_2$$ (진한 용액의 용질 몰수 = 묽은 용액의 용질 몰수)

|그림 2| **용액의 묽힘에 필요한 기구**

시판 시약 농도 및 제조

■ **산**

1. **황산(sulfuric acid, H_2SO_4)**: 18 M 수용액(98 wt%), 강산, 강한 탈수력, 황산은 증발시키기 어렵고, 가열하면 동성이 강한 기체가 발생한다.

2. **질산(nitric acid, HNO_3)**: 15 M 수용액(70 wt%), 강산, 강한 산화력, 갈색의 이산화 탄소 기체를 발생시킨다.

3. **염산(hydrocholoric acid, HCl)**: 12 M 수용액(37 wt%), 강산, 금속과 반응하여 대부분 수소 기체를 발생하며, 양이온 금속을 생성시킨다. 염산은 휘발성이 크기 때문에 가열하여 쉽게 제거가 가능하다.

4. **인산(phosphoric acid)**: 15 M 수용액(85 wt%), 약산, 이온화하여 3가의 양성자를 내놓으며, 휘발성이 없고, 약한 산화력을 나타낸다.

5. **아세트산(acetic acid, CH_3COOH)**: 18 M 수용액(99.7 wt%), 약산, 산성의 완충 용액을 만드는 데 사용되며, 진한 질산과 혼합하여 폭발성 물질을 만든다.

■ **염기**

1. **수산화 소듐(sodoum hydroxide, NaOH)**: 12 M, 물에 녹으면 강한 염기성을 나타내며, 고체 수산화 소듐은 물에 녹으면 열을 많이 발생하므로, 주의가 필요하다. 그리고 수산화 소듐 수용액은 항상 사용 직전에 제조하여 사용한다.

2. **암모니아 수용액(aqueous ammonium solution, NH_4OH)**: 15 M(28.3%, 비중 0.90) 수용액, 약염기, 과량의 암모니아 수용액은 수산화 소듐 용액을 가하여 가열하면 쉽게 제거될 수 있다.

3. **석회수(calcium hydroxide, $Ca(OH)_2$)**: 0.02 M 수산화 칼슘을 물에 넣고 잘 흔들어 하룻밤 둔 후 위층 맑은 포화 용액을 사용한다(0.15% 석회수가 된다).

4. **묽은 암모니아 수용액(aqueous ammonium solution, NH_4OH)**: 6 M, 진한 암모니아 수용액 1부피를 물 1.5부피에 가한다.

5. **수산화 암모늄(ammonium hydroxide, NH_4OH)**: 진한 암모니아 수용액 1부피를 물 6.5부피에 가한다.

■ 염 용액

1. **0.8 M 소금물(sodium hydroxide, NaCl):** 염화 소듐 5 g을 물 95 mL에 녹인다(5.0%).

2. **0.1 M 질산 은(silver nitrate, AgNo₃):** $AgNO_3$ 1.7 g을 물에 녹여 100 mL가 되게 한다(1.7%).

3. **0.07 M 염화 바륨(barium chloride, $BaCl_2$):** $BaCl_2 \cdot 2H_2O$ 1.7 g을 물에 녹여 100 mL가 되게 한다(1.5%).

4. **황화 소듐(sodium sulfate, Na_2S):** Na_2S 5 g을 글리세린 30 mL와 물 10 mL의 혼합액에 녹여서 위층의 맑은 액만 사용한다(밀봉하여 3개월 안에 사용함).

5. **0.017 M 다이크로뮴산 포타슘(potassium dicromate, $K_2Cr_2O_7$):** $K_2Cr_2O_7$ 5 g에 물에 녹여 100 mL가 되게 한다(5.0%,사용 직전 조제).

6. **0.02 M 과망가니즈산 포타슘(potassium permanganate, $KMnO_4$):** $KMnO_4$ 0.3 g을 물에 녹여 100 mL가 되게 한다(0.3%, 사용 직전 조제).

7. **탄산 소듐(sodium cabonate, Na_2CO_3):** $Na_2CO_3 \cdot 10H_2O$ 27 g을 물에 녹여 100 mL 되게 한다(20%).

■ 기타 여러 시약의 조제

1. **페놀프탈레인 액:**
   60% 메틸 알코올 1 L + 1 g 페놀프탈레인

2. **과산화 수소수(hydogen peroxide, H_2O_2):**
   30% 수용액, 강한 산화제, 약한 환원력, 피부 화상에 주의를 하고, 과량의 과산화 수소수를 가열하면 쉽게 제거가 가능하다.

3. **메틸 오렌지 액:**
   소량의 온수 + 메틸 오렌지 1 g + 증류수로 1 L가 되도록 묽힌다.

4. **E.B.T. 지시약:**
   메틸 알코올 100 mL + Eriochrome Black T 1 g 녹이고 여과지로 걸러서 점적병에 보관한다.

5. **아이오딘 액:**
   14 g KI에 36 g 증류수를 넣고 가열하여 녹인 용액

6. **전분 용액:**

1 g의 가용성 녹말을 100 mL 증류수에 넣어주고 가열하면서 녹인 용액

7. **아이오딘화 포타슘 전분 종이:**

0.1% 아이오딘화 포타슘 액 10 mL에 1% 전분액을 가하여 섞은 후 여과지를 담갔다가 꺼내어 사용한다.

8. **네슬러 시약:**

아이오딘화 포타슘 50 g + 50 mL 뜨거운 증류수 + 25 g 염화 이수은 + 100 mL 뜨거운 증류수 용액을 저으면서 침전의 일부가 녹지 않고 일부 남아 있을 때 냉각하고, 150 g KOH에 300 mL 증류수에 녹인 용액을 넣어 전체 부피가 1 L가 되도록 증류수를 가한다. 여기에 다시 염화 수은 용액 5 L를 넣고 방치한 후 상층액만 사용한다.

실험 보고서 및 실험 노트 작성 요령

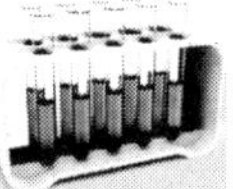

연구소나 대학의 연구실에서 연구 실험을 할 때 사용하는 실험 노트는 실험에서 관찰하거나 측정한 자료의 증거가 되고, 특허권에 대한 분쟁이 일어날 경우에 중요한 실험의 증빙 자료가 되는 중요한 문서이다. 실험 보고서는 실험에서 관찰한 내용을 종합적으로 정리하고 분석해서 얻은 결론을 적은 중요한 문서이다. 실험실의 사정에 따라 두 사람 이상이 함께 실험을 하더라도 실험 노트와 보고서는 반드시 개인적으로 작성해서 제출해야 한다.

실험 노트에는 실험에 필요한 모든 자료와 실험 방법이 정리되어 있고, 실험에서 관찰한 내용과 측정값들이 정확하게 기록되어 있어야 한다. 그러나 다른 문헌의 방법을 그대로 사용했을 경우에는 모두 옮겨 적을 필요는 없고, "xx의 방법을 이용했다"와 같이 적으면 된다. 실험이 끝난 후에는 실험 노트의 자료를 분석한 내용을 자세하게 기록해야 하고, 그 내용을 정리해서 보고서로 만들어 조교에게 제출해야 한다. 실험이 끝난 후에는 어떤 일이 있어도 실험 노트에 적은 관찰 또는 측정값을 바꾸어서는 안 된다. 실험 노트에 기록을 잘못했을 경우에는 잘못된 부분을 지우지 말고, 그 위에 줄을 긋거나 "X"로 표시하고 정확한 내용을 다시 써야 한다.

(1) 실험 노트

실험을 시작하기 전에 실험에 대하여 충분히 준비하여 아래 사항을 노트에 정리해 두어야 한다.

1) 실험의 제목과 날짜: 실험책의 번호와 함께 적고, 실험 날짜를 확실하게 적는다.
2) 실험의 목적: 실험을 통해서 이해하고 싶은 현상을 간단하게 적는다.
3) 서론과 원리: 실험의 중요성, 실험에서 확인하려는 개념, 실험 결과의 분석에 필요한 수식, 실험과 관련된 정의를 간단하게 요약한다.
4) 시약 및 기구: 실험에 필요한 기구와 시약의 양을 적는다.
5) 실험 방법: 실험의 각 단계를 알아보기 쉽게 정리하고, 주의사항 등을 적는다.
6) 관찰 및 측정 결과: 실험의 과정에서 관찰하거나 측정해야 할 내용을 정리한다.
7) 결과 및 논의: 실험에서 관찰한 내용을 이용해서 결과를 얻는 과정을 상세하게 적고, 실험 결과에 포함된 불확실성과 실험 결과에 대한 상세한 논의를 적는다.

실험을 하는 동안에 관찰한 내용과 측정값은 빠짐없이 바로 실험 노트에 정확하게 기록하는 버릇이 필요하다. 실험이 끝난 후에는 측정값들을 분석해서 얻은 결과를 적고, 그 결과에 대한 간단한 의견을 적어둔다. 실험 결과에 포함된 불확실성에 대해서 생각해보고, 불확실성을 줄이기 위한 방법도 생각해본다. 관찰한 내용이나 측정값은 실험책에 포함된 양식을 사용해도 좋다.

(2) 실험 보고서

실험 보고서에는 다음 사항이 포함되어야 한다

1) 서론과 원리: 실험을 통해서 증빙하거나, 결정하거나, 분석하려고 하는 목적을 간단히 적는다. 실험책이나 다른 책의 일부를 그대로 옮겨 적는 것은 시간과 노력의 낭비일 뿐이다. 공부한 내용을 최대한으로 요약해서 적는 것이 좋다
2) 방법: 실제 실험에서 수행한 실험 내용을 번호를 붙여서 간단하게 적는다. 실험책의 내용과 다르게 실험한 부분은 확실하게 알아볼 수 있도록 적어야 한다. 그러나 기본적인 기구의 조작 방법 등은 적지 않아도 된다.
3) 결과 및 논의: 실험의 결과를 가능하면 표 또는 그래프로 정리해서 적는다. 표와 그래프에는 어떤 물리량을 표시한 것인가에 확실하게 적어야 한다. 조교의 지시에 따라 실험책의 측정 양식을 그대로 사용하거나 옮겨 적어도 좋다. 계산 과정을 모두 적을 필요는 없지만 측정값에서 어떤 방법으로 결과를 얻었는가는 명백하게 적어야 한다. 만약 틀린 실험 결과가 얻어졌다면 왜 그런 결과가 얻어지게 되었는가에 대해 분석해서 적어야 한다.
4) 결론: 마지막으로 자신의 실험으로 처음에 의도했던 목적을 달성했는가와 실험에서 확인되었거나 결과에서 유도된 자연 법칙에 대하여 간단하게 적는다.

실험 1

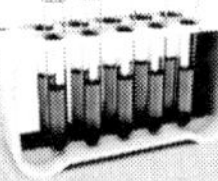

최소제곱법

1 실험 목적

이 실험의 목적은 최소제곱법의 원리를 이해하고 계산기는 물론 Excel이나 Mathematica와 같은 컴퓨터 소프트웨어를 활용하여 데이터를 효율적으로 처리하는 법을 학습하는 것이다.

2 실험 배경 및 원리

화학실험에서는 물질의 여러 가지 성질에 대한 양을 측정해서 그 값을 알게 된다. 그 중 녹는점이나 끓는점과 같이 직접 측정하는 방법도 있지만, 대부분의 경우에는 수식이나 그래프를 이용해 분석하거나 수치법에 의한 해석이 필요하므로 이러한 과정을 통합하여 데이터 정리(data reduction)라 부른다. 화학 특히 물리화학실험에서는 주어진 데이터를 일차 함수에 맞추고 기울기와 절편으로부터 중요한 화학적 정보를 얻는 경우가 자주 있다. 다음과 같은 일차 함수에 맞추는 것을 선형회귀분석이라 부르며 이차 이상의 함수나 다른 함수에 맞추는 경우도 가끔 있다.

$$f(x) = a_1 x + a_0 \tag{1.1}$$

다음과 같이 측정값과 함수값의 차이 r을 편차 또는 잔차라고 부른다.

$$\mathrm{r_i} = y_i - f(x_i) \tag{1.2}$$

이러한 편차는 양과 음의 부호를 취할 수 있으므로 그 제곱의 합인 다음과 같은 R이 최소가 되는 조건을 찾으면 편리하다.

$$R = \sum_{i=0} w_i [y_i - f(x_i)]^2 \tag{1.3}$$

여기서 ω_i는 주어진 데이터의 정확성이 다를 경우에 도입되는 가중인자(weighting factor)로서 σ가 표준 편차일 때 $\omega_i = 1/\sigma_i^2$로 주어지지만 보통 1로 가정하고 무시한다. 일차 함수로 최적화시키려면 다음 편차제곱의 합이 최소가 되도록 해야 한다. 이 때문에 최소제곱법이라고 부르는 것이다.

$$R = \sum_{i=1} (y_i - a_1 x_i - a_0)^2 \tag{1.4}$$

이 값의 최소를 구하려면 매개변수 a_1과 a_0에 대해서 미분한 다음 0으로 두면 된다.

$$\frac{\partial R}{\partial a_1} = 2\sum_{i=1} (y_i - a_1 x_i - a_0)(-x_i) = 0 \tag{1.5}$$

$$\frac{\partial R}{\partial a_0} = 2\sum_{i=1} (y_i - a_1 x_i - a_0)(-1) = 0$$

이 식들을 정리하면 다음과 같이 된다.

$$\begin{aligned} \sum_{i=1} a_1 x_i^2 + \sum_{i=1} a_0 x_i &= \sum_{i=1} y_i x_i \\ \sum_{i=1} a_1 x_i + \sum_{i=1} a_0 &= \sum_{i=1} y_i \end{aligned} \tag{1.6}$$

여기서 편의상 다음의 약호를 도입한다.

$$\begin{aligned} S_x = \sum_{i=1} x_i \ , \ S_y = \sum_{i=1} y_i \\ S_{xy} = \sum_{i=1} x_i y_i \ , \ S_{x2} = \sum_{i=1} x_i^2 \end{aligned} \tag{1.7}$$

그러면 다음과 같이 표현된다.

$$\begin{aligned} S_{x2} a_1 + S_x a_0 &= S_{xy} \\ S_x \ a_1 + N \ a_0 &= S_y \end{aligned} \tag{1.8}$$

이 연립방정식을 행렬로 표현하면 다음과 같다.

$$\begin{bmatrix} S_{x2} & S_x \\ S_x & N \end{bmatrix} \begin{bmatrix} a_1 \\ a_0 \end{bmatrix} = \begin{bmatrix} S_{xy} \\ S_y \end{bmatrix} \tag{1.9}$$

Cramer 공식을 이용하면 기울기 a_1과 절편 a_0는 다음 식으로 각각 주어진다.

$$a_1 = \frac{1}{D} \begin{vmatrix} S_{xy} & S_x \\ S_y & N \end{vmatrix}$$

$$= \frac{1}{D}(NS_{xy} - S_x S_y) \tag{1.10}$$

$$a_0 = \frac{1}{D}\begin{vmatrix} S_{x2} & S_{xy} \\ S_x & S_y \end{vmatrix}$$

$$= \frac{1}{D}(S_{x2}S_y - S_{xy}S_x) \tag{1.11}$$

여기서 $D = [NS_{x2} - S_x S_x]$ 이다.

그리고 직선의 정도를 나타내는 상관계수 r은 다음 식으로 주어진다.

$$\mathrm{r} = \frac{NS_{xy} - S_x S_y}{[(NS_{x2} - S_x)^2 (NS_{y2} - S_y^2)]^{1/2}} \tag{1.12}$$

여기서 $S_{y2} = \sum_{i=1} y_i^2$ 며 $\mathrm{r} = \pm 1$에 가까울수록 직선성이 잘 성립함을 의미한다. 여기서 부호는 음의 기울기와 양의 기울기를 의미한다.

3 장치 및 시약

화학수학 교재, 과학용 계산기, Mathematica, Grapher, Excel이 설치된 컴퓨터

4 실험 방법

과제 1 계산기를 이용한 선형회귀분석

간단한 다음의 데이터를 $y = Bx + A = a_1 x + a_0$ 함수로 회귀분석을 해보기로 한다. 이때 학생들이 많이 가지고 있는 계산기를 이용하여 최소제곱법으로 처리해 보자.

x	2.1	6.4	10.2	14.4
y	4.0	6.0	9.0	11.0

Casio $fx-300V$ 계산기 이용의 경우 다음 순서에 따라 진행하면 된다.

① Mode [2] [Enter↵] → LR mode

② [Shift] KAC [Enter↵]

2.1 x_D, y_D 4.0 data

6.4 x_D, y_D 6.0 data

10.2 x_D, y_D 9.0 data

14.4 x_D, y_D 11.0 data

③ [Shift] [A] [Enter↵] A $=a_0$ = 2.6319124(절편)

[Shift] [B] [Enter↵] B = a_1 = 0.5882885(기울기)

[Shift] [R] [Enter↵] r = 0.9944513(상관계수)

Casio $fx-570MS$ 계산기 이용의 경우에는 다음 순서에 따라 분석할 수 있다.

① [mode] [mode] [1] [2]을 눌러서 REG-Lin 모드를 선택

② 〈x-데이터〉 [,] 〈y-데이터〉 [DT] 방식을 이용하여
다음과 같이 데이터 입력

2.1 [,] 4.0 [DT] → n=1.0

6.4 [,] 6.0 [DT] → n=2.0

10.2 [,] 9.0 [DT] → n=3.0

14.4 [,] 11.0 [DT] → n=4.0

③ 여러 가지 값을 다음과 같이 구함

[Shift] [S-SUM] [1] [=] → $\Sigma(x^2)$ = 356.77

[Shift] [S-SUM] [2] [=] → $\Sigma(x)$ = 33.1

[Shift] [S-SUM] [3] [=] → N = 4

[Shift] [S-SUM] [▶] [1] [=] → $\Sigma(y^2)$ = 254

[Shift] [S-SUM] [▶] [2] [=] → $\Sigma(y)$ = 30

[Shift] [S-SUM] [▶] [3] [=] → $\Sigma(xy)$ = 297

④ 회귀계수(절편)

[Shift] [S-VAR] [▶] [▶] [1] [=] → A $=a_0$ = 2.6319124 (절편)

⑤ 회귀계수(기울기)

[Shift] [S-VAR] [▶] [▶] [2] [=] → B = a_1 = 0.5882885 (기울기)

⑥ 상관계수

[Shift] [S-VAR] [▶] [▶] [3] [=] → r = 0.9944513 (상관계수)

Casio $fx-115ES$ 계산기를 이용하여 다음 데이터를 처리할 수 있다.

x	4.0	8.0	12.0	16.0	20.0	25.0	31.0	35.0	40.0	45.0
y	3.5	7.8	12.2	15.6	19.7	24.7	31.2	35.4	39.7	44.6

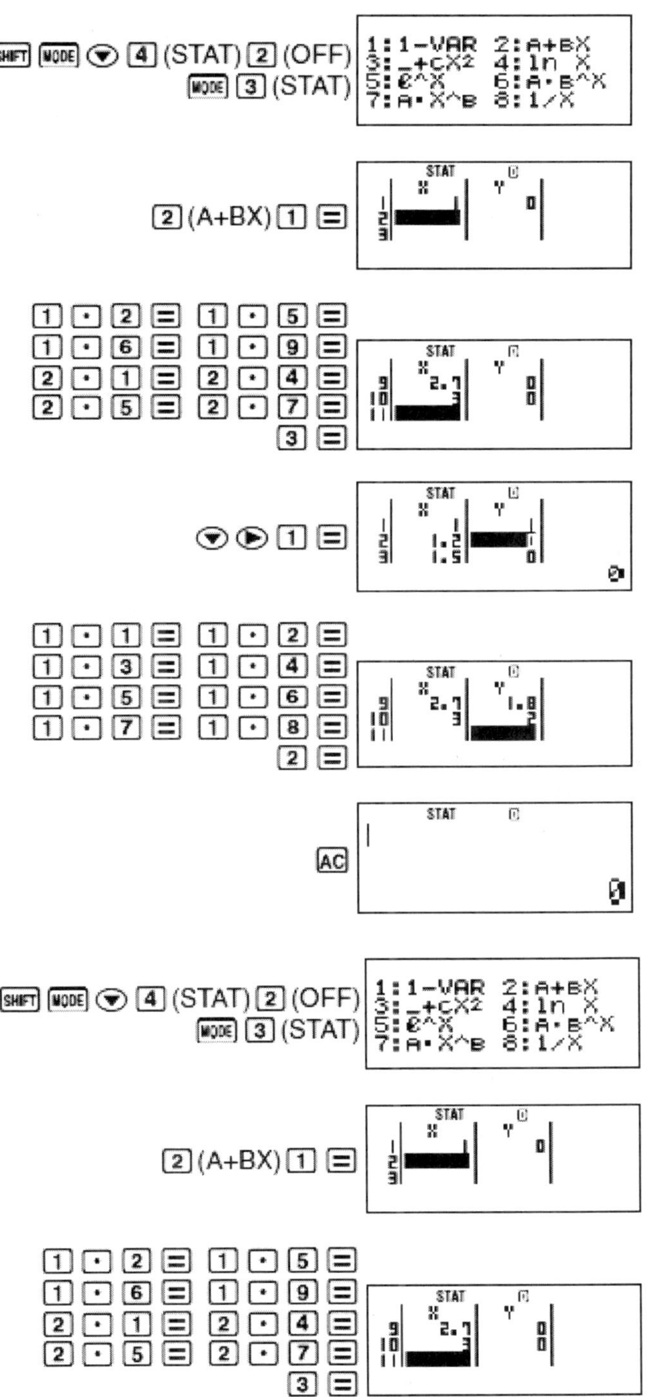
SHIFT MODE ▼ 4 (STAT) 2 (OFF)
MODE 3 (STAT)
1:1-VAR 2:A+BX
3:_+CX² 4:ln X
5:e^X 6:A·B^X
7:A·X^B 8:1/X
2 (A+BX) 1 =
1 · 2 = 1 · 5 =
1 · 6 = 1 · 9 =
2 · 1 = 2 · 4 =
2 · 5 = 2 · 7 =
3 =
▼ ▶ 1 =
1 · 1 = 1 · 2 =
1 · 3 = 1 · 4 =
1 · 5 = 1 · 6 =
1 · 7 = 1 · 8 =
2 =
AC
SHIFT MODE ▼ 4 (STAT) 2 (OFF)
MODE 3 (STAT)
1:1-VAR 2:A+BX
3:_+CX² 4:ln X
5:e^X 6:A·B^X
7:A·X^B 8:1/X
2 (A+BX) 1 =
1 · 2 = 1 · 5 =
1 · 6 = 1 · 9 =
2 · 1 = 2 · 4 =
2 · 5 = 2 · 7 =
3 =

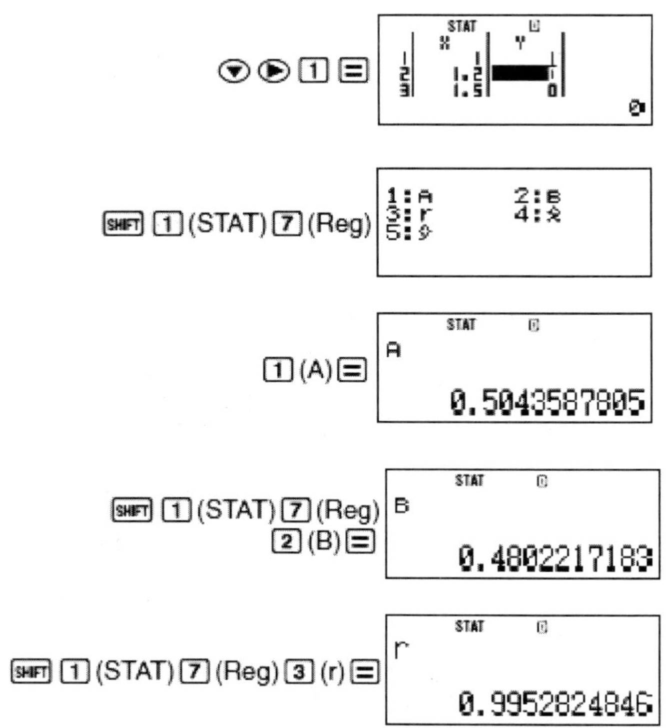

과제 2 **최소제곱법의 원리 이해하기**

다음 자료에 대해 선형회귀분석을 실시해서 기울기와 절편 및 상관계수를 구해보자. 단 가중인자는 1이라고 가정한다.

x	4.0	8.0	12.0	16.0	20.0	25.0	31.0	35.0	40.0	45.0
y	3.5	7.8	12.2	15.6	19.7	24.7	31.2	35.4	39.7	44.6

풀이 가중인자 w를 고려하면 식들이 다음과 같이 바뀌지만 그것이 1일 경우에는 본문에서 설명한 식과 같다. 다음의 값들을 먼저 구한 후에 계산하고 식 1.1 ~ 1.12에 대입한다.

$$N = \sum_{i=1} w_i = 10, \quad S_x = \sum_{i=1} w_i x_i = 236.0$$

$$S_y = \sum_{i=1} w_i y_i = 234.4, \quad S_{xy} = \sum_{i=0} w_i x_i y_i = 7285.1$$

$$S_{x2} = \sum_{i=1} w_i x_i^2 = 7316.0, \quad S_{y2} = \sum_{i=1} w_i y_i^2 = 7255.3$$

$$\begin{aligned} D &= [NS_{x2} - S_x S_x] \\ &= 10(7316.0) - (236.02)^2 \\ &= 17464 \end{aligned}$$

기울기 a_1, 절편 a_0 및 상관계수 r은 다음과 같이 주어진다.

$$\begin{aligned} a_1 &= \frac{1}{D}(NS_{xy} - S_x S_y) \\ &= \frac{\{10(7285.1) - 236.0(234.40)\}}{17464} \\ &= 1.0039 \end{aligned}$$

$$\begin{aligned} a_0 &= \frac{1}{D}(S_{x2} S_y - S_{xy} S_x) \\ &= \frac{[7316.0(234.4) - 7285.1(236.0)]}{17464} \\ &=- 0.253 \end{aligned}$$

$$\begin{aligned} r &= \frac{NS_{xy} - S_x S_y}{[(NS_{x2} - S_x)^2 (NS_{y2} - S_y^2)]^{1/2}} \\ &= \frac{10(7285.1) - 236.0(234.4)}{[\{10(7316.05) - (234.4)^2\}\{10(7255.3) - (234.4)^2\}]^{1/2}} \\ &= 0.9998 \end{aligned}$$

과제 3 컴퓨터 소프트웨어 활용

Mathematica는 미국 수학자이자 Wolfram Research CEO인 Stephen Wolfram에 의해 1988년 교육용 수학계산 프로그램으로 첫 번째 버전이 발표된 이후 현재 Mathematica 8까지 오면서 비약적인 업그레이드와 발전을 거듭하였다. 따라서 현재는 펀드 매매 웹사이트 구축이나 상호 연결되는 공학적 문서 작업에서부터 이미지 인식 알고리즘 개발이나 미적분 교육에까지 거의 모든 계산과 관련된 작업 중 어떠한 것도 모두 처리할 수 있는 완벽한 작업환경을 갖추고 있는 탁월한 통합 계산 프로그램이다. Mathematica로 수행할 있는 일은 크게 세 가지로 분류할 수 있는데 수치 계산(numerical computation), 문자 계산(symbolic calculation), 그래픽 처리(graphical operation) 등이다. 특히 문자 계산과 3차원 그래프를 회전시켜가면서 다양한 각도에서 볼 수 있는 점은 Mathematica의 가장 큰 장점이다. Mathematica는 연필로 종이 위에 계산하고 그리는 것과 같은 결과(수식의 약분, 인수분해, 전개, 미적분, 고차 방정식 및 연립 방정식 풀기, 행렬 연산, 최소제곱법)를 얻을 수 있다. 이 프로그램을 이용하면 쉽게 회귀분석을 수행할 수 있다. 이 프로그램을 실행시키면 그림 1.1과 같은 화면이 나타난다. 취급하려는 주제나 궁금한 것이 있으면 메뉴창에서 Help-Documentation Center를 누르고 의문 내용을 영문으로 타자하면 관련된 내용과 예제가 상세하게 나타난다. 적절하게 양식을 복사하고 데이터만 바꾸어주면 이 프로그램으로 계산을 의외로 쉽게 수행할 수 있다.

|그림 1.1|

다음과 그림 1.2와 같이 File-New-Notebook을 눌러서 새로운 파일 화면을 만든다. 파일명을 편의상 Least Square Regression라고 하면 이 파일명의 nb 확장자로 저장된다.

|그림 1.2|

입력 화면에 다음과 같이 타자하고 Shift 키를 누른 상태에서 엔터키를 누르거나 숫자 키보드에 있는 엔터키를 누르면 그 결과가 나타난다. 여기서 {1, x}는 맞추는 함수가 일차 함수임을 의미한다.

■ **입력 내용**

```
data={{2.1,4}, {6.4,6}, {10.2,9}, {14.4,11}};
lm=LinearModelFit[data, {1,x}, x]
```

■ **입력 내용 및 결과내용 실제 화면**

```
In[35]:= data = {{2.1, 4}, {6.4, 6}, {10.2, 9}, {14.4, 11}};
         lm = LinearModelFit[data, {1, x}, x]

Out[36]= FittedModel[ 2.63191 + 0.588289 x ]
```

입력모드는 In이고 결과는 Out이며 괄호 안에 숫자는 당일 처리하는 일련번호를 나타내므로 염두에 두지 않아도 무방하다. 여기서 기울기는 0.588289이고 절편은 2.63191임을 알 수 있다. 데이터 부분만 바꾸어 가면서 주어진 문제를 처리하면 최소제곱법에 따르는 기울기와 절편을 쉽게 구할 수 있다. 주어진 일차 함수와 데이터의 그래프를 그리고 싶으면 그 아래에 다음 내용을 첨부해준다.

Show[ListPlot[data], Plot[lm[x], {x, 0, 15}, PlotStyle→{RGBColor[1, 0, 1], Thickness[0.007]}, Frame→True]]

여기서 Show는 데이터 점과 최소제곱법에 의한 직선을 동시에 나타내기 위해서 사용하며 ListPlot는 데이터 점, Plot[lm[x]는 최소제곱의 직선, {x, 0, 15}는 0에서 15까지 x의 범위, RGBColor는 Red Green Blue를 나타내며 1을 쓰면 활성화되는데, 이 두 가지를 동시에 활성화시키면 혼합색이 되고 Thickness는 직선의 굵기를 지정하는 것이다.

■ 실제 입력 화면

```
data = {{2.1, 4}, {6.4, 6}, {10.2, 9}, {14.4, 11}};
lm = LinearModelFit[data, {1, x}, x]
Show[ListPlot[data], Plot[lm[x], {x, 0, 15}, PlotStyle → {RGBColor[1, 0, 1], Thickness[0.007]}, Frame → True]]
```

위와 같이 입력 한 다음에 Shift+Enter 키를 누르면 아래 그림 1.3과 같이 대략적인 그림이 나타난다.

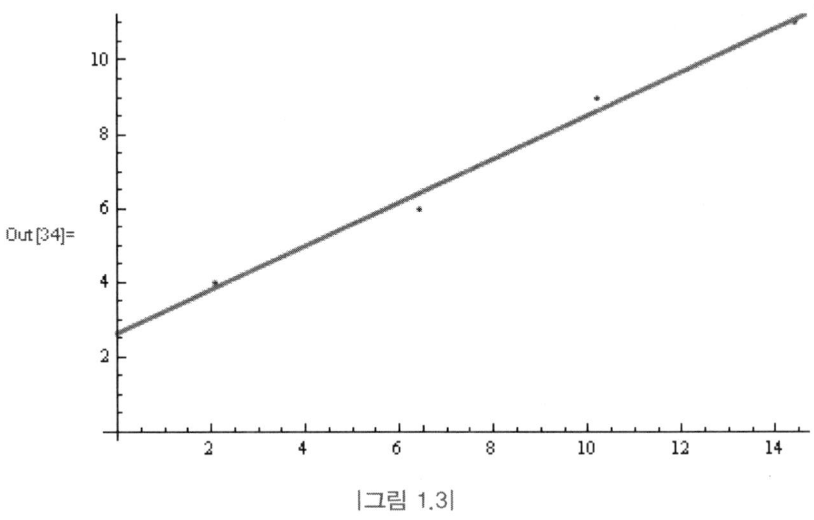

|그림 1.3|

이러한 그림에 축의 제목을 붙이고 글자 크기와 색깔 등을 자유롭게 조절할 수 있지만 그래프는 그래프를 그리는 Grapher 소프트웨어를 사용하는 것이 더 편리하므로 더 이상 설명하지는 않겠다. 참고로 최신 버전에서는 수학적인 내용을 메뉴창에서 다음 그림 1.4와 같이 Palletes-Basic Math Assistant를 누르면 다양한 수학적인 연산 내용을 일반적으로 사용하

는 방법으로 클릭만 해서 사용할 수 있다.

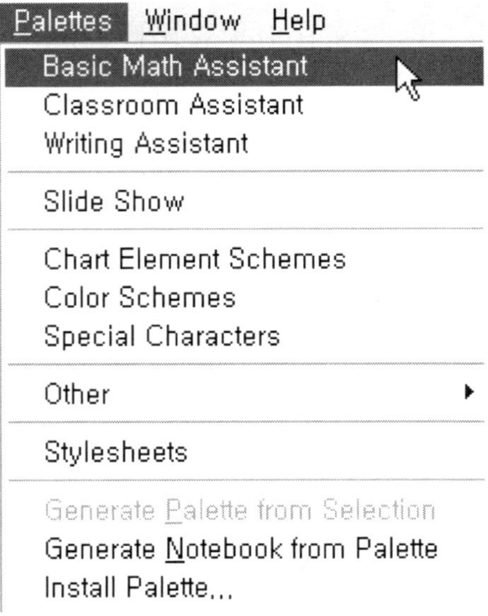

|그림 1.4|

수학 연산에 대한 수학 팔레트는 다음 그림 1.5와 같다.

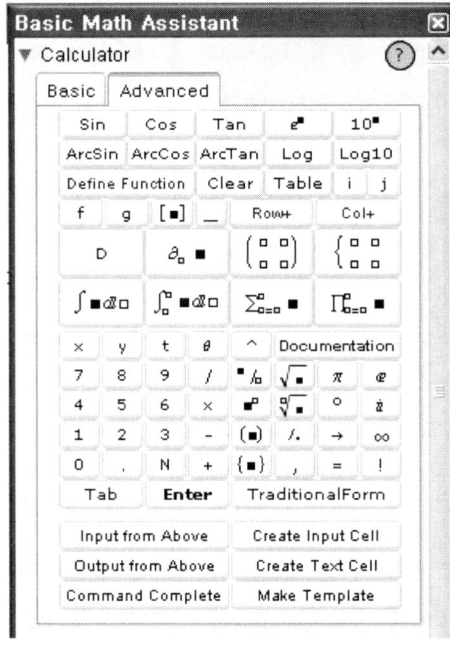

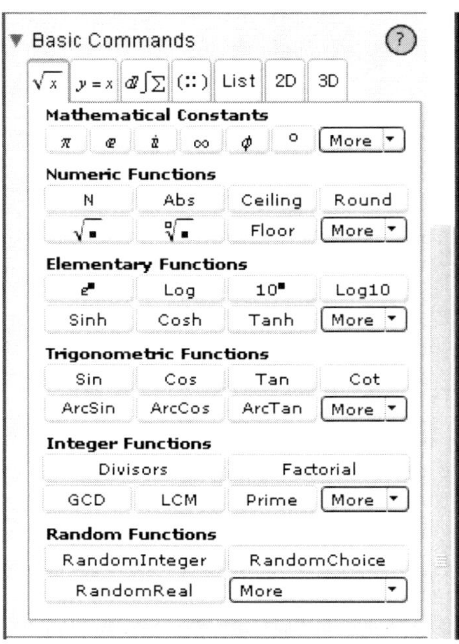

|그림 1.5|

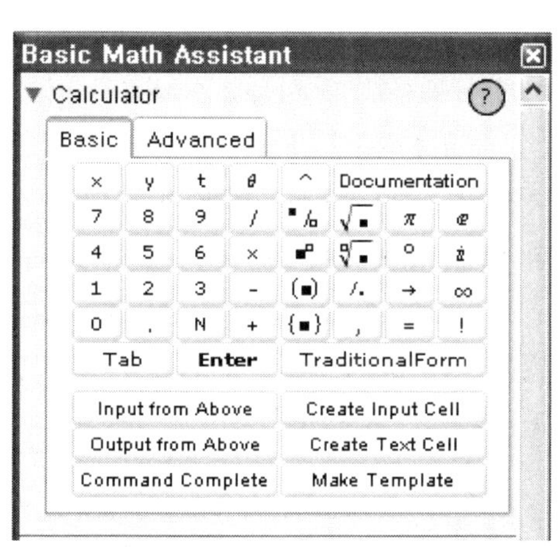

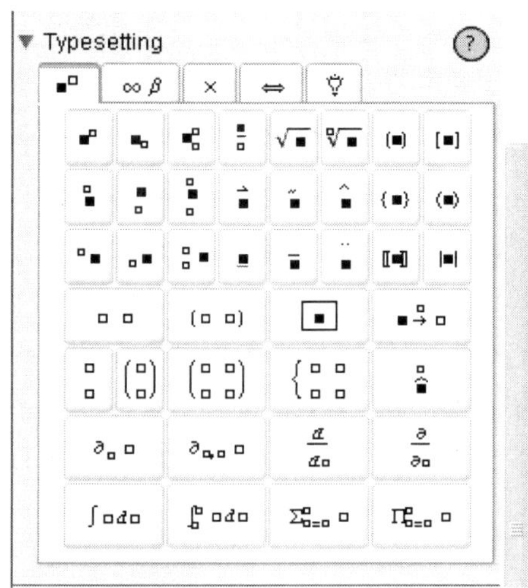

|그림 1.5| (계속)

그리고 요즘은 Excel과 같은 스프레드시트를 이용하면 역시 편리하게 데이터를 처리할 수 있다. 이 단원에서는 일반적으로 가장 많이 사용하고 있는 Excel을 이용하여 최소제곱법 및 데이터를 취급하는 방법을 설명하도록 하겠다.

우선 Excel을 실행시키면 버전마다 약간씩 다르지만 화면은 메뉴, 도구모음, 수식 입력줄, 워크시트 등으로 구성되어 있다. 표 계산프로그램은 256개의 열(A, B, C, ...)과 65533개의 행(1, 2, 3, ...)으로 구성되어 있으며 행과 열이 교차하는 것을 셀이라 부르고 A1, B2, ... 등을 셀 주소라고 한다. 그림 1.6의 화면은 2010 Excel의 화면창이다.

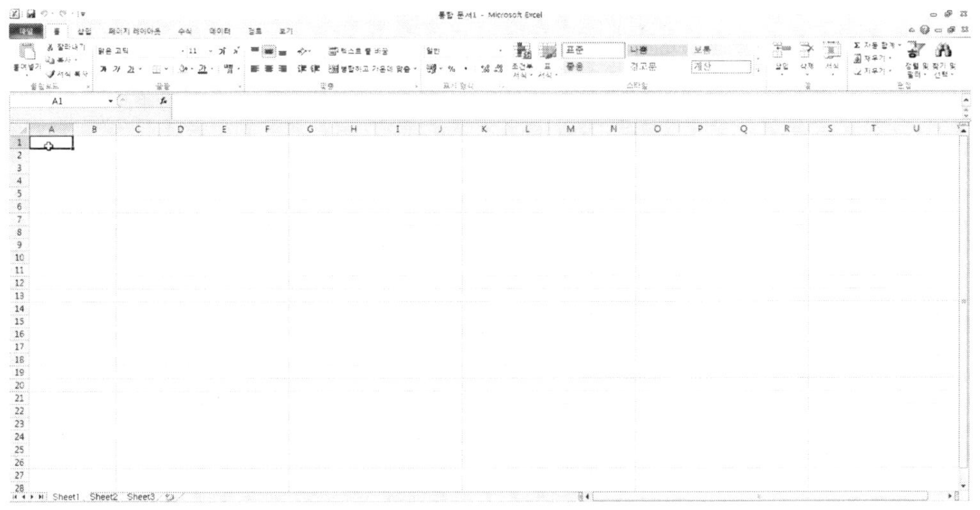

|그림 1.6|

여기에 데이터를 입력하고 여러 가지 산술 연산을 할 수 있다. Excel에서는 마우스의 포인

터 모양이 4가지가 있다. 우선 기본 모양은 내부가 비어 있는 십자가 모양이다. 행이나 열머리의 경계선에 마우스 포인터를 두면 양쪽 화살표 모양이 되는 데 이때 셀의 높이나 너비를 조절할 수 있다. 그 다음은 선택한 셀의 내용을 이동하거나 복사할 때 사용하는 내부가 비어 있는 화살표 모양이다. 마지막으로 가장 중요한 것으로 산술 연산 등의 기능을 반복하거나 순서대로 실행시킬 때 사용하는 자동핸들 채우기로서 셀을 선택하고 오른쪽 밑부분에 위치시키면 실선십자가 모양으로 바뀌게 된다. 셀에 데이터를 입력할 때는 타자 후에 Enter key를 누르면 된다. 반면에 산술 연산이나 수학 함수를 사용할 때는 등호 표시 =을 누른 후에 사용해야 한다.

화학에서는 선형회귀분석을 이용하는 경우가 많은데 그 중에 한 가지 예를 들면 다음과 같다. 반응 속도의 온도 의존성은 다음의 Arrhenius 식으로 표현된다.

$$k = Ae^{-E_a/RT} \tag{1.13}$$

여기서 A를 지수앞 인자 또는 잦음률(frequency factor)이라 부르며, E_a는 활성화 에너지이다.

이 식은 다음과 같이 로그를 이용해서 표현할 수도 있다.

$$\ln k = \frac{-E_a}{RT} + \ln A \tag{1.14}$$

어떤 물질의 화학 반응을 온도를 변화시켜 가면서 속도 상수를 측정하면 위 식을 이용하여 그 반응의 활성화 에너지와 잦음률을 결정할 수 있다. 예를 들어 어떤 화학반응의 속도 상수가 온도에 따라 다음과 같이 증가했다고 가정해 보자.

t/°C	k/min^{-1}
20	16.01
30	24.8
40	36.9
50	53.5

이것을 다음 그림 1.7에 나타낸 것처럼 Excel의 워크시트에 그대로 타자한다.

	A	B	C	D	E	F	G
1		반응속도상수에 미치는 온도효과					
2							
3		온도/℃	k/min^{-1}	T/K	1/T	10^3/T	ln(k)
4		20	16.01				
5		30	26.48				
6		40	33.67				
7		50	52.65				

|그림 1.7|

	A	B	C	D
1		반응속도상수에 미치는 온도효과		
2				
3		온도/℃	k/min^{-1}	T/K
4		20	16.01	
5		30	26.48	
6		40	33.67	
7		50	52.65	

|그림 1.8|

그 다음으로 온도는 절대 온도로 바꾼 후에 역수를 취하고 속도 상수는 로그를 취해야 하는데 한 가지 온도에서 구한 다음, Excel에 있는 자동핸들채우기 기능을 이용해서 쉽게 구할 수 있다. 이때 위 첨자나 아래 첨자를 타자하고 싶으면 입력 글자를 선택하고 오른쪽 마우스를 클릭하면 그림 1.9와 같은 화면이 나타난다. 여기서 셀 서식을 다시 한번 더 클릭하면 그림 1.10과 같은 화면이 나타나고 여기서 위 첨자나 아래 첨자를 선택하면 된다. 만약 섭씨 온도 ℃ 표시를 나타내려면 ㄹ을 누르고 한자 변환키를 누르면 특수문자가 나타나며 이 중에서 선택하면 된다.

	A	B	C	D	G
1		반응속도상수에 미치는 온도효과			
2					
3		온도/℃	k/min^{-1}	T/K	ln(k)
4		20	16.01		
5		30	26.48		
6		40	33.67		
7		50	52.65		

|그림 1.9|

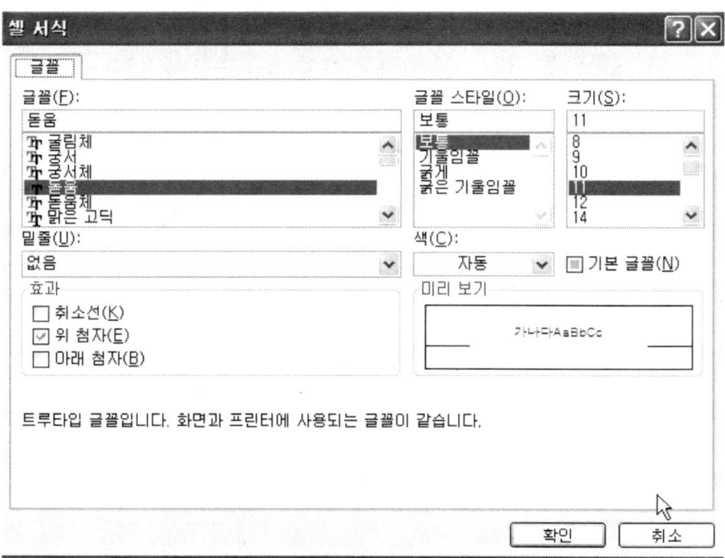

|그림 1.10|

그림 1.11에 나타낸 것처럼 셀주소 D4에서 G4를 선택한 후 오른쪽 밑부분에 마우스 포인터를 놓으면 진한 십자가 모양으로 포인터가 바뀌므로 그때 G7까지 마우스를 드래그한다(끈다). 그러면 그림 1.12와 같이 필요한 데이터가 자동으로 계산된다.

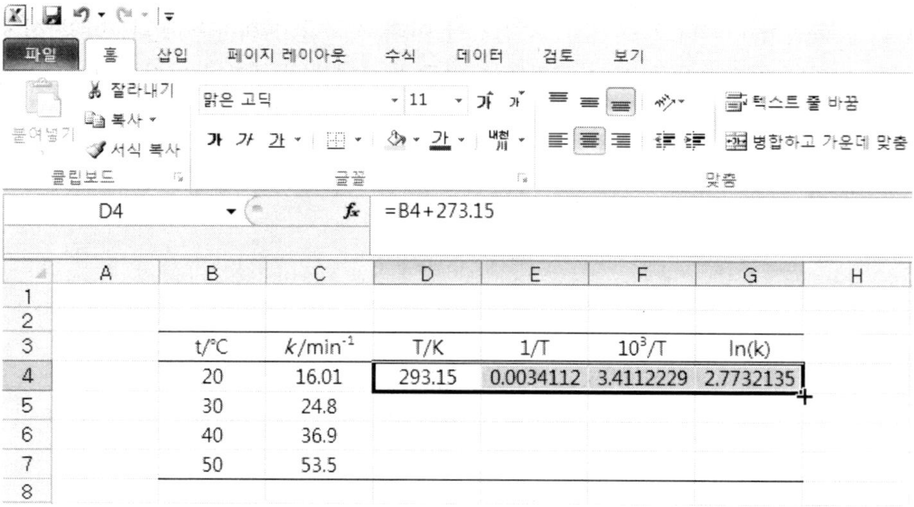

D4 | f_x =B4+273.15

	A	B	C	D	E	F	G	H
1								
2								
3		t/°C	k/min^{-1}	T/K	1/T	10^3/T	ln(k)	
4		20	16.01	293.15	0.0034112	3.4112229	2.7732135	
5		30	24.8					
6		40	36.9					
7		50	53.5					
8								

|그림 1.11|

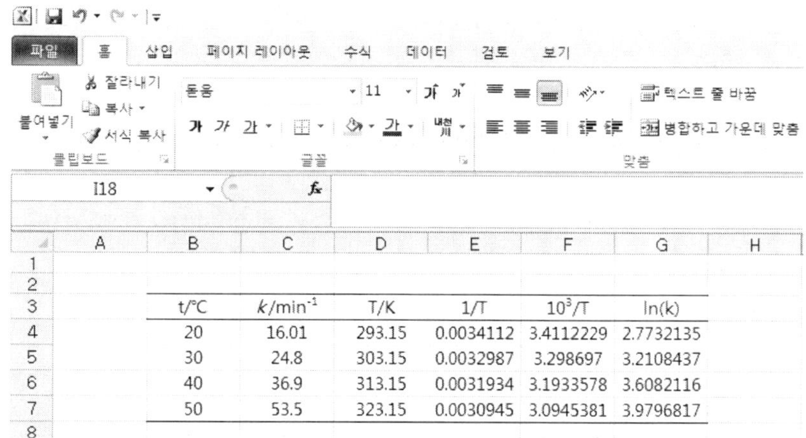

t/℃	k/min⁻¹	T/K	1/T	10³/T	ln(k)
20	16.01	293.15	0.0034112	3.4112229	2.7732135
30	24.8	303.15	0.0032987	3.298697	3.2108437
40	36.9	313.15	0.0031934	3.1933578	3.6082116
50	53.5	323.15	0.0030945	3.0945381	3.9796817

|그림 1.12|

이때 주어진 ln k를 1/T에 대해 최소제곱법으로 처리하려면 Excel의 "수식 → 함수삽입 → 통계 → (slope, intercept)"를 택하고 y값 범위에서 g4:g7을 선택하고 x값 범위에서 e4:e7을 선정하면 기울기와 절편이 자동으로 계산된다.

다음 그림 1.13과 같이 메뉴창에서 함수 삽입을 선택한다.

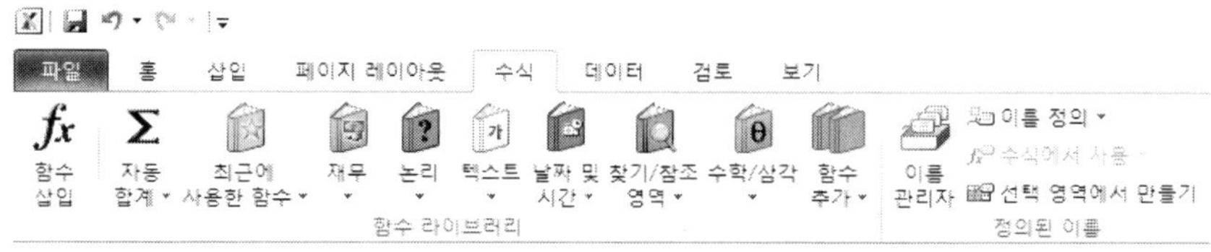

|그림 1.13|

다음 그림 1.14와 같은 창이 나타나고 통계 범주를 선택하면 기울기, 절편, 상관계수에 대응하는 영문의 SLOPE, INTERCEPT, CORREL을 선택한다.

함수 마법사

함수 검색(S):

수행하려는 작업에 대한 간단한 설명을 입력한 다음 [검색]을 클릭하십시오. 검색(G)

범주 선택(C): 통계

함수 선택(N):

RSQ
SKEW
SLOPE
SMALL
STANDARDIZE
STDEV.P
STDEV.S

SLOPE(known_y's,known_x's)
선형 회귀선의 기울기를 구합니다.

도움말 확인 취소

|그림 1.14|

이들을 클릭하고 데이터 범위는 다음 1.15와 같이 지정해주면 기울기, 절편, 상관계수를 차례대로 구할 수 있다.

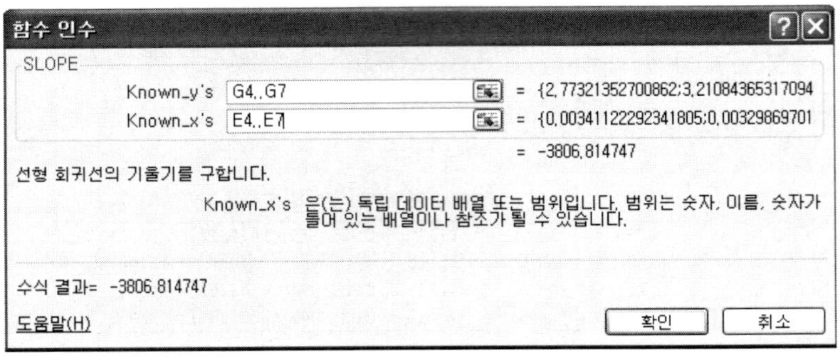

함수 인수

SLOPE

Known_y's G4..G7 = {2.77321352700862;3.21084365317094

Known_x's E4..E7 = {0.00341122292341805;0.00329869701

= -3806.814747

선형 회귀선의 기울기를 구합니다.

Known_x's 은(는) 독립 데이터 배열 또는 범위입니다. 범위는 숫자, 이름, 숫자가 들어 있는 배열이나 참조가 될 수 있습니다.

수식 결과= -3806.814747

도움말(H) 확인 취소

|그림 1.15|

여기서 좀 더 편리하게 구하려면 우선 기울기값을 나타내려는 셀 위치에 마우스를 두고 계산을 입력하기 위한 =를 타자하고 slope(y값 범위, x값 범위)를 다음과 같이 지정하여 기울기를 구한다.

```
=slope(g4:g7, e4:e7)
```

Excel에서 범위를 나타낼 때는 ~대신에 : 기호를 사용함에 유의하기 바란다.

절편과 상관계수도 마찬가지로 다음과 같이 타자해서 구한다.

```
=intercept(g4:g7, e4:e7)
=correl(g4:g7, e4:e7)
```

Excel에서 구한 결과를 요약해보면 다음 그림 1.16과 같다.

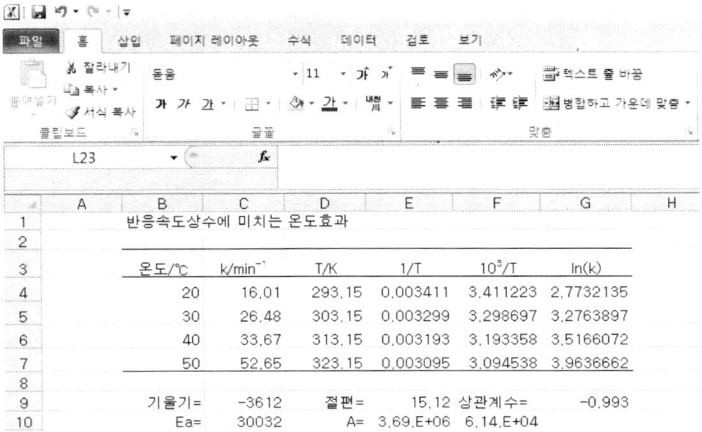

반응속도상수에 미치는 온도효과

온도/℃	k/min^{-1}	T/K	1/T	10^3/T	ln(k)
20	16.01	293.15	0.003411	3.411223	2.7732135
30	26.48	303.15	0.003299	3.298697	3.2763897
40	33.67	313.15	0.003193	3.193358	3.5166072
50	52.65	323.15	0.003095	3.094538	3.9636662

기울기= -3612 절편= 15.12 상관계수= -0.993

Ea= 30032 A= 3.69.E+06 6.14.E+04

|그림 1.16|

최소제곱법으로 구한 기울기와 절편을 대입하면 다음 식이 얻어진다.

$$\ln k = (-3612)1/T + 15.12$$

여기서 식 1.13과 연관시켜보면 기울기 = −3612K = $-E_a$/R이므로 활성화 에너지는 다음과 같다.

$$E_a = 3612\,\mathrm{K} \times 8.314\,\mathrm{J\,mol^{-1}K^{-1}} = 30\ \mathrm{kJ\,mol^{-1}K^{-1}}$$

그리고 절편 = 15.12이므로 잦음률 A는 다음과 같이 구할 수 있다.

$$\ln(A/\mathrm{min}^{-1}) = 15.12$$
$$A = 3.69 \times 10^6\,\mathrm{min}^{-1} = 6.14 \times 10^4\,\mathrm{s}^{-1}$$

Excel에서 아주 큰 값이나 작은 값은 표시 형식을 지정하는 사용자 지정을 클릭하여 다음 그림 1.17과 같은 화면이 나오면 과학표기법인 지수식으로 표현되어 편리하다.

|그림 1.17|

그 다음에 ln k를 10^3/T에 대해 그림을 그리고 싶으면 열을 적절하게 이동시키고 범위를 선정한 후에 Excel의 "삽입→ 분산형" 표식만 있는 분산형을 그림 1.18처럼 선택하여 자동으로

데이터를 그린다.

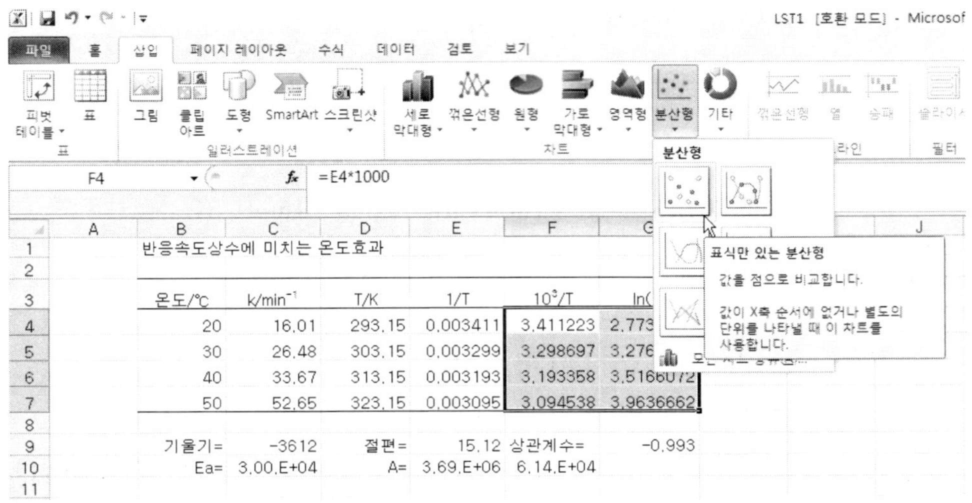

|그림 1.18|

이 그림을 클릭해서 선정한 다음에 그림 1.19처럼 "디자인→차트 레이아웃선택"을 선택하면 자동으로 추세선을 추가한 그림이 주어지므로 좌표 축의 크기 제목 등을 클릭해서 선정한 후에 수정하면 된다.

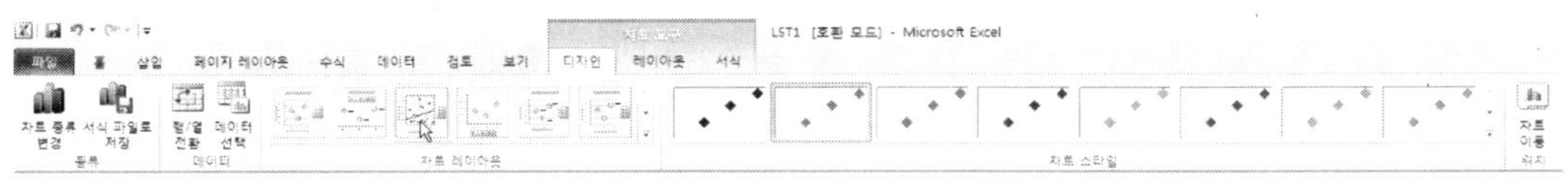

|그림 1.19|

자동으로 나타나는 그림에서 특정 축을 선택해서 제목을 붙일 수 있다. x축 제목에서 103/T에서 3을 택해 마우스 오른쪽을 클릭하면 축제목 서식이 그림 1.20 및 1.21처럼 나타나며 위 첨자로 바꾸어주면 10^3/T 형태로 바꿀 수 있다. 따라서 축의 범위, 글자크기, 선의 굵기 등을 다양하게 편집할 수 있다. Excel에서 그린 그림과 전체적인 데이터 분석 결과를 그림 1.21에 나타내었다.

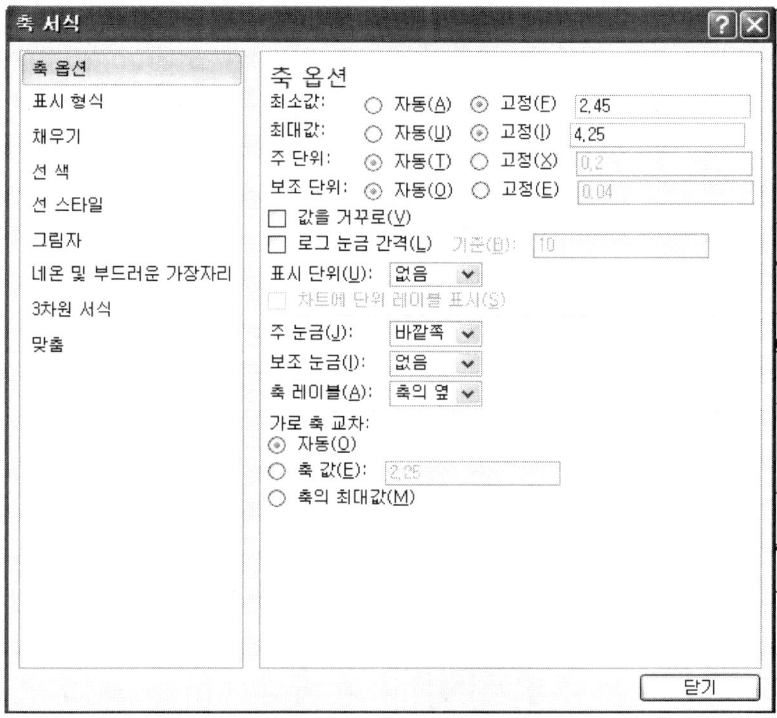
축 서식
축 옵션
표시 형식
채우기
선 색
선 스타일
그림자
네온 및 부드러운 가장자리
3차원 서식
맞춤
축 옵션
최소값: 자동(A) 고정(F) 2.45
최대값: 자동(U) 고정(I) 4.25
주 단위: 자동(T) 고정(X) 0.2
보조 단위: 자동(O) 고정(E) 0.04
값을 거꾸로(V)
로그 눈금 간격(L) 기준(B): 10
표시 단위(U): 없음
차트에 단위 레이블 표시(S)
주 눈금(J): 바깥쪽
보조 눈금(I): 없음
축 레이블(A): 축의 옆
가로 축 교차:
자동(O)
축 값(E): 2.25
축의 최대값(M)
닫기

|그림 1.20|

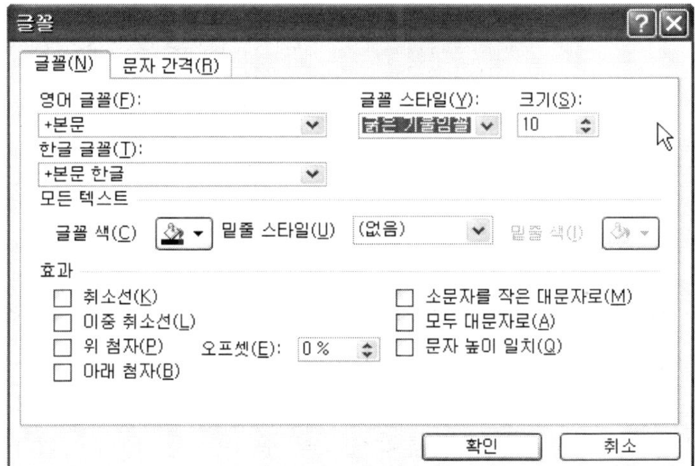
글꼴
글꼴(N)
문자 간격(R)
영어 글꼴(F):
+본문
글꼴 스타일(Y):
굵은 기울임꼴
크기(S):
10
한글 글꼴(T):
+본문 한글
모든 텍스트
글꼴 색(C)
밑줄 스타일(U)
(없음)
밑줄 색(I)
효과
취소선(K)
이중 취소선(L)
위 첨자(P)
오프셋(E): 0 %
아래 첨자(B)
소문자를 작은 대문자로(M)
모두 대문자로(A)
문자 높이 일치(Q)
확인
취소

|그림 1.21|

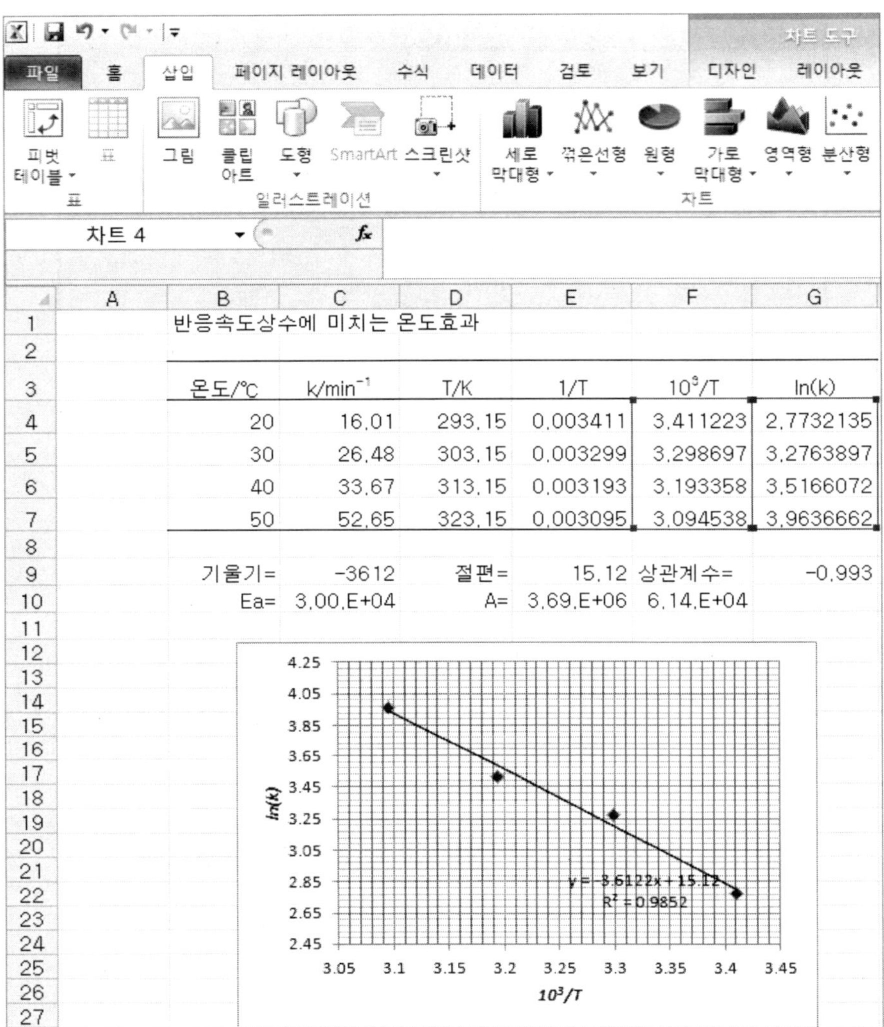

|그림 1.22|

그림 1.22에서 차트를 선택해서 오른쪽 마우스를 클릭한 다음에는 언제든지 원하는 그림이 얻어질 때까지 수정할 수가 있다. 추세선을 수정하고 싶으면 직선 위에 마우스를 두고 클릭하면 다음 그림 1.23과 같은 화면이 나타나며 추세선 서식을 누르면 그림 1.24와 같은 화면이 나타나는데 상관계수의 제곱을 그림에 표시할 수도 있다. Excel에서 그림 1.25와 같은 그림을 그릴 수 있다.

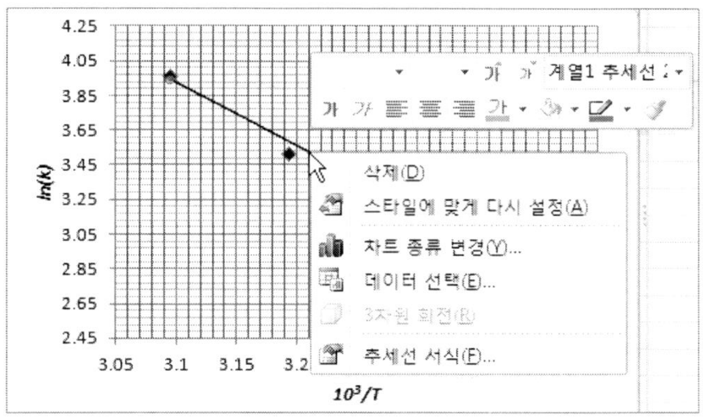

|그림 1.23|

추세선 서식

추세선 옵션
선 색
선 스타일
그림자
네온 및 부드러운 가장자리

추세선 옵션
추세/회귀 유형
○ 지수(X)
◉ 선형(L)
○ 로그(O)
○ 다항식(P) 차수(D): 2
○ 거듭제곱(W)
○ 이동 평균(M) 구간(E): 2

추세선 이름
◉ 자동(A): 선형 (계열1)
○ 사용자 지정(C):

예측
앞으로(F): 0.0 구간
뒤로(B): 0.0 구간

☐ 절편(S) = 0.0
☑ 수식을 차트에 표시(E)
☑ R-제곱 값을 차트에 표시(R)

닫기

|그림 1.24|

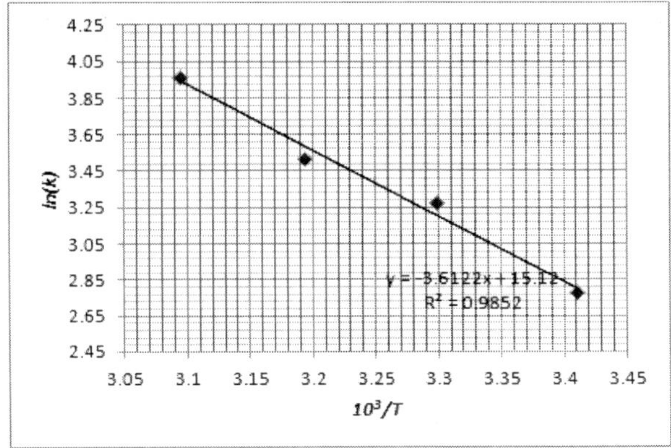

|그림 1.25|

한편 그래프를 그리는 전용 소프터웨어인 Grapher라는 프로그램을 이용할 경우에는 축의 제목이나 특수 문자 등을 좀 더 자유롭게 표현할 수 있으며 그림 1.26과 같은 최종 발표용 그림을 얻을 수 있다.

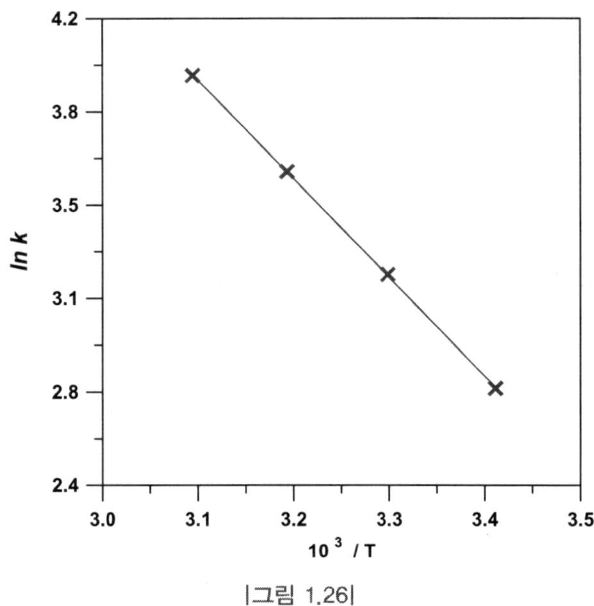

|그림 1.26|

과제 4 **자신이 가지고 있는 계산기를 이용하여 다음 자료에 대해 선형회귀분석을 실시하고 기울기와 절편 및 상관계수를 구하시오. 단, 가중인자는 1이라고 가정한다.**

x	0.4	0.8	1.25	1.6	2.0	2.5	3.1	3.5	4.0	4.4
y	1.217	1.821	2.715	2.835	3.544	4.778	5.721	6.179	7.266	7.451

과제 5 **어떤 화학 반응 속도를 온도에 따라 측정했더니 다음과 같았다.**

t/°C	k/ $mol^{-1}s^{-1}$
15.10	40.5
18.60	48.9
19.75	51.0
20.0	52.8

다음의 Arrhenius 식을 이용하여 최소제곱법으로 처리한 후에 지수앞 인자 A와 활성화 에

너지 E_a를 구하시오.

$$k = Ae^{-E_a/RT}$$

다음과 같이 로그를 이용해서 표현한 식을 이용하기 바란다.

$$\ln k = \ln A - E_a/RT$$

과제 6 어떤 효소 촉매 반응에서 기질의 농도에 따른 초기 속도를 측정하였더니 다음과 같았다.

[S]/ M	v_0/ M s^{-1}
5.0×10^{-4}	1.25×10^{-6}
1.0×10^{-3}	2.00×10^{-6}
2.5×10^{-3}	3.13×10^{-6}
5.0×10^{-3}	3.85×10^{-6}
1.0×10^{-2}	4.55×10^{-6}

Lineweaver-Burk 도시를 위한 식은 다음과 같다.

$$\frac{1}{v_0} = \frac{K_M}{v_{max}[S]} + \frac{1}{v_{max}}$$

최소제곱법으로 처리한 후에 K_M과 v_{max}를 구하시오.

결과보고서 및 자료 처리

학년	학과	조번호	학번	이름	실험일자	공동실험자

과제 5에 대한 결과 및 검토

① Excel에 의한 데이터 변환

온도/°C	k/ $mol^{-1}s^{-1}$	T/K	1/T	10^3/T	*ln(k)*

② 최소제곱법의 처리결과

Sx	*Sx2*	*Sy*	*Sy2*	*Sxy*
기울기	절편	상관계수	잦음률 *A*	활성화 에너지

③ Excel에서 그린 그래프 첨부

6 토론 및 질문

① 자신이 가지고 있는 계산기 모델을 이용하여 과제 4에 대한 회귀분석을 실시한 그 방법과 순서를 자세하게 기술하시오.

② 각 조별로 적절한 참고 도서의 최소제곱법 활용을 위한 데이터를 구해서 선형회귀분석을 시행한 다음에 그 결과(기울기, 절편, 상관계수)를 나타내고 그래프를 Excel에서 최대한 정밀하게 그려서 첨부하시오.

7 실험 시 주의사항

계산기 모델에 따라 사용법이 다르기 때문에 주의한다. Excel이나 Mathematica가 역시 버전에 따라 사용법이 조금씩 다르다. Cramer 공식을 통해 이원 일차 연립방정식의 해를 구하는 방법의 원리를 이해하고 있어야 한다.

$$a_{11}x + a_{12}y = c_1 \tag{1.15a}$$

$$a_{21}x + a_{22}y = c_2 \tag{1.15b}$$

여기서 첨자가 붙은 a와 c는 상수이다. 어떤 상수값이 주어진 후 단일값인 x 와 y를 구하려면 이 연립방정식을 풀어야 한다.

먼저 대입법으로 풀어보자. 여러 식 중에서 하나를 한 변수가 다른 변수의 함수가 될 수 있도록 정리한다. 이 함수를 다른 식에 대입하면 미지수가 한개인 방정식이 되며 이것을 그 변수에 대해서 풀 수 있다. 얻어진 결과를 처음 두 식 중에서 어느 한 식에 대입하면 두 번째 변수를 표현할 수 있다. 식 1.15a에서 y를 x로 나타내면 다음과 같다.

$$y = \frac{-a_{11}x}{a_{12}} + \frac{c_1}{a_{12}} \tag{1.16}$$

이것을 식 1.15b에 대입하면 다음과 같이 된다.

$$a_{21}x + a_{22}\left(\frac{c_1}{a_{12}} - \frac{a_{11}x}{a_{12}}\right) = c_2 \tag{1.17}$$

이 식에는 y는 없고, x만이 들어 있으므로 x에 대해서 풀면 근은 다음과 같이 주어진다.

$$x=\frac{c_1a_{22}-c_2a_{12}}{a_{11}a_{22}-a_{12}a_{21}} \tag{1.18}$$

식 1.18을 식 1.15a, 또는 식 1.15b에 대입하면 y는 다음 식으로 주어진다.

$$y=\frac{c_2a_{11}-c_1a_{21}}{a_{11}a_{22}-a_{12}a_{21}} \tag{1.19}$$

그런데 식 1.18은 행렬식을 이용하면 다음 식과 같이 쓸 수 있다.

$$x=\frac{\begin{vmatrix} c_1 & a_{12} \\ c_2 & a_{22} \end{vmatrix}}{\begin{vmatrix} a_{11} & a_{12} \\ a_{21} & a_{22} \end{vmatrix}} \tag{1.20}$$

식 1.19도 마찬가지로 다음과 같이 쓸 수 있다.

$$y=\frac{\begin{vmatrix} a_{11} & c_1 \\ a_{21} & c_2 \end{vmatrix}}{\begin{vmatrix} a_{11} & a_{12} \\ a_{21} & a_{22} \end{vmatrix}} \tag{1.21}$$

각 표현식에서 분모는 행렬 A의 행렬식이고, 분자는 이 행렬 중의 한 열을 상수열 벡터로 바꾼 것의 행렬식임을 유의하기 바란다. 즉 x에 대한 표현에서는 x에 대한 계수의 열이 바뀌며, y에 대한 계수의 열이 각각 연립방정식의 우변에 있는 상수의 열벡터로 바꾸어 주고 풀면 된다. 이러한 방식으로 연립방정식을 푸는 방법이 Cramer 공식이다.

8 참고 문헌

① 최종하 역, '화학수학', 자유아카데미, 1995.

② 최종하 등 공저, '화학반응속도론', 자유아카데미, 2000.

③ P. Yates, *Chemical Calculations*, Chapman & Hall, London, 1997.

④ 최종하 등 공역, '화학과 생명과학을 위한 물리화학', 자유아카데미, 2004.

⑤ R.G. Mortimer, *Mathematics for Physical Chemistry*, 3rd Ed., Macmillan Pub. Co., Inc., New York, 2005.

⑥ 최종하 등 공역, '물리화학', 사이플러스, 2007.
⑦ 최종하 등 공역, '화학수학', 자유아카데미, 2010.
⑧ 최종하, '멀티미디어화학', 안동대학교, 2011.

실험 2

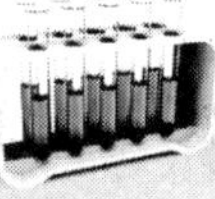

UN-SCAN-IT 및 Grapher 사용법

1 실험 목적

이 실험의 목적은 참고 문헌에 나와 있는 그래프나 그림을 수치값으로 바꾸어 재현하는 UN-SCAN-IT 프로그램과 과학에서 그래프를 전문적으로 그리는 데 사용하는 Grapher 프로그램의 활용법을 익히는 것이다.

2 실험 배경 및 원리

교재 또는 참고 문헌에 나와 있는 그래프나 그림을 자신이 실험한 결과와 비교하려고 할 때 그것을 다시 재현해야 하는 경우가 자주 있다. 이때 사용할 수 있는 것이 UN-SCAN-IT 소프트웨어이다. 이것을 이용할 때의 큰 장점은 그림으로 주어진 것을 수치 데이터로 얻을 수 있으므로 현대 기법의 모든 프로그램으로 다시 불러와서 처리할 수 있다는 것이다. 그리고 화학 실험에서 얻은 그래프를 논문으로 최종 발표할 경우에는 그래프를 그리는 전용 소프터웨어인 Grapher라는 프로그램을 이용하면 편리하다. 이 실험에서는 이 두 가지 소프트웨어의 사용법을 익히고 다양한 응용 측면에 대해서 연습하도록 한다.

3 장치 및 시약

Excel, UN-SCAN-IT 및 Grapher 프로그램이 설치된 컴퓨터, 스캔한 그림 파일(*.JPG)

4 실험 방법

① 과제 1. UN-SCAN-IT를 활용하여 스펙트럼 그림 재현하기

UN-SCAN-IT 사용법

1. 스펙트럼을 스캔하여 이미지 파일(*.jpg)로 저장한다.
2. USI 아이콘을 더블 클릭해서 실행시키면 다음과 같은 화면이 나타난다.

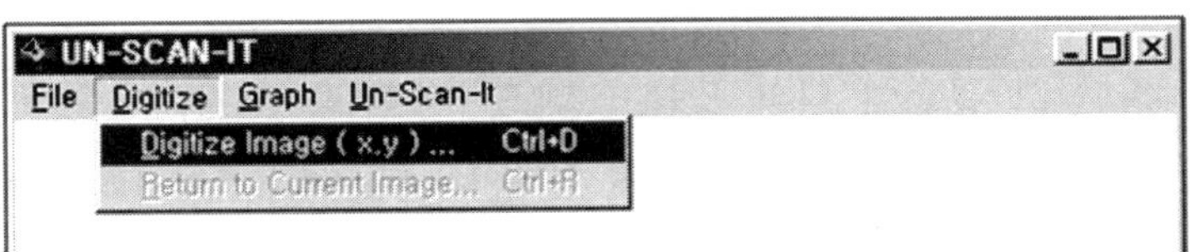

|그림 2.1|

3. Digitize → Digitize Image (x, y)를 실행시킨다.

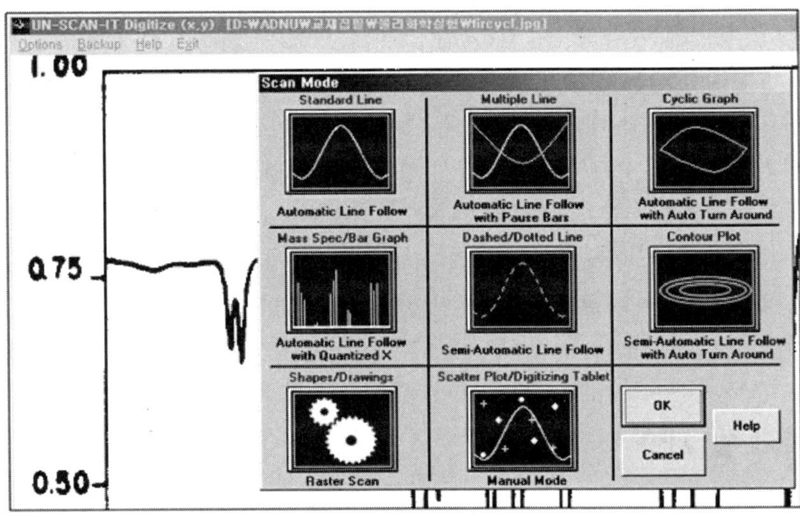

|그림 2.2|

4. 원하는 디렉토리에서 이미지 파일(*.jpg)을 불러온다.

다음 보기에서 두 번째 encl.jpg 경우에는 높이인 y축의 값의 범위는 임의로 0에서 100까지 정하면 된다.

(1) Fircycl.jpg

(2) encl.jpg

(3) a.jpg ~ f.jpg (한 가지 선택)

5. Scan Mode 선정(보통 Standard Line) 후에 OK를 누른다.
6. Setup 메뉴에서 보통 자동 설정된 것을 그대로 택한다.

적외선 스펙트럼일 경우에는 Line Follow Side와 Direction을 바꾸어준다.
Grid가 있을 경우에 이를 제거하는 조치를 취해야 한다.

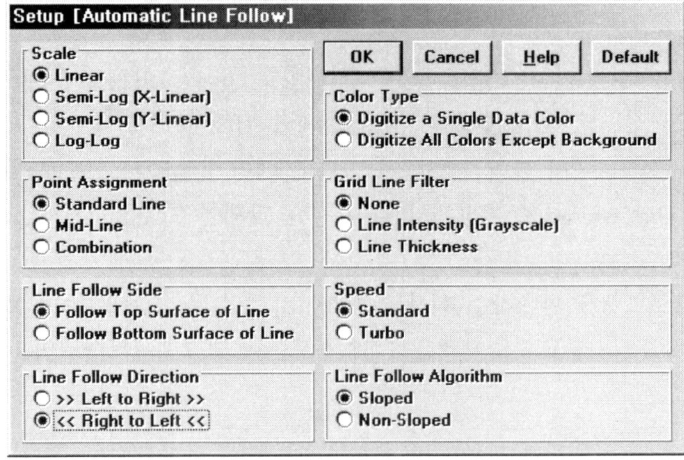

|그림 2.3|

7. 컬러 이미지면 Line Art (흑백) Mode의 이미지를 바꾼다.
8. 스캔하려는 Data Line에 붉은 십자표시를 위치시키고 OK를 누른다.
   실수했을 때는 메뉴의 Bachup을 이용하거나 ctrl-z를 누르고 다시 시작한다.
9. x축의 최저 위치에 십자표시를 위치시키고 OK를 누른 후 실제값을 입력하고 다시 OK를 누른다.
10. x축의 최대 위치로 십자표시를 이동시킨 후 값을 입력하고 OK를 누른다.
11. y축의 최저 위치로 십자표시를 이동시키고 OK를 누른 후 실제값을 입력하고(보통 0) 다시 OK를 누른다.
12. y축의 최대 위치로 십자표시를 이동시키고 OK를 누른 후 원하는 실제값을 입력한다.
13. 기울어진 그래프는 OK를 눌러 바로잡기를 실행한다.
14. 스캔 마지막 부분의 그래프에 십자표시를 위치시킨 후 OK를 누른다.
15. 그래프의 최저값보다 약간 낮은 부분에 십자표시를 위치시킨 후에 OK를 누르고, 다

시 최대값보다 약간 높은 부분에 십자표시를 위치시켜서 OK를 누른다.

16. 그래프 중에서 대략 수평인 부분을 찾아서 조금 위에 십자표시를 위치시키고 OK를 누른다. 이것은 데이터 선의 굵기를 파악하기 위한 것이다.
17. 그래프의 시작 부분에 십자표시를 두고 OK를 누른다.
18. 이때 붉은색의 선이 정확히 그래프를 따라 이동하는지를 확인해야 한다.
19. Graph → Graph Data(x, y)를 선택하면 화면에 완성된 그래프가 점선으로 나타난다.
20. Options → Draw Lines를 눌러 실선을 선택한 후에 그래프가 재현되는지를 확인한다.
21. Options → Save Data를 누르고 ASCII(Tab) 형식(fircycl.prn)으로 이 파일을 저장한다.
22. Excel에서 ASCII(Tab) 형식(*.prn)의 파일을 읽어서 처리한 후에 텍스트(탭으로분리) 형식(*.dat)으로 저장해서 Grapher에서 쉽게 불러올 수 있도록 확장명을 바꾼다. 이때 Excel에서 불러 처리하면 그림에 에러가 발생하므로 주의해야 한다. 여기서는 편의상 fir.dat로 저장해서 다음 실습 과제인 Grapher에서 사용하도록 한다.

참고로 이 프로그램을 판매하는 회사의 홈페이지 주소는 다음과 같다. 12년 3월 현재 윈도즈용 UN-SCAN-IT V.6.0 가격은 345$ 정도이며 업그레이드하려면 149$ 정도 추가하면 된다.

② 과제 2. Grapher를 활용하여 최종그림 완성하기

Grapher 사용법

1. 그림을 그리려고 하는 데이터를 준비한 다음에 다음 아이콘을 클릭해서 윈도즈용 Grapher를 실행시킨다. 

   Grapher 9의 실행 화면은 그림 2.4와 같다.

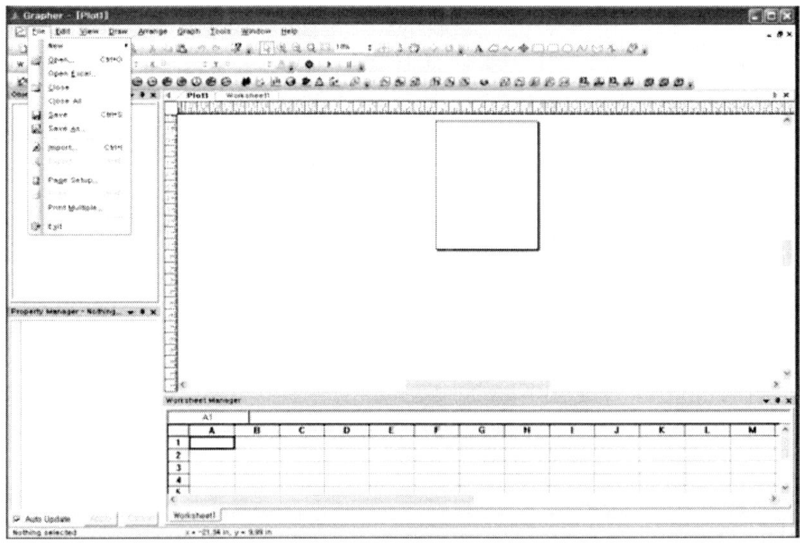

|그림 2.4|

오른쪽 중앙이 그림을 도시하는 화면이고, 아래쪽은 워크시트의 내용을 보여주는 화면이다. 주메뉴가 있고 단축 그림 메뉴가 중복으로 주어져 있는데 자주 쓰는 것은 그림 메뉴를 이용하면 편리하다.

2. UN-SCAN IT 프로그램으로 수치값으로 바꾼 데이터를 복사한 후에 오른쪽 마우스를 클릭해서 fir.dat등과 같이 적절한 이름으로 워크시트 파일을 저장한다.

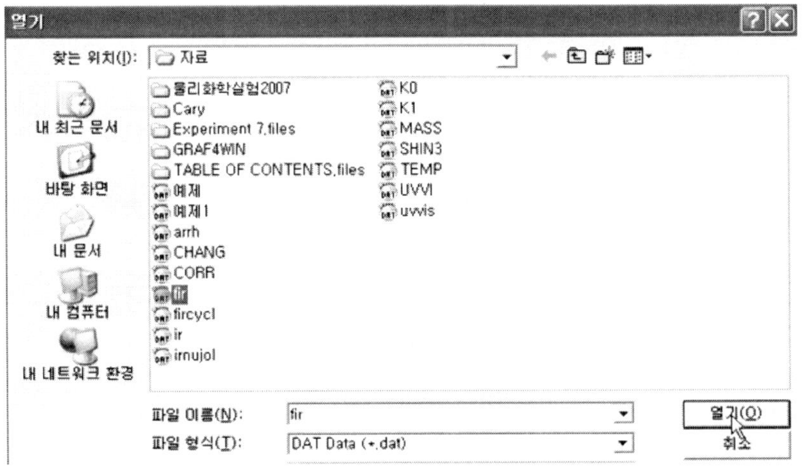

|그림 2.5|

3. 실험 1에서 최소제곱법으로 처리했던 Excel의 데이터를 복사한 후에 오른쪽 마우스를 클릭해서 Ea.dat등과 같이 적절한 이름으로 워크시트 파일을 저장한다.

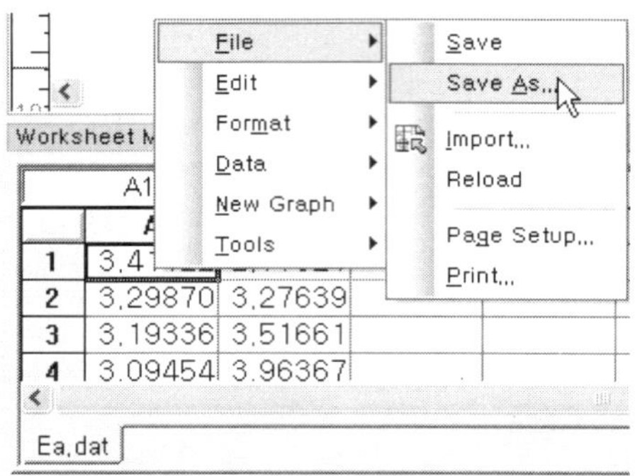

|그림 2.6|

4. Grapher의 메뉴에 있는 Graph→2D XY Graphs→Line or Symbol을 누르면 그림 2.7과 같은 화면이 나타난다.

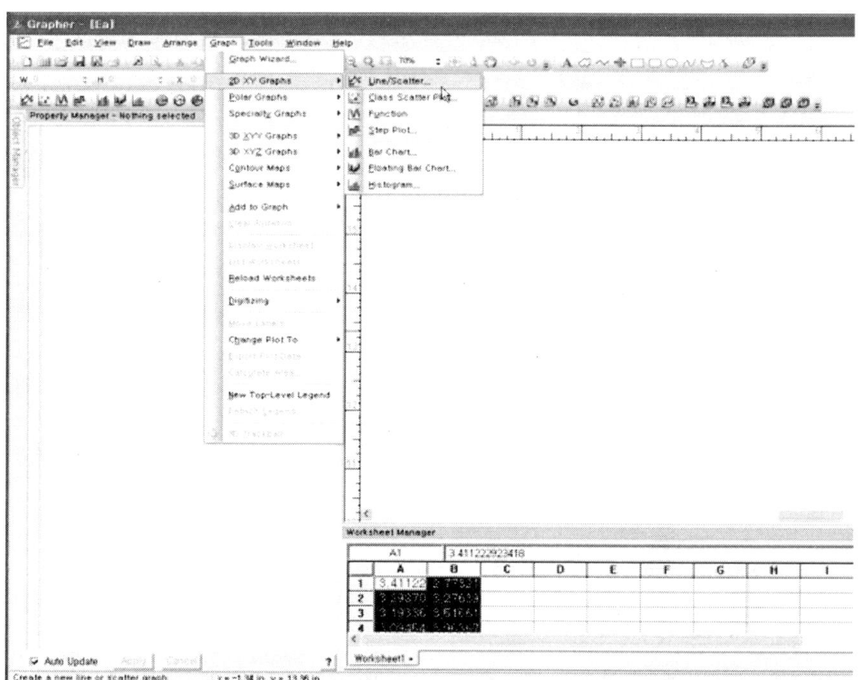

|그림 2.7|

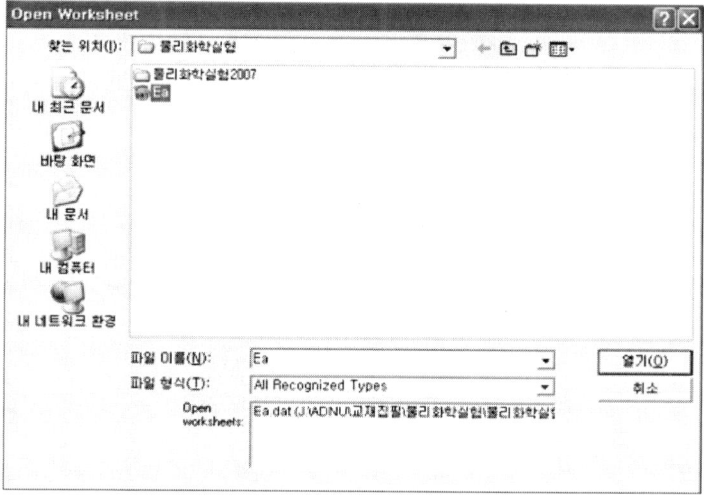
Open Worksheet
찾는 위치(I):
물리화학실험
물리화학실험2007
Ea
내 최근 문서
바탕 화면
내 문서
내 컴퓨터
내 네트워크 환경
파일 이름(N):
Ea
열기(O)
파일 형식(T):
All Recognized Types
취소
Open worksheets:

|그림 2.8|

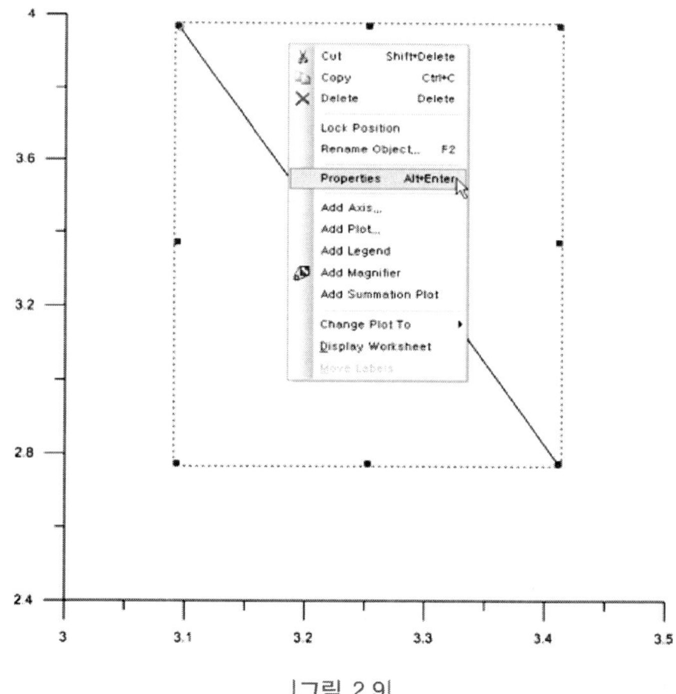
4
3.6
3.2
2.8
2.4
3
3.1
3.2
3.3
3.4
3.5
Cut Shift+Delete
Copy Ctrl+C
Delete Delete
Lock Position
Rename Object... F2
Properties Alt+Enter
Add Axis...
Add Plot...
Add Legend
Add Magnifier
Add Summation Plot
Change Plot To
Display Worksheet
Move Labels

|그림 2.9|

|그림 2.10|

여기서는 Curve을 첨가하는데, 왜냐하면 그림을 그릴 때 한번은 데이터 점의 위치를 나타내고 다른 한번은 최적화시킨 직선을 그리기 위해서이다. 데이터 점의 경우에는 선의 모양을 없애고 대신에 기호로 표현하기 위하여 No로 나타난 곳을 두 번 클릭하면 그림 2.11과 같은 화면이 나타난다. 데이터 점을 표현하려는 기호로 선정한다. 물론 크기를 임의로 조정할 수 있다.

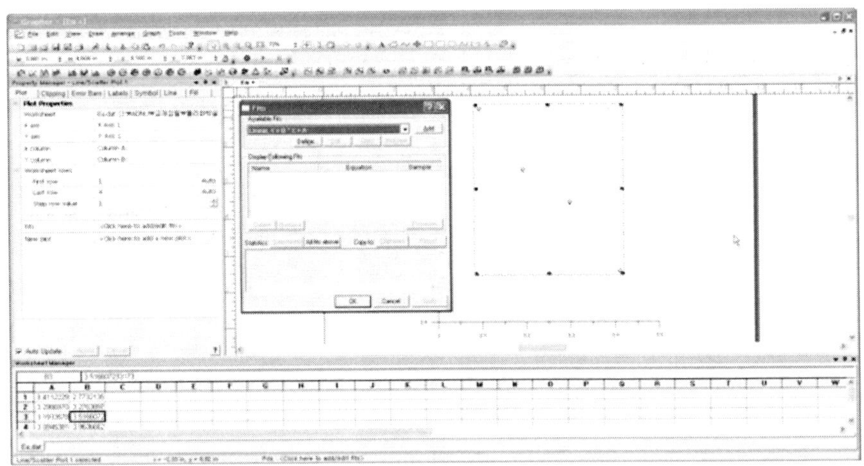

|그림 2.11|

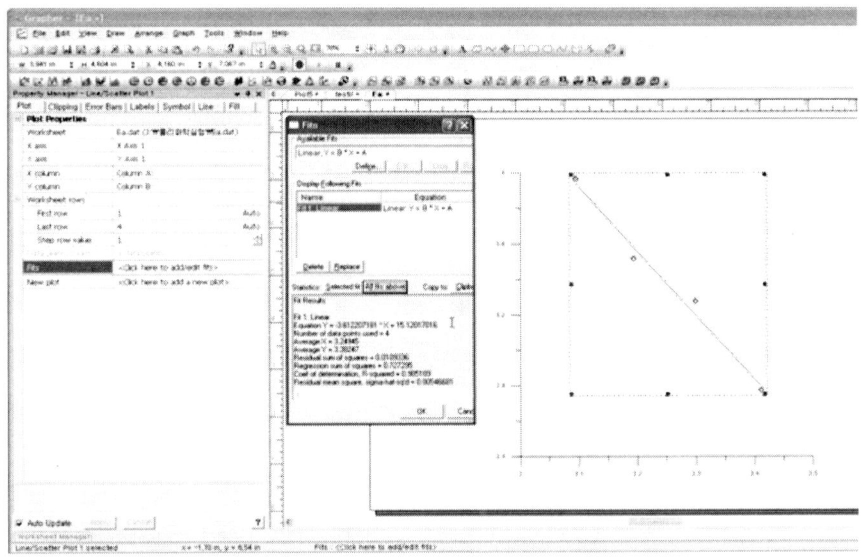

|그림 2.12|

일차 함수로 최적화시킨 결과는 그림 2.12와 같이 나타나는데 그 결과는 다음과 같다.

Fit Results

Fit 1: Linear

Equation Y = −3.612207181 * X + 15.12017016

Number of data points used = 4

Average X = 3.24945

Average Y = 3.38247

Residual sum of squares = 0.0109336

Regression sum of squares = 0.727295

Coef of determination, R−squared = 0.985189

Residual mean square, sigma−hat−sq'd = 0.00546681

그 다음 그림을 선택하고 그림 2.12에서처럼 왼쪽에 있는 Fit를 누른다. 그리고 Select fit를 누르면 그 최적화 결과가 밑부분에 나타난다. 여기서 기울기가 −0.3612으로 표시되는 것은 x축의 스케일을 1/T 대신에 10^3/T로 했기 때문이며 따라서 결과는 같다. OK 표시를 계속 누르고 있으면 자동으로 그림이 화면에 나타난다. 또한 축이나 그림을 수정하고 싶으면 대상을 선정한 후에 오른쪽 마우스를 누르면 된다. 만약 x축을 선정하고 두 번 클릭하면 그림 2.13과 같은 대화창이 나타난다. 여기서 축의 제목이나 선의 굵기, 색, 길이 등을 자유롭게 수정할 수가 있다. 선의 굵기는 0.02 in 정도가 적당하다.

|그림 2.13|

x축이나 y축의 제목을 붙이려면 그림 2.14와 같이 하면 된다. 여기서 글자의 크기는 물론 높이까지 자유롭게 편집할 수 있다. 만약 잘 모를 때는 주메뉴에서 도움말(help)을 눌러보면 그림과 같이 상세하게 설명되어 있을 것이다. 그리고 수학 함수 표현이나 기호 표현은 특히 익숙할 필요가 있다. 만약 제목에 그리스 문자나 기호가 필요할 때는 MS-word처럼 글자체를 그림과 같이 Symbol로 택하고 원하는 문자를 타자하면 된다.

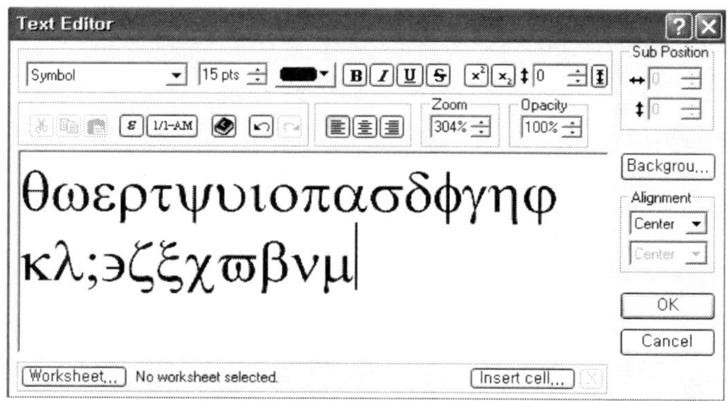

|그림 2.14|

궁금한 것이 있으면 그림 2.15와 같은 도움말 검색을 통해 해결할 수 있다.

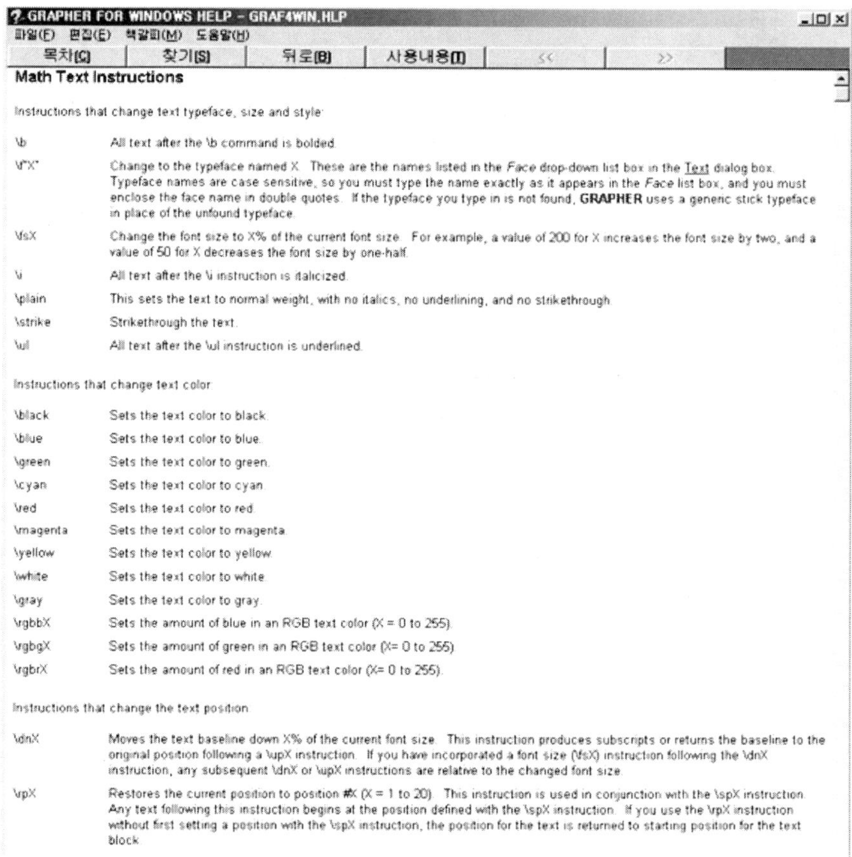

GRAPHER FOR WINDOWS HELP - GRAF4WIN.HLP

파일(F) 편집(E) 책갈피(M) 도움말(H)

목차(C) | 찾기(S) | 뒤로(B) | 사용내용(T) | << | >>

Math Text Instructions

Instructions that change text typeface, size and style:

\b	All text after the \b command is bolded.
\f"X"	Change to the typeface named X. These are the names listed in the *Face* drop-down list box in the Text dialog box. Typeface names are case sensitive, so you must type the name exactly as it appears in the *Face* list box, and you must enclose the face name in double quotes. If the typeface you type in is not found, **GRAPHER** uses a generic stick typeface in place of the unfound typeface.
\fsX	Change the font size to X% of the current font size. For example, a value of 200 for X increases the font size by two, and a value of 50 for X decreases the font size by one-half.
\i	All text after the \i instruction is italicized.
\plain	This sets the text to normal weight, with no italics, no underlining, and no strikethrough.
\strike	Strikethrough the text.
\ul	All text after the \ul instruction is underlined.

Instructions that change text color:

\black	Sets the text color to black.
\blue	Sets the text color to blue.
\green	Sets the text color to green.
\cyan	Sets the text color to cyan.
\red	Sets the text color to red.
\magenta	Sets the text color to magenta.
\yellow	Sets the text color to yellow.
\white	Sets the text color to white.
\gray	Sets the text color to gray.
\rgbbX	Sets the amount of blue in an RGB text color (X = 0 to 255).
\rgbgX	Sets the amount of green in an RGB text color (X= 0 to 255).
\rgbrX	Sets the amount of red in an RGB text color (X= 0 to 255).

Instructions that change the text position:

\dnX	Moves the text baseline down X% of the current font size. This instruction produces subscripts or returns the baseline to the original position following a \upX instruction. If you have incorporated a font size (\fsX) instruction following the \dnX instruction, any subsequent \dnX or \upX instructions are relative to the changed font size.
\rpX	Restores the current position to position #X (X = 1 to 20). This instruction is used in conjunction with the \spX instruction. Any text following this instruction begins at the position defined with the \spX instruction. If you use the \rpX instruction without first setting a position with the \spX instruction, the position for the text is returned to starting position for the text block.

|그림 2.15|

마지막으로 그린 그림은 전체를 복사해서 아래아 한글 등으로 불러올 수 있으므로 이렇게 처리한 최종 그림을 그림 2.17에 나타내었다. 완성된 그림은 그래프 파일 *.grf로 저장하고 수시로 수정할 수가 있다. 따라서 일반적인 분광학적 스펙트럼의 전반적인 처리 과정을 요약하면 다음과 같다.

UN-SCAN-IT → GRAMS/32(Spectra Calc) → Excell → Grapher

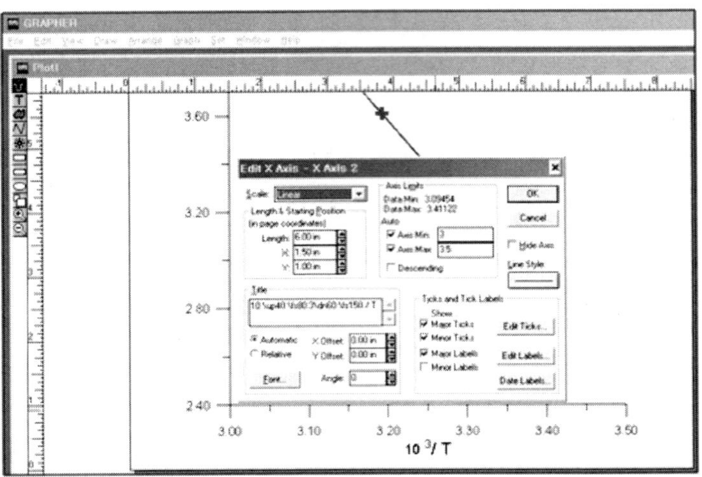

|그림 2.16|

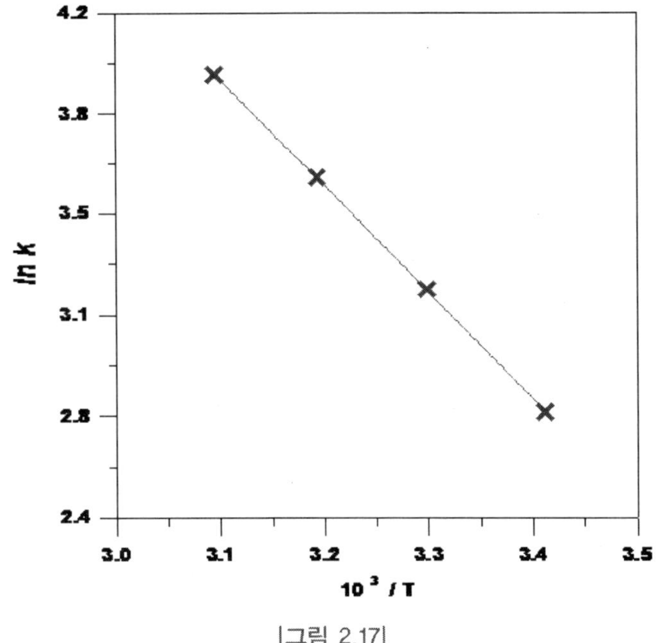

|그림 2.17|

한편 선 모양의 질량 스펙트럼은 좀 더 주의할 필요가 있다. 우선 스캔한 것을 UN-SCAN-IT 프로그램으로 불러온다. 그리고 스캔모드를 그림 2.18과 같이 Mass Spec/Bar Graph로 선택한다.

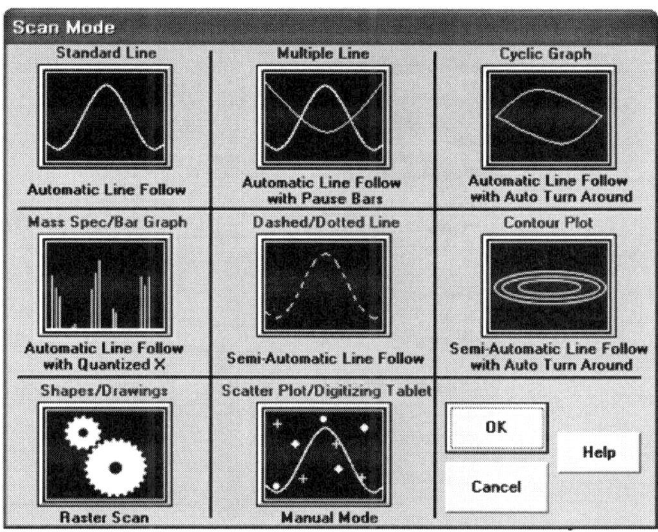

|그림 2.18|

가로축의 크기는 다음 그림 2.19에서와 같이 왼쪽에서 오른쪽의 순서로 지정한다.

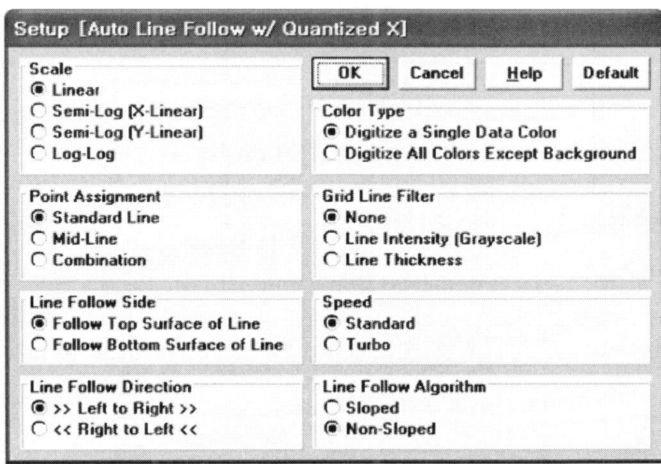

|그림 2.19|

앞에서 같이 진행시키면 다음 그림 2.20과 같은 화면 창이 뜬다.

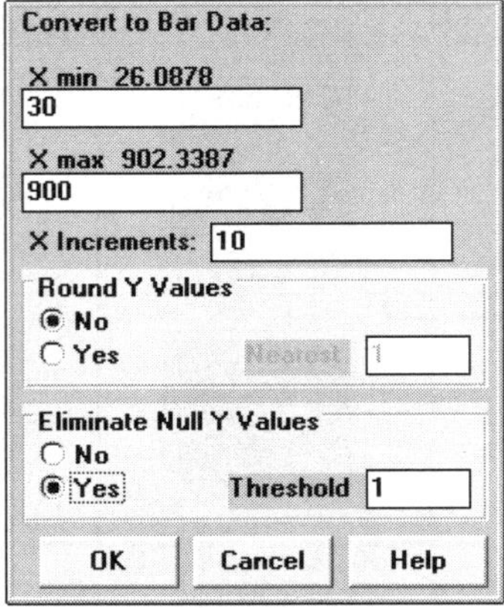

|그림 2.20|

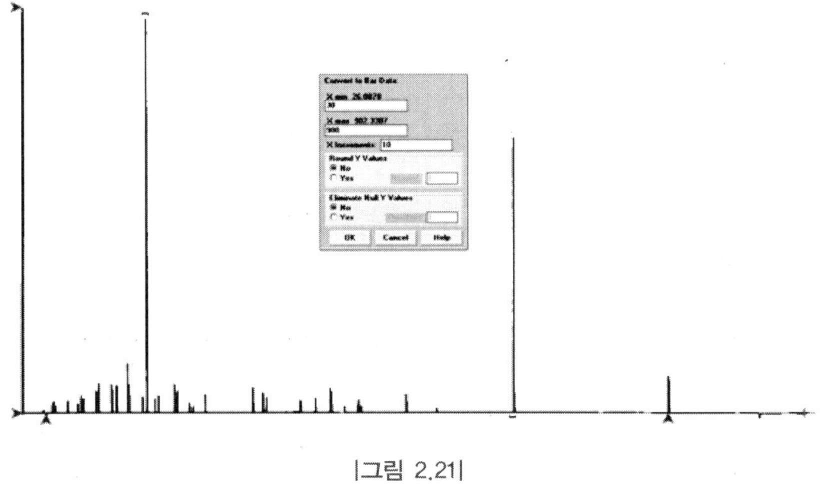

|그림 2.21|

다음과 같은 어색한 화면이 나오지만 이러한 데이터를 mass.dat로 저장시킨다.

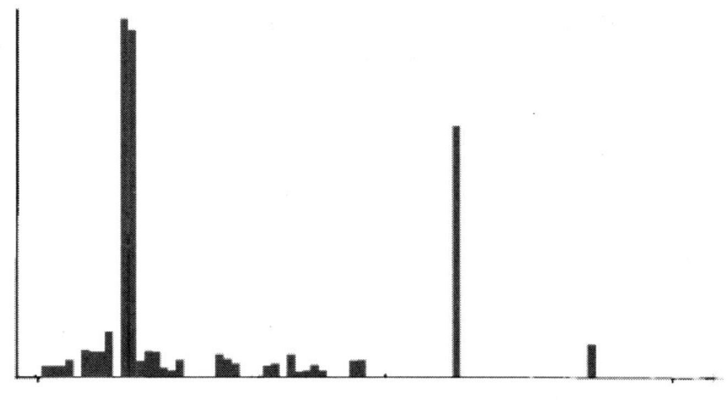

|그림 2.22|

Grapher에서 워크시트로 mass.dat 파일을 부르면 다음과 같이 데이터가 나오며 Graph-Bar chart…메뉴를 선택한다. style-width를 100% 대신에 20% 정도로 택한다.

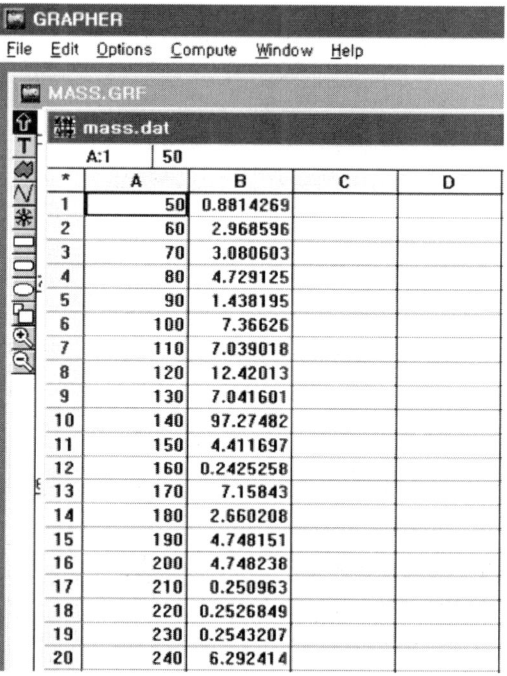

*	A	B	C	D
1	50	0.8814269		
2	60	2.968596		
3	70	3.080603		
4	80	4.729125		
5	90	1.438195		
6	100	7.36626		
7	110	7.039018		
8	120	12.42013		
9	130	7.041601		
10	140	97.27482		
11	150	4.411697		
12	160	0.2425258		
13	170	7.15843		
14	180	2.660208		
15	190	4.748151		
16	200	4.748238		
17	210	0.250963		
18	220	0.2526849		
19	230	0.2543207		
20	240	6.292414		

|그림 2.23|

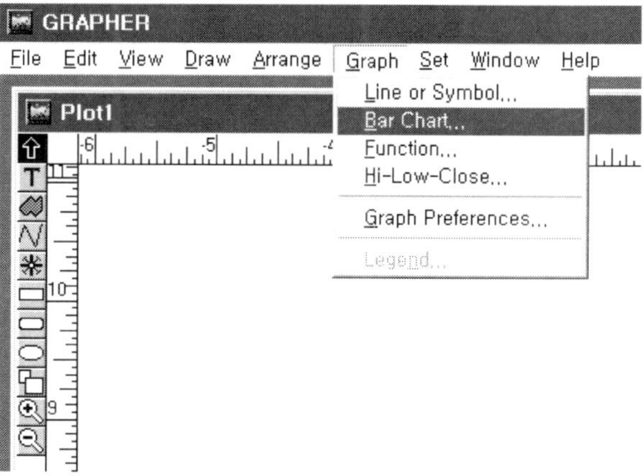

|그림 2.24|

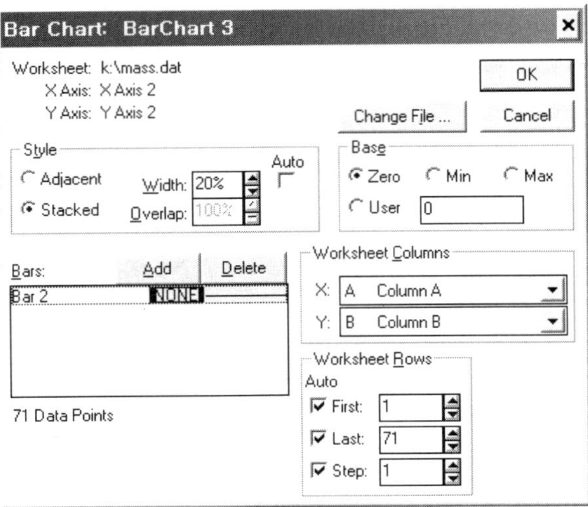

|그림 2.25|

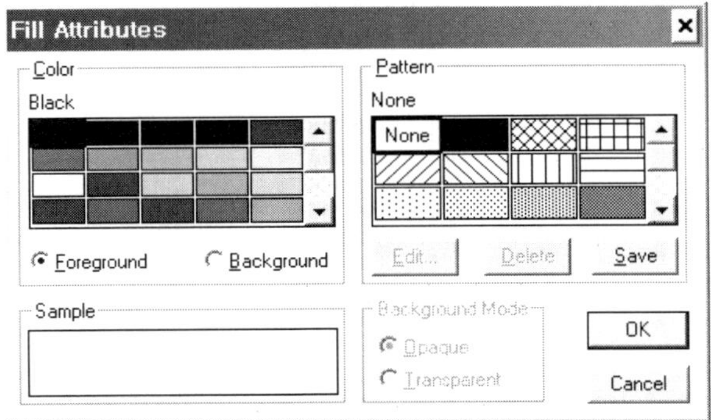

|그림 2.26|

자동으로 다음의 그림이 그려진다.

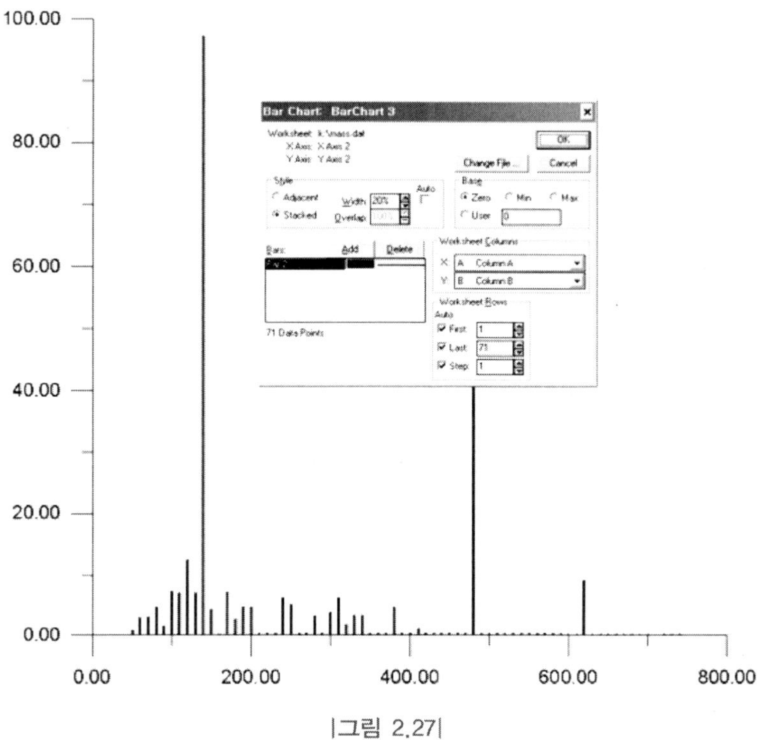

|그림 2.27|

축의 제목 등을 수정하면 최종적으로 다음 그림 2.28과 같은 그림을 얻을 수 있다.

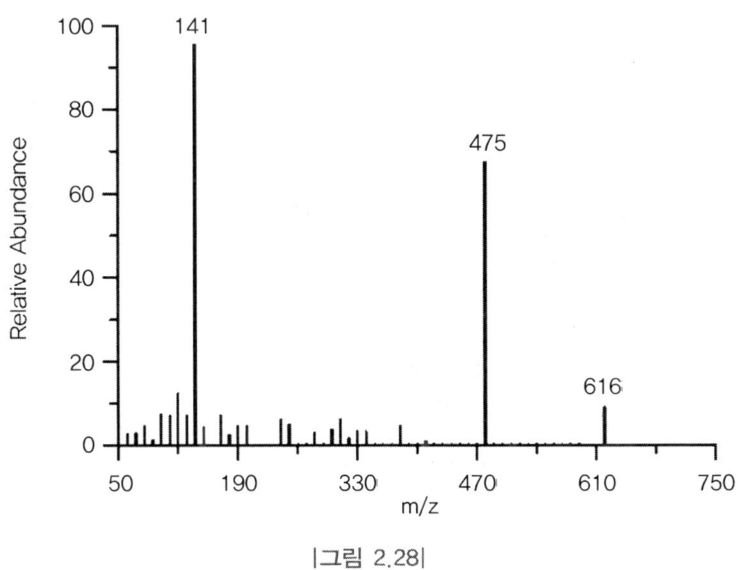

|그림 2.28|

이 프로그램을 이용하여 구한 다른 그림의 예는 다음 그림 2.29와 같다.

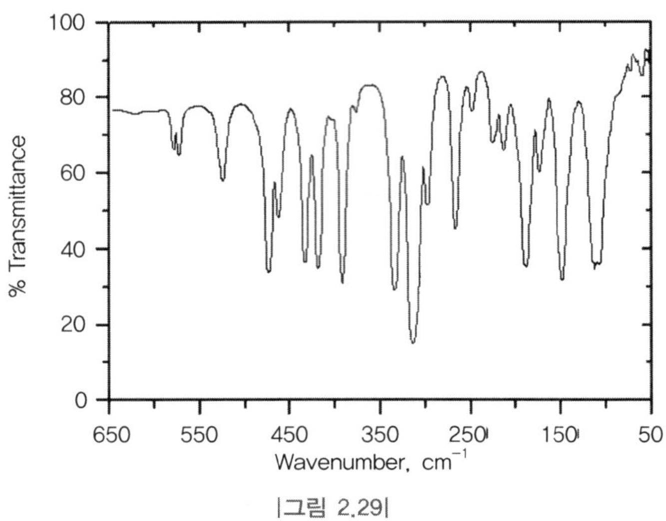

|그림 2.29|

자외선-가시선 흡수 스펙트럼을 그림으로 표현할 때에 y축의 단위를 임의 세기의 흡광도로 나타내는 것보다는 시료의 몰농도를 알고 측정한 흡광도를 다음 그림 2.30과 같이 몰흡광 계수로 바꾸어서 표현하는 것이 더 정확하다. 이때 y축의 제목을 나타내기 위해서는 제목란에 다음과 같이 타자해야 한다.

{₩f"Symbol" e}, mol₩up25 ₩fs85 -1 L cm₩up25 ₩fs85 -1

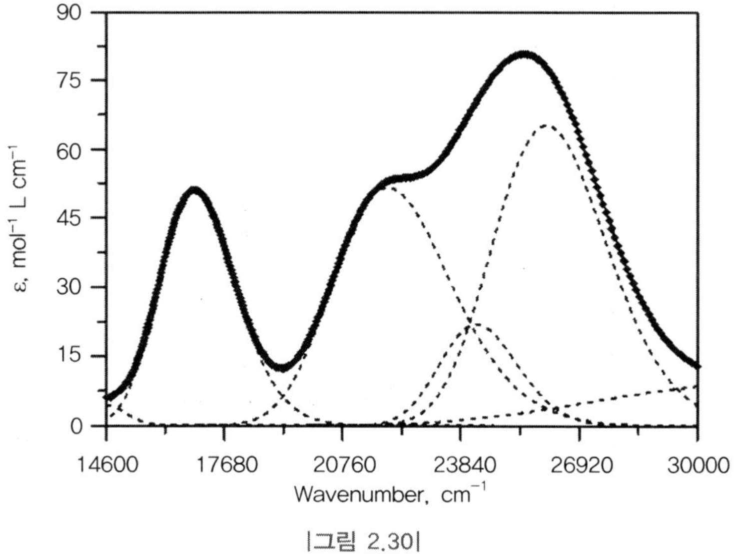

|그림 2.30|

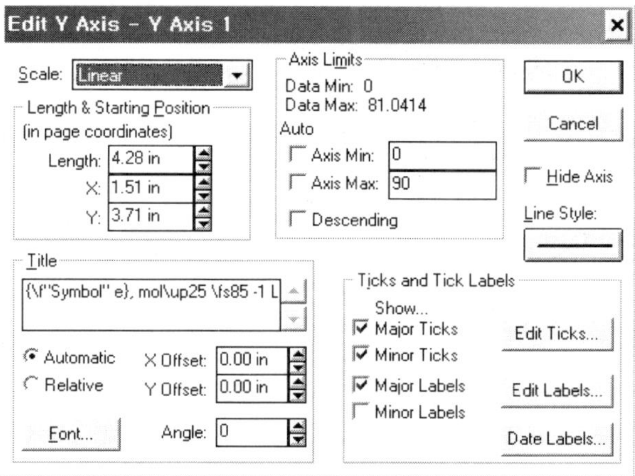

|그림 2.31|

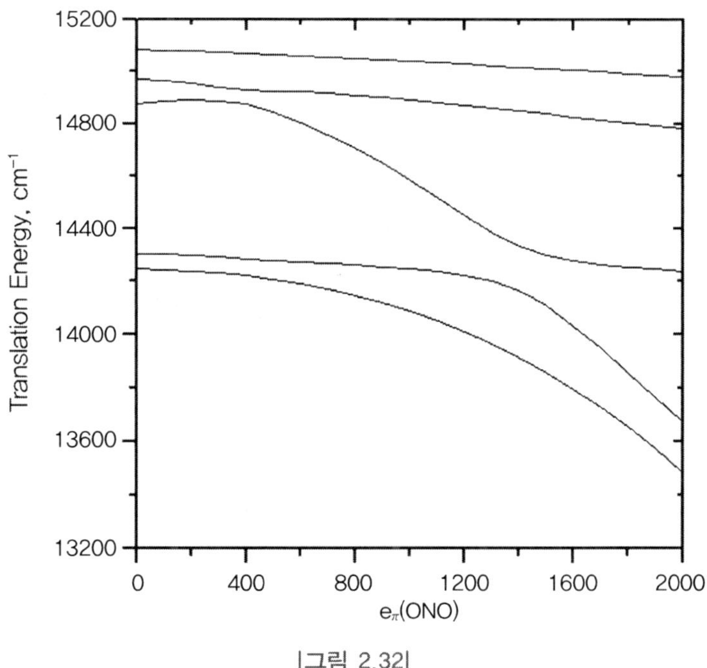

|그림 2.32|

위 그림에서 x축의 제목인 e_π(ONO)는 x축을 클릭해서 선정한 후 다음과 같은 화면에서 제목란에 다음과 같이 타자하면 된다.

e₩dn30 {₩f"Symbol" p} ₩up30 (ONO)

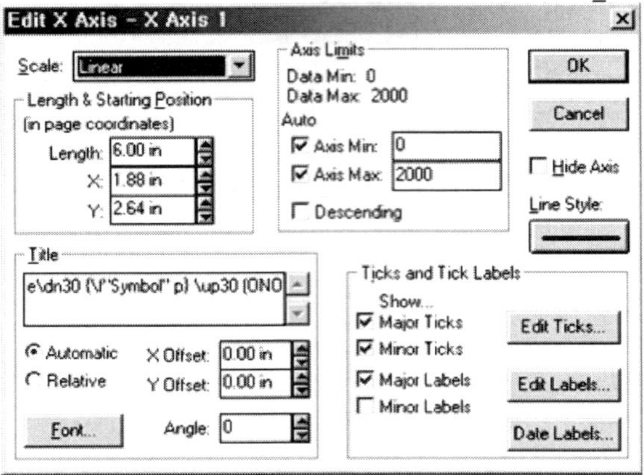
Edit X Axis - X Axis 1
Scale: Linear
Length & Starting Position
(in page coordinates)
Length: 6.00 in
X: 1.88 in
Y: 2.64 in
Axis Limits
Data Min: 0
Data Max: 2000
Auto
Axis Min: 0
Axis Max: 2000
Descending
OK
Cancel
Hide Axis
Line Style:
Title
e\dn30 {\f"Symbol" p} \up30 {ONO
Automatic
Relative
X Offset: 0.00 in
Y Offset: 0.00 in
Font...
Angle: 0
Ticks and Tick Labels
Show...
Major Ticks
Minor Ticks
Major Labels
Minor Labels
Edit Ticks...
Edit Labels...
Date Labels...

|그림 2.33|

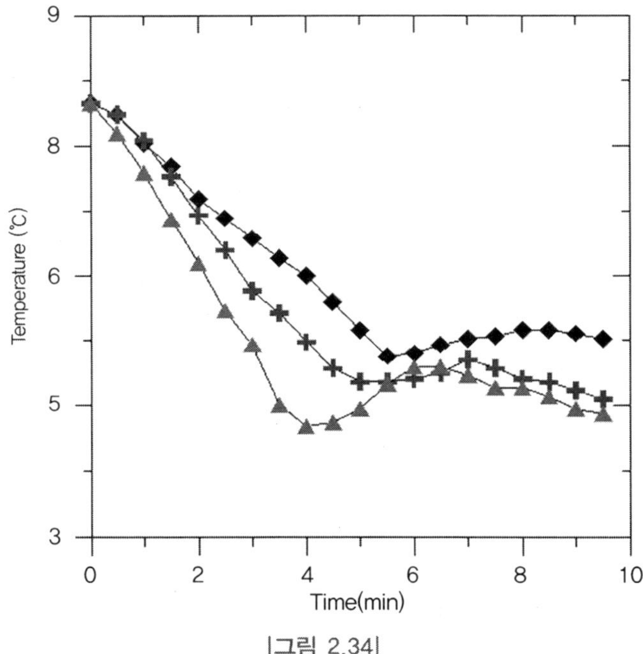
9
8
6
5
3
Temperature (℃)
0
2
4
6
8
10
Time(min)

|그림 2.34|

5 결과보고서 및 자료 처리

학년	학과	조번호	학번	이름	실험일자	공동실험자

① 과제 1에 의한 재현 결과

UN-SCAN-IT에 의한 변환 데이터 일부

(A)		(B)	
x	y	x	y

② Grapher로 그린 최종 그래프

6 토론 및 질문

1. UN-SCAN-IT 프로그램으로 재현한 데이터를 Excel에서 적절하게 불러오는 방법을 설명하시오.
2. Grapher 사용에서 다음과 같은 축의 제목을 나타내는 방법에 대해서 설명하시오.
3. Grapher 사용에서 축의 제목을 나타낼 때 기호를 나타내는 방법에 대해서 설명하시오.
4. Grapher 사용에서 축의 제목을 나타낼 때 특수 문자를 전부 조사해서 MS-Word 파일로 작성한 다음, 스마트 학습자 시스템인 Blackboard를 통해 업로드(upload)하시오.
5. Grapher 파일을 통해 2번에서 최종 완성한 그림을 전부 선택해서 MS-Word로 복사하여 그 파일을 Blackboard를 통해 업로드(upload)하시오.

7 실험 시 주의사항

스펙트럼을 스캔하여 이미지 파일(*.jpg)로 저장할 때 선의 굵기가 너무 가는 경우 수정해 줄 필요성이 있다. 이러한 프로그램의 판매 가격은 약 300$ 정도이다. 프로그램의 버전에 따라서 사용법이 약간씩 차이가 날 수 있다. 최근에 구입한 것은 무료로 업그레이드되지만 오래전에 것이라면 최신판으로 업그레이드하기 위해서는 약 100$을 추가로 지불해야 한다.

8 참고 문헌

① *UN-SCAN-IT Version 5.0, User's Manual for Windows,* Silk Scientific Inc., Utah, 2000.

② *Grapher Version 9.0, Quick Start Guide,* Goldensoftware Inc., Colorado, 2011.

③ 최종하, '멀티미디어화학', 안동대학교, 2011.

실험 3

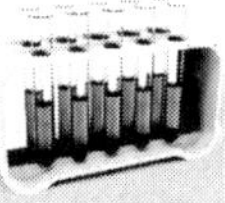

자외선-가시선 분광법

1 실험 목적

이 실험의 목적은 자외-가시선 분광법의 원리를 이해하고 다양한 유형의 분광기를 사용하여 스펙트럼을 측정하고 분석하는 방법을 습득하는 것이다.

2 실험 배경 및 원리

전자분광학은 흡수기법이며, 화합물에서 관측되는 색은 흡수되지 않는 가시선의 진동수에 의해 결정된다. 백색광에서 가시선 스펙트럼의 붉은색 끝부분(약 750 nm)의 에너지를 흡수하면 착물의 색은 푸른색이 되므로 우리는 그 보색을 보게 되는 것이다. 만일 모든 가시선 범위(색)에 해당하는 복사선을 시료가 흡수하면 검은색이 나타난다. 대부분의 전자분광법에서는 적당한 용매(표 3.1) 속에 농도를 알고 있는 시료를 가지고 측정한다. 시료 용액을 길이가 알려진 보통 1 cm인 셀에 넣고 기준으로서 다른 똑같은 셀에는 순수 용매를 넣는다. 따라서 나타나는 스펙트럼은 용매가 아니고 시료에 의해 흡수되는 피크로 구성된다. 흔히 자외-가시선 스펙트럼은 여러 가지의 인자에 의해 세기가 변하므로 때로는 약한 띠를 찾아내기 위해 농도를 다양하게 바꾸어 가면서 스펙트럼을 기록할 필요가 있다. 전자 스펙트럼을 얻는 데는 두 가지 중요한 인자가 있으며 첫번째는 흡수 피크의 위치이고, 두 번째는 그 띠의 세기이다.

|표 3.1| 몇 가지 물질의 UV 한계값(nm)

물질	한계파장
유리	300
석영	170
증류수	190
아세톤	330
에탄올	205
클로로포름	250

Lambert-Beer 법칙

균일한 매체에서 흡수되는 복사선의 양은 다음과 같이 정의되는 Lambert-Beer 법칙에 따라 주어진다.

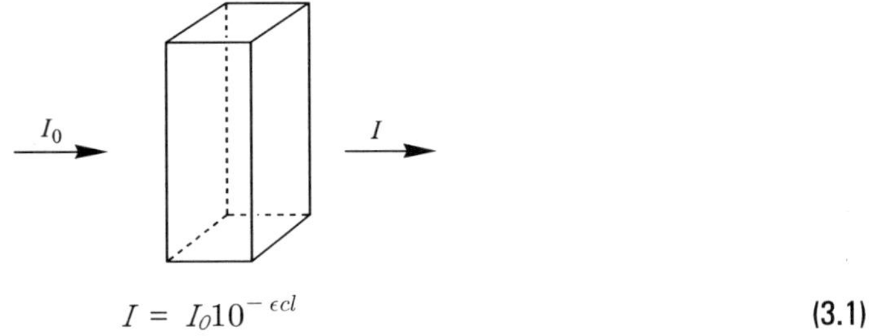

$$I = I_0 10^{-\epsilon c l} \tag{3.1}$$

여기서 I_0 와 I는 입사전후의 빛의 세기이며, l은 셀의 길이이고, c는 흡수 매체의 농도이다. 이때 ε을 흡광 계수(extinction coefficient)라고 부른다. 이 식을 다음과 같이 흡광도 A로 표현하기도 한다.

$$A = \log(I_0 / I) = \varepsilon c\ l \tag{3.2}$$

시료를 통과하는 길이 l이 일정할 경우 계에 흡수되는 빛의 양은 농도에 비례한다. 각 피크에 대한 세기와 시료의 농도로부터 흡광 계수 ε은 다음의 Beer-Lambert 법칙에 의해 계산할 수 있다.

진동수나 파장 대신에 분광학적 연구에서 자주 사용하는 또 다른 단위는 파수(wavenumber)이다. 이것은 1 cm 길이에 들어 있는 파의 수이므로 cm^{-1}의 차원을 가지며, 보통기호 $\bar{\nu}$로 나타낸다. 비록 파수가 SI 단위는 아니지만 다음 두 가지 이유 때문에 계속해서 사용하고 있다. 첫째 가장 널리 사용되고 있는 전자기 복사의 적외선 영역처럼 편리한 수이며, 둘째 파수로 표현한 복사는 직접 에너지와 연관되기 때문이다.

3 장치 및 시약

자외-가시선 분광기, 큐벳 시료 용기, 5 mL, 10 mL, 50 mL, 250 mL-부피 플라스크, 저울, 스포이드

4 실험 방법

① 표준 용액의 제조

0.090 g의 $KMnO_4$(158.032 g mol^{-1})를 250 cm^3(mL) 표준 플라스크에 넣고 눈금까지 증류수를 채운다. 이 $KMnO_4$ 표준 용액의 농도(mg dm^{-3})를 아래와 같이 계산한다.

$$
\begin{aligned}
0.090\text{ g } KMnO_4 \text{ in } 250\text{ cm}^3 &= 4 \times 0.090\text{ g in } 1000\text{ cm}^3 = 4 \times 0.090\text{ g in } 1000\text{ mL} \\
&= 4 \times 0.090\text{ g dm}^{-3} \\
&= 0.360\text{ g dm}^{-3} = 0.360\text{ g L}^{-1} \\
&= 360\text{ mg dm}^{-3} \text{ of } KMnO_4 = 360\text{ mg L}^{-1} \text{ of } KMnO_4
\end{aligned}
$$

(참고)

(1) 접두어 deci = 10^{-1} = 0.1

centi = 10^{-2} = 0.01

milli = 10^{-3} = 0.001

(2) $KMnO_4$의 몰질량 = 158.032 g mol^{-1}

0.090 g 시료의 몰수, n = 0.090 g / 158.032 g mol^{-1} = 5.695 × 10^{-4} mol

V = 0.25 L

c = n/V = 5.695 × 10^{-4} mol / 0.25 L = 2.278 × 10^{-3} mol L^{-1}

w = 2.278 × 10^{-4} mol × (158.032 × 10^{-3} mg / 1 mol) = 360 mg

② 묽은 용액 만들기

표준 용액 2, 4, 6, 8, 12 mL를 취해서 원하는 양의 묽은 용액을 만들 수 있다. 예를 들어 표준 용액 6 mL를 취해서 50 mL로 묽힌 용액을 만들 경우 그 시료의 농도는 다음과 같이 된다.

$$
\begin{aligned}
6\text{ cm}^3 \text{ diluted to } 50\text{ cm}^3 &= 6\text{ cm}^3/50\text{ cm}^3 \times 360\text{ mg dm}^{-3} \text{ of } KMnO_4 \\
&= 43.2\text{ mg dm}^{-3} \text{ of } KMnO_4 = 43.2\text{ mg L}^{-1} \text{ of } KMnO_4
\end{aligned}
$$

용매를 증류수로 택하고 먼저 기준 용매의 스펙트럼을 측정한다. 시료 용액을 스포이드로 취해서 셀에 넣고 분광광도계로 스펙트럼을 측정(300 ~ 700 nm 범위)한 후 파일을 Excel에서 불러올 수 있도록 디스켓에 저장한다. 최대 흡수띠가 관측되는 위치(λ_{max})에서 흡광도의 값을 기록한다. 만일 최대 흡수띠의 위치에서 관측한 흡광도값이 0.638이라면 몰흡광 계수를 다음과 같이 구한다.

$KMnO_4$ concentration = 43.2 mg dm^{-3} = 43.2 mg L^{-1}

Absorbance = 0.638(Observed)

cell path length = 1 cm

λ_{max} = 525 nm

$KMnO_4$의 분자량은 158.032 g mol^{-1}이므로 용액의 몰농도(c)는 다음과 같다.

c = (43.2 × 10^{-3} g L^{-1}) / (158.032 g mol^{-1})

= 2.734 × 10^{-4} mol L^{-1} = 2.734 × 10^{-4} mol dm^{-3} = 2.734 × 10^{-4} M

$A = \log_{10}(I_0/I) = \epsilon\, cl$에서

$\epsilon = A/(cl)$ = 0.638 / (2.734×10^{-4} mol dm^{-3} × 1 cm)

= 2334 mol^{-1} dm^3 cm^{-1} = 2334 mol^{-1} L cm^{-1}

$\log\epsilon = 3.368$

이것을 SI 단위인 m^2 mol^{-1}로 나타내려면 농도와 셀 길이를 각각 mol m^3와 m로 나타내어 다음과 같이 구할 수 있다.

c = 2.734 × 10^{-1} mol m^{-3} (1000배), l = 0.01 m (1/100)이므로

$\epsilon = A/(cl)$ = 0.638 / (2.734 × 10^{-1} mol m^{-3} × 0.01 m) = 233 m^2 mol^{-1}

자외-가시선 전자 흡수 스펙트럼을 그림으로 나타낼 때는 다음과 같이 흡수 세기를 ε이나 아니면 log ε으로 나타내는 것이 좋다.

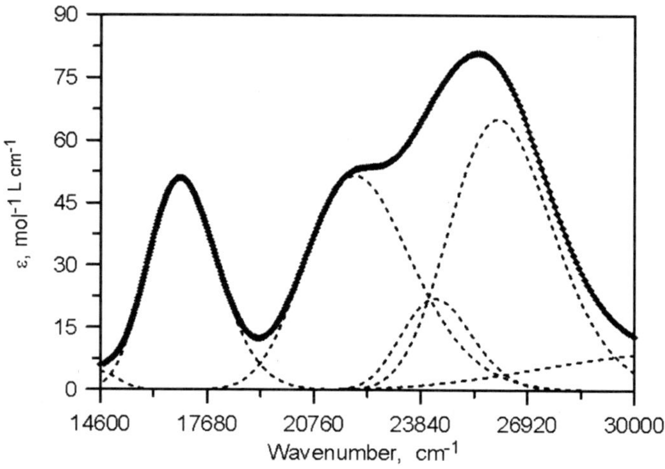

|그림 3.1| 수용액 속에서 *trans*-[Cr(Me_2tn)$_2$$Cl_2$]$_2$$ZnCl_4$의 가시선 흡수 스펙트럼

③ 직접 시료 만들기

3.16 mg의 $KMnO_4$ 시료를 직접 취해서 10 mL 용량 플라스크에 넣고 증류수로 채운 다음, 1 cm의 폭과 길이를 가진 cell로 λ_{max}에서 흡광도를 측정해서 기록한다.

$A = \log_{10}(I_0 / I) = \epsilon\, cl$에서 이 물질의 몰농도와 몰흡광 계수를 구한다.

5 결과보고서 및 자료 처리

학년	학과	조번호	학 번	이 름	실험일자	공동실험자

① 실험 결과

$KMnO_4$의 분자량	g mol^{-1}
표준 용액 제조에 사용한 $KMnO_4$의 질량	g
표준 용액의 부피	mL
사용한 기준 용매 이름	
묽히기 전에 취한 표준 용액의 양	mL
최대 흡수띠(λ_{max}) 위치	nm
λ_{max}에서 흡광도	

② 계산

표준 용액 $KMnO_4$의 농도	mg dm^{-3}
묽힌 시료의 부피	mL
묽힌 시료 $KMnO_4$의 농도	mL
묽힌 시료 $KMnO_4$의 몰농도(c)	mol dm^{-3}
최대 흡수띠(ν_{max}) 위치	cm^{-1}
몰흡광 계수(1)	mol^{-1} dm^3 cm^{-1}
몰흡광 계수(2)	m^2 mol^{-1}

 토론 및 질문

① 몰농도가 2×10^{-3} mol dm^{-3}인 화합물을 1 cm의 폭과 길이를 가진 cell로 흡광도를 측정했더니 1.5였다. 이때 몰흡광 계수를 구하시오.

② 파장이 525 nm인 빛을 cm^{-1} 단위로 변환시키시오.

③ 관측한 $[MnO_4]^-$의 자외-가시선 스펙트럼에서 미세구조가 나타나는 이유를 설명하시오.

④ 몰질량이 158.032 g mol^{-1}인 $KMnO_4$의 시료 3.16 mg을 10 mL 용량 플라스크에 넣고 증류수로 녹인 다음, 자외-가시선 흡수 스펙트럼을 측정하였다. 이때 최대 피크 파장에서 1 cm의 길이를 가진 cell로 관측된 흡광도를 이용하여 이 물질의 몰농도를 먼저 구한 다음에 몰흡광 계수를 구하시오.

⑤ 몰질량이 861.7 g mol^{-1}인 *trans*–$[Cr(Me_2tn)_2Cl_2]_2ZnCl_4$의 시료 0.0048 g을 5 mL 용량 플라스크에 넣고 증류수로 녹인 다음, 자외-가시선 흡수 스펙트럼을 측정했더니 그림 3.1과 같았다. 3개 최대 피크 중 592 nm에서 1 cm의 길이를 가진 cell로 관측된 흡광도를 확인했더니 0.057228이었다. 이때 이 물질의 몰농도를 먼저 구한 다음에 몰흡광 계수를 구하시오.

⑥ 몰질량이 426.71 g mol^{-1}인 *trans*–$[Cr(Me_2tn)_2Cl_2]ClO_4$의 시료 0.0282 g을 5 mL 용량 플라스크에 넣고 증류수로 녹인 다음 자외-가시선 흡수 스펙트럼을 측정하였다. 1 cm의 길이를 가진 cell로 관측한 흡광도를 확인했더니 3개 최대 피크는 (a) 393 nm에서 0.62732, (b) 460 nm에서 0.40198, (c) 594 nm에서 0.39739였고, 최소 피크는 (d) 522 nm에서 0.09617로 관측되었다. 이때 이 물질의 몰농도를 먼저 구한 다음에 각 피크 위치에서 몰흡광 계수를 구하시오.

 실험 시 주의사항

휘발성 용매를 사용할 때는 반드시 후드 속에서 취급하도록 한다. 석영셀은 값이 비싸므로 깨트리지 않도록 주의한다. 각종 분광기의 사용법은 회사에 따라 차이가 있으므로 사용설명서를 숙지하고 난 다음에 사용하도록 한다. 참고로 대표적인 분광기의 사용법을 요약하면 다음과 같다.

Scinco S-3100 UV-Vis 분광기 사용법

1. 시료 용액과 용매를 미리 준비한 다음, 컴퓨터의 스위치를 켠다.
2. 분광기 전선 쪽에 있는 기기 스위치를 켠다.
3. Lap plus 아이콘을 더블클릭해서 프로그램을 실행한다.
4. Password는 공란으로 두고, OK를 누른다.
5. 용매를 cell에 넣고 오른쪽 마우스를 클릭한 후, Run Blank를 클릭하고 기준 용매(증류수)의 흡광도를 측정한다.
6. 시료 용액을 넣고 마우스 오른쪽을 클릭해서 Run Sample을 눌러서 시료의 스펙트럼을 측정한다.
7. 스펙트럼이 좋지 못할 경우, Edit → Delete Spectrum을 눌러서 삭제하고 다시 측정한다.
8. 제일 오른쪽 피크 위치 확인 아이콘을 눌러서 최대 및 최소 파장의 위치를 기록한다.
9. File → Export → Sample spectrum → CSV Format File(Raw Data) 선택한다.
10. 파일명.csv를 디스켓 A:에 저장한다.
11. 컴퓨터 및 기기 스위치를 끈다.
12. 스펙트럼을 Excel에서 불러서 파장 nm 단위를 파수 cm^{-1}로 변환시키고 개략적인 그래프를 그려 본 다음, 데이터를 정리한다.
13. Excel에서 정리한 다음 GRAMS/AI와 같은 다른 소프트웨어에서 읽을 수 있도록 텍스트(탭으로 분리) 파일명.txt로 저장한다. 경우에 따라서는 파일명.prn으로 확장명을 바꾸어 주면 ASCII 코드로 저장된 파일이므로 GRAMS/AI에서 바로 Import할 수 있다.
14. Grapher 소프트웨어에서 바로 읽으려면 파일명.txt를 파일명.dat로 확장명을 바꾸어 복사한다.

HP 5453 UV-Vis 사용법

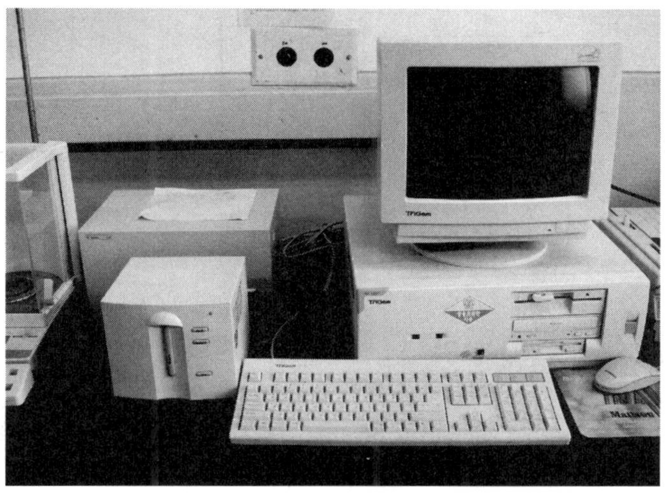

1. 시료 용액과 용매를 미리 준비해 둔다.
2. 컴퓨터를 켜서 "CAG Bootp Server" 창을 띄운 후에 기기 앞면 왼쪽에 있는 스위치를 눌러 UV-Vis 기기를 켠다.
3. UV-Vis 기기의 주황색 불이 푸른색으로 바뀌면 "Instrument 1 online" 아이콘을 클릭 한다.
3. Password는 정해져 있지 않으므로 "Ok"를 누른다.
4. [Fixed Wavelength]의 [Setup]을 눌러서 적절한 파장범위 등을 입력한다.
5. 용매를 넣고 [Measure]→[Blank]를 누른다.
6. 시료를 넣고 [Sample]를 누른다. 적절한 파일명과 설명을 타자하고 "Ok"를 누르면 스펙트럼이 나타난다. 마우스로 클릭해서 스펙트럼을 선택할 수 있다. 빈 공간을 더블 클릭하면 전체 스펙트럼이 나타난다. 스펙트럼 위에 마우스를 두고 클릭해서 선정한다. 스펙트럼을 지울 때는 [Edit]→[Clear]→[Sample]을 누르면 된다.
7. 저장하기[Save as...] 또는 [Export] 메뉴를 사용하여 자신의 디스켓을 A: 드라이브에 넣고 적절한 파일명(*.sd)으로 저장한다.
8. Excel에서 재현하기 위해 *.csv 형식으로 [Export]한다.
9. GRAMS/32를 이용하여 재현할 때는 *.wav 형식으로 [Export]한다.
10. 프로그램 3.0 종료하고 UV-Vis 기기 스위치를 끈다.
11. 스펙트럼만 나중에 분석할 경우에는 "Instrument 1 offline" 아이콘을 선택한다.

UV-VIS-NIR 5000 UV-Vis 사용법

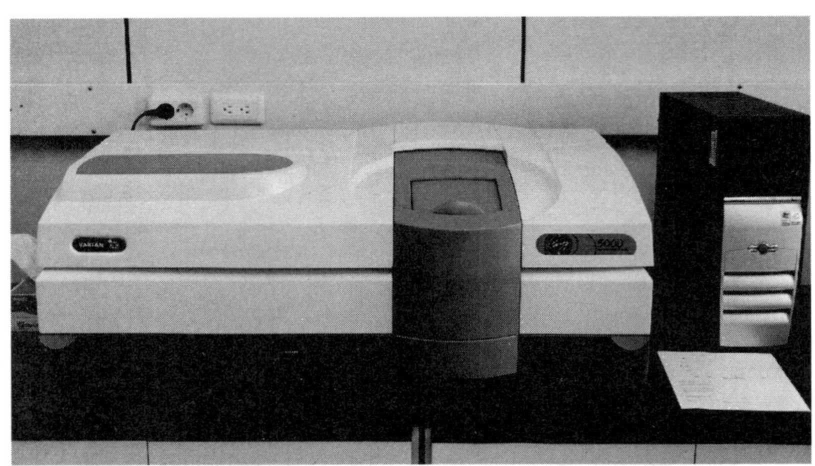

1. 시료 용액과 용매를 미리 준비한 다음, 컴퓨터의 스위치를 켠다.
2. 분광기 전선 쪽에 있는 기기 스위치를 켠다.
3. Cary Win V 아이콘을 더블 클릭해서 프로그램을 실행한다.
4. Scan 아이콘을 실행한다.
5. Set up 아이콘을 실행하면

<table>
<tr><td rowspan="6">실
행
후</td><td rowspan="2">가)</td><td colspan="2">X mode → nanometer　　　start 800nm,　stop 200nm</td></tr>
<tr><td colspan="2">Y mode → Abs(흡광도)　　　Y min −0.05,　Y max 2.00</td></tr>
<tr><td>나)</td><td colspan="2">Cycle mode (X) 하지 않아도 됨</td></tr>
<tr><td rowspan="3">다)</td><td rowspan="3">Scan controls</td><td>Ave time(s) → 0.100</td></tr>
<tr><td>Data interval → 1.000</td></tr>
<tr><td>scan rate →</td></tr>
</table>

6. Method 저장
   File 아이콘 실행 → Save as method → File of type → *.msw(확장명)
8. Menu 정리 후 샘플을 넣는다.
9. Start 아이콘을 실행한다.
   - 이때 용매와 용액을 서로 다른 곳에 넣은 후 측정하면 된다.
   - 앞쪽은 용액 셀을 넣는 부분이고 뒤쪽은 용매를 넣는 부분이다.
   - 고체 샘플 측정 시 pellet을 넣는다.(pellet은 용액 넣는 곳 – 용매 넣는 곳은 비워둔다.)
10. 얻고자 하는 데이터의 재현성 확인을 위해 재측정을 충분히 한다.

- 아울러 빛이 용액과 용매에 잘 투과되는지 측정 전 반드시 확인한다.

* Sample hold 교환할 때(액체 ↔ 고체)

- 덮개를 뺀 후 스틱의 좌우를 바꿔 분리할 수 있다.

11. 고체 샘플 측정시 pellet을 넣는다(용액 샘플 넣는 곳-용매 넣는 곳에는 비워둔다).
12. 파일명 date(*.DSW) 확장명 → start 실행한다.
13. 파일 저장(디스켓 A; 또는 이동식 디스크 USB E;)
    Date Save as 아이콘 실행 → 확장명(*.BSW) batch, GRAMS(*.SPC), Date(*.DSW)
14. 컴퓨터 및 기기 스위치를 끈다.
15. 스펙트럼을 Excel에서 불러 파장 nm 단위를 파수 cm^{-1}로 변환시키고 개략적인 그래프를 그려 본 다음 데이터를 정리한다.
16. Excel에서 정리한 다음 GRAMS/AI와 같은 다른 소프트웨어에서 읽을 수 있도록 텍스트(탭으로 분리) 파일(*.txt)로 저장한다. 경우에 따라서는 파일을 *.prn으로 확장명을 바꾸어주면 ASCII 코드로 저장된 파일이므로 GRAMS/AI에서 바로 Import할 수 있다.
17. Grapher 소프트웨어에서 바로 읽으려면 파일명 .txt를 파일명 .dat로 확장명을 바꾸어 준다.

8 참고 문헌

① A.K. Brisdon, *Inorganic Spectroscopic Methods*, Oxford University Press, 1998.

② J.W. Nibler, D.P. Shoemaker, C.W. Garland, *Experiments in Physical Chemistry*, 7th Ed., McGraw-Hill, 2002.

③ J. H. Choi, *Inorg. Chim. Acta*, **362**, 4231 (2009).

④ J. H. Choi, T. Joshi, L. Spiccia, *Z. Anorg. Allg. Chem.*, **637**, 1194 (2011).

⑤ 최종하, '화학기기학 및 실습', 안동대학교, 2012.

실험 4

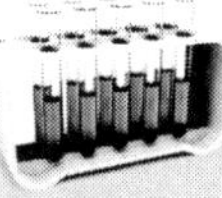

적외선 분광법

1 실험 목적

이 실험의 목적은 적외선 분광법의 원리를 이해하고 고체 시료의 KBr 디스크를 만든 법을 배우며 적외선 스펙트럼을 측정하고 해석하는 방법을 학습하는 것이다.

2 실험 배경 및 원리

IR 실험의 기본 원리는 화합물의 얇은 시료에 적외선을 통과시켜서 가해준 적외선 복사가 시료에 의해 투과되는 에너지를 측정하는 것이다. 일반적으로 이것은 회절발이나 프리즘을 사용해서 측정하는데 광원에 의해 생기는 에너지 범위에서 스캔하고 파수의 함수로서 투과 백분율을 기록한다. 요즘에는 푸리에 변환형의 분광기를 주로 사용한다. 이것은 두 경로 차이의 함수(cm 단위)로서 하나는 고정되고 다른 하나는 변화되는 두 가지 다른 IR 적외선에서 생기는 간섭 그림을 기록하는 것이다. 이러한 신호를 푸리에 변환시키면 파수(cm^{-1})에 대한 흡광도나 투과도의 스펙트럼이 얻어진다. 최종 스펙트럼은 보통 파장에 대해 흡수되는 에너지 양이 측정되어 흡광도로 나타난다. 또 다른 방법은 시료를 통과한 에너지 양인 투과 백분율(T%)을 파장에 대해 도시할 수도 있다. 이러한 스펙트럼의 예를 그림 4.1에 나타내었다. 이들 두 가지 y축 좌표계에는 중요한 차이가 있다. 가해주는 에너지 세기를 I_o, 시료를 통과한 후의 세기를 I라고 하면 수학 함수는 다음과 같이 주어진다.

투과도

$$T=I/I_0 \qquad (4.1)$$

투과 백분율

$$T\ \%= I/I_0 \times 100 \qquad (4.2)$$

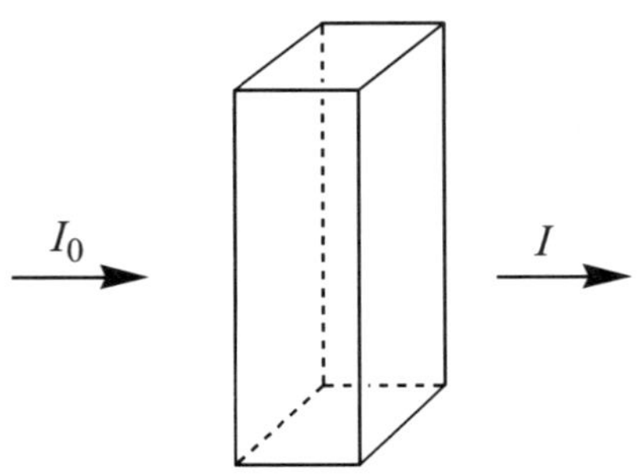

고체, 액체 및 기체의 시료이 적외선 스펙트럼을 측정할 수 있다. 그 중에서 액체나 용액, 그리고 고체 시료를 반죽시약에 갈아서 혼합하거나 염화알칼리 화합물의 판 사이에 압축시킨 것을 가장 많이 사용한다. 판이나 반죽시약을 선택하는 것은 스펙트럼을 측정하고자 하는 파수 범위에 좌우된다. 표 4.1을 참고하기 바란다.

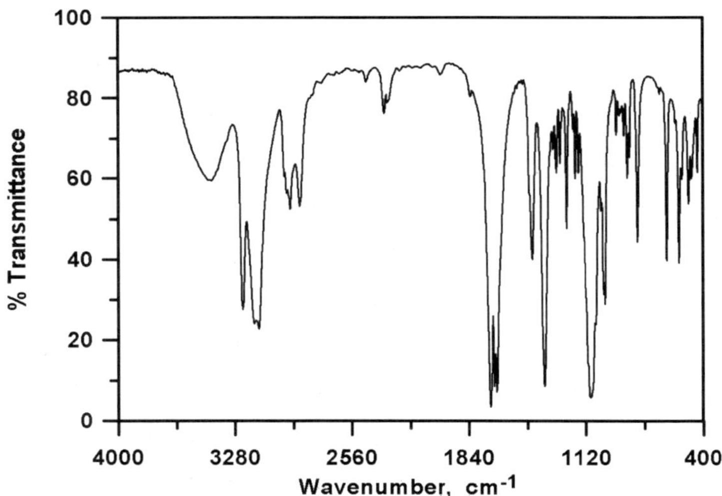

|그림 4.1| [Cr(cyclam)ox]ClO_4의 적외선 스펙트럼

|표 4.1| 몇 가지 물질의 적외선 한계

물질	분광 한계(cm^{-1})
NaCl	625
KBr	400
CsI	200

Nujol의 적외선 스펙트럼

흔히 사용하는 반죽 시약 중에 한 가지로 파라핀인 Nujol이 있다. Nujol의 적외선 스펙트럼에서 관측되는 주요 피크를 다음과 같이 배정할 수 있다. 이 물질의 스펙트럼에서 2925와 2855 cm^{-1}에서 관측되는 피크는 C–H 신축 범위에 속하고, 1462 cm^{-1}의 띠는 C–C 신축 범위에 속한다. 1377 cm^{-1}와 721 cm^{-1}의 피크는 신축 진동이라기보다 굽힘 진동에 기인하는 것이다. 이 외에도 원적외선 스펙트럼을 측정할 때는 polyethylene을 많이 사용한다.

|표 4.2| Nujol의 적외선 스펙트럼 밴드의 배정

흡광	배정
2925	C–H strech
2855	C–H strech
1462	C–C strech
1377	C–H bend
721	C–H bend

각 띠의 상대적 세기는 강함, 중간, 약함을 의미하는 영어의 strong, medium, weak의 첫 자를 따서 (S), (m), (w)로 나타낸다. 여기에 특히 넓은(broad) 경우는 (br), 다른 피크의 어깨(shoulder)로 나타날 때는 (sh)로 나타낸다. 표 4.2에는 이러한 방법으로 Nujol 스펙트럼을 완전하게 배정한 것을 나타내었다.

결합 상수 추정

진동분광법은 널리 사용되는 분광기법 중에 하나이며 적외선 영역의 복사선을 사용하기 때문에 적외선 분광학이라고 하는 것이다. 이원자 분자는 질량이 m_1과 m_2인 두 공이 힘 상수가 k인 용수철로 연결한 것으로 생각할 수 있다. 이러한 계는 식 4.3으로 주어지는 특정 진동수 v에서 진동이 되는 것을 알 수 있다.

$$\bar{\nu} = \frac{1}{2\pi c}\sqrt{\frac{k}{\mu}} \tag{4.3}$$

여기서는 μ는 다음 식으로 주어지는 환산 질량이다.

$$\mu = \frac{(m_1 \times m_2)}{(m_1 + m_2)} \tag{4.4}$$

어떤 물질의 신축 진동파수를 측정하면 식 4.3에서 힘 상수를 구해서 결합성의 세기를 알 수 있다.

3 장치 및 시약

적외선 분광기, 프레스, 시료 $[Co(NH_3)_5(H_2O)]Cl_2$, KBr, 막자사발, 핀셋, 스파튤라, 샤알레

4 실험 방법

$[Co(NH_3)_5(H_2O)]Cl_2$의 KBr pellet의 제조

Specac-Press 사용법

1. KBr 100 mg에 sample 1~2 mg을 mixing한다(막자사발에 곱게 간다).
2. 곱게 간 sample을 Die에 넣는다(골고루 분포할 수 있도록 한다).
3. Die를 Press에 넣는다(die를 center에 위치시켰는지 확인한다).
4. 윗 handle을 시계방향으로 돌려서 Die를 고정시킨 다음 옆 나사를 시계방향으로 돌린다.
5. 뚜껑을 닫고 옆 레버를 위, 아래로 움직인다. 약 10~15 ton 가량 되게 압축시킨다(이 상태로 3~5분간 방치한다).
6. 방치한 후 옆의 나사를 다시 왼쪽으로 돌려서 압력을 제거하고 위의 handle을 반시계방향으로 돌려서 아래에 있는 Pellet를 뺀다.
7. 이렇게 만든 디스크를 이용하여 다음에서 설명하는 적절한 분광기로 적외선 스펙트럼을 측정한다.

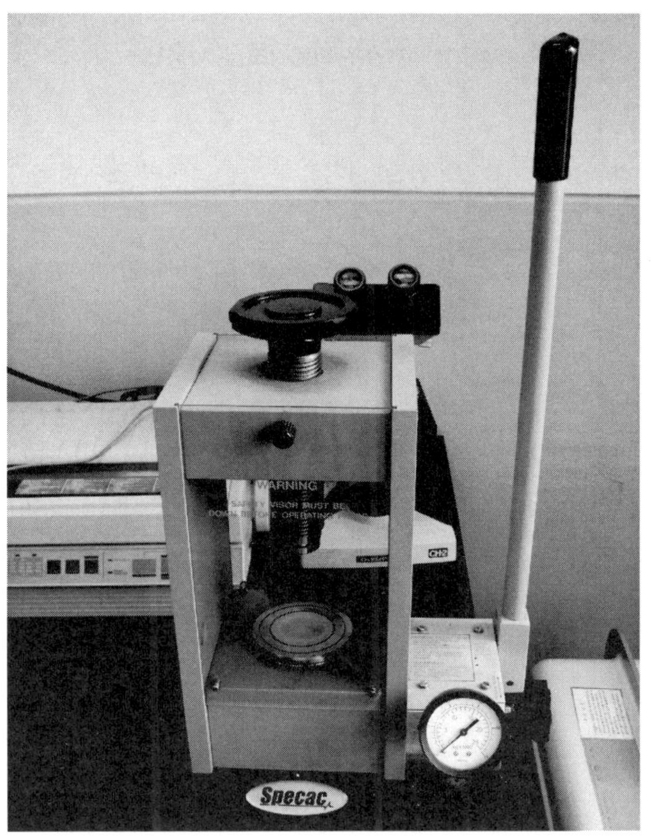
WARNING
CH-2
Specac

JASCO FT/IR-400 Plus 사용법

1. JASCO FT/IR-400 Plus 기기의 위쪽과 뒤쪽에 있는 2개의 스위치를 먼저 켜고 컴퓨터를 켠다.
2. 시작-프로그램-JASCO-Spectra Manager-Spectra Measurement
3. 메뉴에서 공기를 backround로 해서 측정(기본 Setup 활용)한다.
   Measure-Backround(클릭)
4. 시료를 장착하고 스펙트럼 측정한다.
   Measure-Sample(클릭)
5. 데이터를 A: 드라이브에 넣고 저장한다.
   File-Save as...ASCII(*.txt)
6. Excel에서 불러 투과도를 적절하게 조절해서 개략적인 스펙트럼 구성한다.
7. Grapher의 worksheet로 복사해서 *.dat로 데이터를 저장하고 그림 4.1과 같은 최종 그림을 완성한다.

Thermo IR NICOLET 5700 Mid-IR 사용법

1. Computer를 키고 기기를 작동한다.
2. OMNIC 아이콘을 더블 클릭해서 프로그램을 실행한다.
3. Collect 아이콘을 실행한다.
4. Experiment Set up 아이콘을 실행 한다.
   Background → 용매 먼저, sample → pellet 측정
5. Start 아이콘 실행 먼저 용매 측정 후 다음 용액을 측정한다.
6. Data 저장
   Save as Data spectra(*.spa), Csv tex(*.csv), GRAMS/32(*.spc) 저장
7. 측정할 때 Experiment 3개 아이콘만 가지고 측정

5 결과보고서 및 자료 처리

학년	학과	조번호	학 번	이 름	실험일자	공동실험자

① 실험 결과

시료의 분자식 ____________

KBr의 무게 ____________ g

시료의 무게 ____________ g

시료 pellet(disk)의 색 ____________

데이터 파일의 이름 ____________

② 분석(주요 띠의 배정)

위치	배정	위치	배정

6 토론 및 질문

① 진동분광법 중에 적외선 분광법과 Ramann 분광법의 차이점에 대해 아는 바를 쓰시오.

② $^{75}Br^{19}F$의 원적외선 스펙트럼을 측정해보면 결합 신축 진동에 의한 흡수띠가 380 cm^{-1}에서 나타난다. 이 분자의 진동을 조화 진동자라고 가정할 때 힘 상수 k를 계산하시오.

7 실험 시 주의사항

KBr 디스크를 만들 때 깨트리지 않도록 주의하고 측정 전에 이것을 손으로 만져서는 안된다. 각종 분광기의 사용법은 회사에 따라 차이가 있으므로 사용설명서를 숙지하고 난 다음에 스펙트럼을 측정하도록 한다.

8 참고 문헌

① A.K. Brisdon, *Inorganic Spectroscopic Methods*, Oxford University Press, 1998.

② J.W. Nibler, D.P. Shoemaker, C.W. Garland, *Experiments in Physical Chemistry*, 7th Ed., McGraw-Hill, 2002.

③ J. H. Choi, *Inorg. Chim. Acta*, **362**, 4231 (2009).

④ J. H. Choi, I. G. Oh, T. Suzuki, S. Kaizaki, *J. Mol. Struct.*, **694**, 39 (2004).

⑤ 최종하, '화학기기학 및 실습', 안동대학교, 2012.

실험 5

수은온도계의 검정

1 실험 목적

모든 기기는 정밀한 실험을 하기 전에 보정을 해 줄 필요가 있다. 이 실험의 목적은 수은 온도계를 보정하는 원리를 이해하고 보정 곡선을 이용해서 어떻게 온도를 정확하게 측정하는지를 학습하는 것이다.

2 실험 배경 및 원리

미세한 유리관에 약간의 수은을 채운 후 밀봉한 모세관을 생각해 보자. 온도가 올라가면 수은이 유리보다 더 많이 팽창하므로 수은이 모세관을 따라서 상승하게 된다. 이때 온도 증가에 따른 팽창의 결과는 유리의 부피 증가에 대한 수은의 부피 증가를 고려해야 되겠지만 일반적으로는 수은 모세관의 길이 증가로 나타내는 것이 편리하다. 온도가 다른 두 수은관의 길이 차이는 온도차에 비례하는데 다음 식으로 나타낼 수 있다.

$$\frac{t-t_f}{t_b-t_f}=\frac{l-t_f}{l_b-l_f} \tag{5.1}$$

여기서 첨자 b와 f는 끓는점(boiling point)과 어는점(freezing point)을 나타낸다. 대기압하에서 t_b는 100°C이고 t_f는 0°C이므로 수은 온도계의 눈금은 다음과 같이 주어진다.

$$t(°\mathrm{C})=\frac{100(l-l_f)}{l_b-l_f} \tag{5.2}$$

모세관의 굵기가 균일하다면 0°C와 100°C에서 수은주의 간격을 100 구간으로 나눈 다음에 1구간을 1°C로 정할 수 있다. 따라서 수은 온도계에서 1°C는 어는점과 끓는점 사이의 간격 중에 1/100 길이만큼의 변화에 해당될 것이다. 수은 온도계는 값이 저렴할 뿐만 아니라 눈금을 읽기가 쉽고 취급하기가 편리하다. 그러나 깨어지기 쉽고 압력에 민감한 것이 단점이다. 수은 온도계를 특수 재질의 유리로 만들 경우에는 500°C 정도의 높은 온도까지도 사용할 수 있지만 보통 360°C 이하의 온도 측정에 많이 사용한다. 일반적으로 수은 온도계가 나타내는 온도는 수은의 팽창률이 온도에 따라 다르고 모세관의 굵기가 균일하지 않으므로 항상 정확하다고 말할 수는 없다. 따라서 수은 온도계를 사용하여 어떤 물질의 녹는점 측정이나 다른 실험에서 온도를 측정하기 전에 이를 검정하여 측정 온도를 보정해 주어야 한다. 이 실험에서는 주어진 수은 온도계를 이용하여 0°C, 100°C 및 그 중간쯤에 해당하는 황산나트륨의 전이점 32.38°C을 측정하여 보정 곡선을 그려보고 이를 이용하여 온도계를 검정하는 방법을 살펴보기로 한다. 이 방법은 수은 온도계의 세 가지 실험을 통해 얻을 수 있는 보정 곡선을 이용하여 온도를 정확하게 측정할 수 있도록 하는 것이다. 따라서 증류수의 어는점, 끓는점과 황산나트륨의 상전이점을 온도의 정점으로 이용하여 보정 곡선을 그린 다음에 이를 이용하여 보정값을 결정해서 정확한 온도를 정하게 된다.

3 장치 및 시약

수은 온도계(0~100°C), 알코올 온도계, Dewar병, 각반기 또는 유리 막대, 비커(500 mL), 비커(100 mL), 모래, 알코올 램프, 중탕냄비, 고무마개, 실, 석면반죽, 비등석, 얼음, 스탠드, 클램프, 링클램프, 메틸알코올, 메스실린더, 증류수, 약수저, $Na_2SO_4.10H_2O$, 끓는점 측정장치

4 실험 방법

① 0°C의 검정

(1) 그림 5.1과 같이 장치를 만들고 Dewar 병이나 비커 안에 증류수와 순수한 얼음을 넣는다. 얼음은 가급적 많은 것이 좋겠지만 교반기나 유리 막대를 상하로 쉽게 움직일 수 있도록 한다.

(2) 검정하려는 온도계를 0°C 눈금이 잠기도록 넣고 교반기나 유리 막대를 천천히 상하로 움직인다.

(3) 약 10분간 방치한 후 눈금을 읽는다.

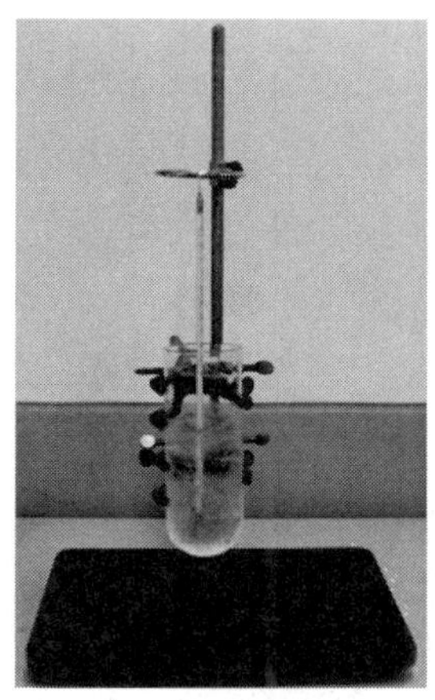

|그림 5.1|

② 100°C의 검정

(1) 그림 5.2와 같은 장치를 만들고 플라스크에 증류수와 비등석을 넣는다.

(2) 검정하려는 온도계를 넣는다.

(3) 서서히 가열하여 약 10분간 끓인 후 눈금을 읽는다.

(4) 실험 당일 실험실에서 대기압 p를 측정하거나 기상대에 전화로 문의해서 오늘의 대기압을 알고나서 정확한 끓는점과 어는점은 다음 식으로 계산한다. 이때 압력의 단위는 torr이다. 이때 대기압이 1 atm보다 낮으면 끓는점은 100°C보다 낮아질 것이다.

$$\text{끓는점} = \{100.00 + 3.67\times10^{-2}(p-760)-2.30\times10^{-5}(p-760)^2\}°\text{C} \quad \textbf{(5.3a)}$$

$$\text{어는점} = \{1.35\times10^{-5}(760-p)\}°\text{C} \quad \textbf{(5.3b)}$$

예를 들어 기상대에 오늘의 대기압을 전화로 문의했을 때 만일 991.2 hPa이라고 했다면 이것을 압력의 단위 torr로 다음과 같이 변환시킬 수가 있다.

991.2 hPa × 100 Pa/1hPa × 760 Torr/101325 Pa = 743.5 Torr

따라서 식 5.3의 p에 이 값을 대입해서 정확한 끓는점을 구하면 다음과 같이 된다.

$$\text{끓는점} = \{100.00 + 3.67\times10^{-2}(743.5-760)-2.30\times10^{-5}(743.5-760)^2\}°\text{C}$$
$$= 99.4\ °\text{C}$$

$$\text{어는점} = \{1.35\times10^{-5}(760-743.5)\}°\text{C}$$
$$= 0.00022\ °\text{C}$$

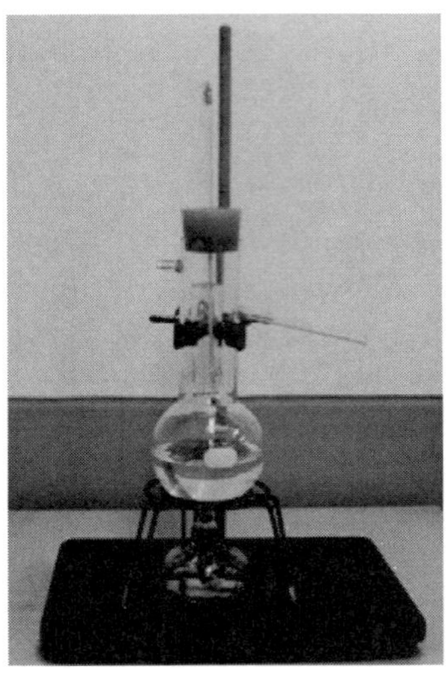

|그림 5.2|

③ 32.38°C의 검정

(1) 크고 작은 비커를 이용하여 그림 5.3과 같은 장치를 만든다. 작은 비커에는 50 mL의 물과 30 g의 황산나트륨을 넣고 큰 비커에는 물을 넣는다.
(2) 검정할 온도계는 작은 비커 안에 넣고 다른 온도계는 큰 비커 안에 넣는다.
(3) 모래중탕으로 천천히 가열하여 큰 비커 내의 수온이 약 40°C가 되도록 한다.
(4) 이때의 눈금을 읽는다. 결정이 모두 녹을 때까지 온도는 32.38°C로 일정하게 유지된다.

|그림 5.3|

5 결과보고서 및 자료 처리

학년	학과	조번호	학 번	이 름	실험일자	공동실험자

① 실험 결과

(1) 0°C의 검정

10분 후 온도계의 눈금을 확인한다.

(만일 온도계 0의 눈금 변화가 있을 시에는 변화가 생기지 않을 때까지 둔다)

시간 경과 후 온도 :

(2) 100°C의 검정

시간(분)	0	0.5	1	1.5	2	2.5	3	3.5	4	4.5	5	5.5	6
온도(°C)													
6.5	7	7.5	8	8.5	9	9.5	10	10.5	11	11.5	12		

x축을 시간, y축을 온도로 하여 그래프를 그린다.

(3) 32.38°C의 검정

시간(분)	0	1	2	3	4	5	6	7	8	9	10	11	12
온도(°C)													
13	14	15	16	17	18	19	20	21	22	23	24	25	26
27	28	29	30	31	32	33	34	35	36	37	38	39	40
41	42	43	44	45	46	47	48	49	50				

x축을 시간, y축을 온도로 하여 그래프를 그린다.

(4) 보정표

측정값과 정확한 값을 비교해서 차이를 구하고 보정값을 결정해서 보정표를 이용해서 보정도를 Grapher를 이용하여 그린다. 이때 매끈한 보정도 그림을 얻으려면 함수를 맞출 때 일반 함수가 아닌 spline smoothing을 선택한다.

예를 들어 세 가지 측정에서 구한 실험 온도가 각각 0.40, 31.90 및 101.6°C이고 대기압이 743.5 Torr이었다면 보정표와 보정도(그림 5.4)는 다음과 같이 된다.

정확한 온도, t/°C	실험 온도, t'/°C	차이, $(t'-t)$/°C	보정값/°C
0.00	0.40	0.40	−0.40
32.38	31.90	−0.48	+0.48
99.40	101.0	1.60	−1.60

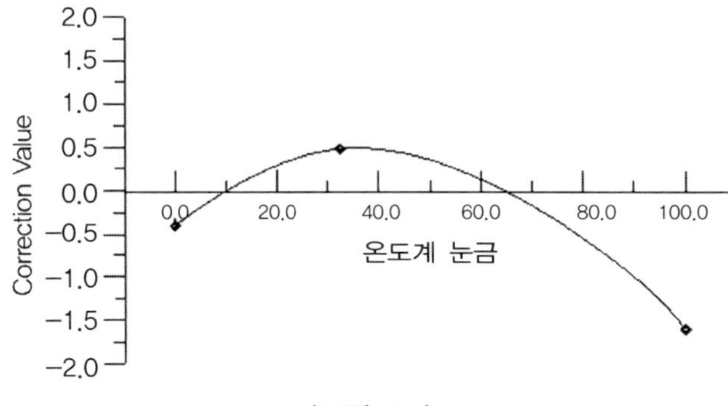

|그림 5.4|

보정표와 보정도

정확한 온도, t/°C	실험 온도, t'/°C	차이, $(t'-t)$/°C	보정값/°C
0.00			
32.38			
100.00			

② 계산

6 토론 및 질문

(1) 이 실험에서는 순물질의 상전이점이 일정 압력하에서 일정하다는 사실을 이용하고 있는데 이를 상의 규칙을 이용하여 설명하시오.

(2) 그림 5.4 보정도를 이용하여 이 온도계의 눈금이 55.0°C일 때에 실제 정확한 온도를 구하시오. 또 보정하지 않아도 정확한 온도를 나타내는 것은 몇 °C일 때인가?

(3) 온도계의 종류를 아는 대로 쓰고 장단점을 기술하시오.

(4) Beckmann 온도계의 조작법을 기술하시오.

7 실험 시 주의사항

이 실험에서 세 가지 온도를 정확하게 측정하도록 주의해야 하며 보정도를 올바르게 그려야 한다.

8 참고 문헌

① 이문득, '물리화학실험', 자유아카데미, 1997.
② 최종하 등 공역, '화학과 생명과학을 위한 물리화학', 자유아카데미, 2004.
③ 최종하 등 공역, '물리화학', 사이플러스, 2007.

실험 6-1 Ostwald 점성도계의 활용법

액체의 점성도 측정

1.1 실험 목적

이 실험에서는 오스트발트(Ostwald) 점성도계를 사용하여 상대적으로 점성도가 낮은 액체의 점성도(viscocity)를 측정하고 온도가 미치는 효과를 규명하는 것이 목적이다.

1.2 실험 배경 및 원리

어떤 액체의 흐름은 그 액체가 갖는 점성도에 따라 영향을 받는다. 한 층의 액체가 다른 층을 지나면서 이동할 때에 겪는 저항이 점성도이다. 따라서 점성도는 흐름에 대한 액체 저항의 척도이다. 액체의 점성은 그 분자 크기, 모양 및 분자간 인력과 분자 구조에 따라서 다르다. 액체가 일정 압력 p에 의해 모세관 속을 흐를 때 그 흐름 속도는 액체 내의 마찰계수에 비례한다. 이 마찰계수가 바로 점성도이며 η로 나타내고, Poiseuille(푸아죄유) 법칙에 따라 다음과 같이 표현된다.

$$\eta = \frac{\pi r^4 pt}{8Vl} \tag{6.1}$$

여기서 p는 액체에 가해지는 압력으로 밀도 d에 비례한다. 그리고 r과 l은 모세관의 길이와 그 반지름이며, V는 시간 t 사이에 흘러내리는 액체의 부피(cm^3)를 나타낸다. 원리적으로는 식에 있는 각각의 양들을 모두 결정해서 절대 점성도를 측정할 수도 있겠지만 일반적으로는 표준 물질과 비교되는 상대 점성도를 측정한다.

특정 온도에서 물질의 상대 점성도를 측정하려면 두 가지의 액체가 같은 모세관을 통과하는데 걸리는 시간을 측정하면 된다.

액체 1(밀도 d_1, 점성도 η_1)과 액체 2(밀도 d_2, 점성도 η_2)가 같은 모세관(길이 l cm, 반지름 r cm, 실제로는 Ostwald 점성도계 사용) 속을 같은 부피의 액체량(V cm^3)이 통과되면서 시간 t_1 및 t_2초가 소요되었다면 Poiseuille의 법칙에 따라 다음과 같은 식을 쓸 수가 있다.

$$V = \frac{\pi r^4 p_1 t_1}{8\eta_1 l} = \frac{\pi r^4 p_2 t_2}{8\eta_2 l} \tag{6.2}$$

여기서 p_1 및 p_2는 각각 관의 양단에 있어서의 액체 1과 액체 2의 압력의 차이이다. $p_1/p_2=d_1/d_2$의 관계로부터 같은 높이의 액체 기둥에 의한 압력은 액체의 밀도에 비례하게 된다. 따라서 두 액체의 상대 점성도는 다음과 같이 나타낼 수 있다.

$$\frac{\eta_1}{\eta_2} = \frac{d_1 t_1}{d_2 t_2} \tag{6.3}$$

여기서 밀도가 다른 두 종류의 액체를 같은 Ostwald 점성도계를 사용하여 일정한 부피로 흘러내렸을 때의 각 시간을 측정하면 상대 점성도를 알 수 있으며 또한 한쪽 액체(표준물질)의 점성도를 이미 알고 있다면 다른 액체의 점성도도 계산에 의해서 구할 수 있다. 참고로 몇 가지 일반 액체의 점성도를 표 6.1에 나타내었다. 점성도의 단위는 보통 P(poise)로 나타내는데 $1P = 1g\ cm^{-1}s^{-1}$로서, 이것은 CGS 단위이고 SI 단위는 $kg\ m^{-1}s^{-1} = Nsm^{-2}$인데 $1\ poise = 10^{-1}\ Nsm^{-2}$이다. 보통 액체의 점성도는 "centipoise, cP", 기체의 경우는 "micropoise, μP "로 각각 나타낸다.

|표 6.1| 몇 가지 액체의 점성도

액체	점성도/P(poise)
아세톤(298K)	0.00316
벤젠(293K)	0.00652
사염화탄소(293K)	0.00969
에탄올(293K)	0.01200
에테르(293K)	0.00233
글리세린(293K)	14.90000
수은(293K)	0.01554
물(293K)	0.01010
혈장(310K)	0.01500
혈액(310K)	0.04000

이 실험에서는 Ostwald 점성도계(Ostwald's viscometer)를 써서 에탄올 수용액의 점성도를 온도를 바꾸어가면서 측정한 후 온도가 점성도에 미치는 영향을 살펴보려고 하며 아울러 농도와 점성도와의 관계도 조사해 보고자 한다.

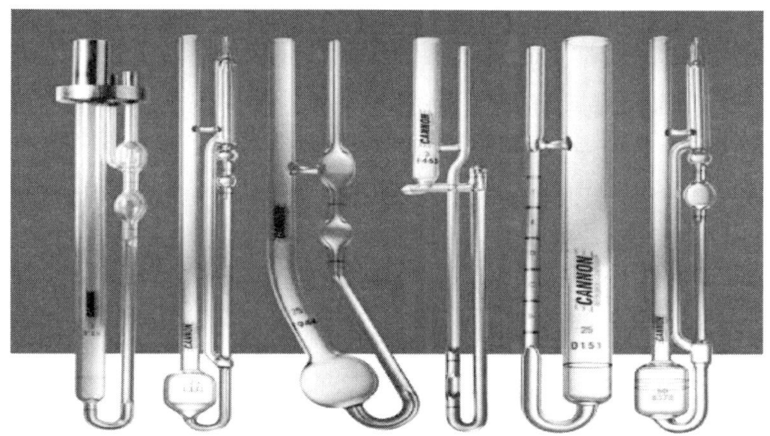

|그림 6.1(a)| 다양한 형태의 Ostwald 점성도계

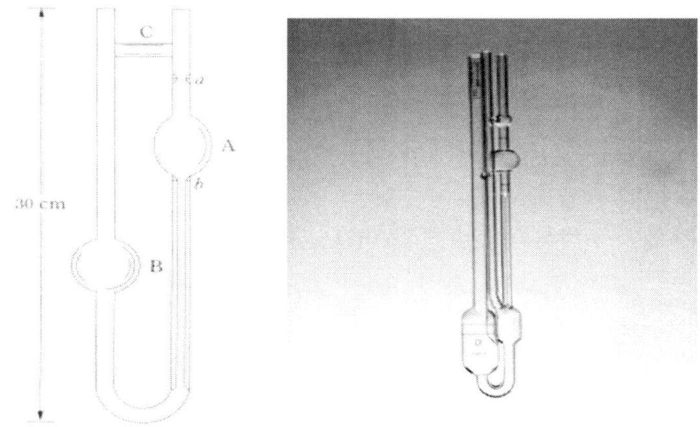

|그림 6.1(b)| Ostwald 점성도계와 모식도

1.3 장치 및 시약

증류수, 에탄올 20, 40, 60, 80, 95% 용액, Ostwald 점성도계, 항온조, 스탠드, 초시계, 고무피펫 필러 또는 주사기

1.4 실험 방법

① 시료는 에탄올 20, 40, 60, 80, 95%를 준비하여 사용한다.

② 항온조를 써서 일정한 온도를 유지시킨 후 안쪽에 Ostwald 점성도계를 스탠드에 세워서 넣는다(그림 6.2). 이때 수직으로 세우도록 한다.

③ 고무피펫 필러 또는 주사기로 일정한 부피(5~10 mL)의 증류수를 취하여 점성도계 B쪽에 넣고 약 10분간 방치해서 열평형이 이루어질 때까지 기다린다.

④ 관입구 A에서 B 속의 증류수를 고무피펫 필러 또는 주사기를 이용하여 뽑아 올려 액면의 높이가 눈금 a보다 약간 위로 오게 한다.

⑤ 증류수를 저절로 흘러 내리게 한 후 액면이 두 개의 눈금 a, b 사이를 통과하는 데 걸리는 시간을 초시계나 stop watch로 측정한다. 이 과정을 5회 반복하여 평균값을 취한다.

⑥ 이러한 과정을 각 시료(에탄올 20, 40, 60, 80, 95%)에 대해서 반복하여 수행하고 각 액체의 흘러내리는 평균 시간을 구한다.

⑦ 인터넷을 검색하거나 CRC 핸드북을 이용하여 실험 온도하에서 각 시료의 밀도를 구한다. 물의 밀도는 4°C에서 1.000(g/mL)이지만 0°C일 때는 0.99984(g/mL)이고 25°C에서는 0.99707(g/mL)이며, 30°C에서는 0.99567(g/mL)로 감소한다.

⑧ 주어진 온도에서 물의 점성도를 표에서 구하고 이론에서 설명한 식을 활용하여 계산한 후 각 시료의 상대 점성도를 구한다.

⑨ 성분에 따른 점성도 변화를 그래프로 그린다.

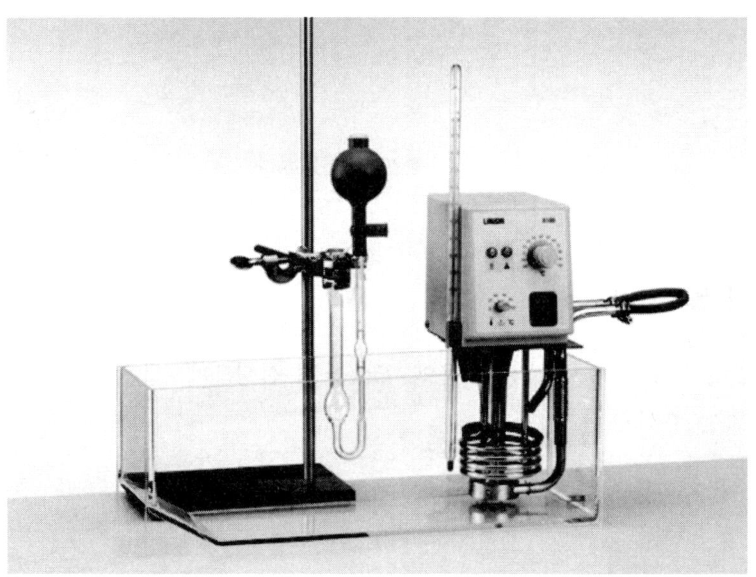

|그림 6.2| Ostwald 점성도계의 측정 장치

5°C와 35°C에서 95% 에탄올 용액의 농도를 변화시켜가면서 점성도를 측정한다. 점성도를 측정하는 데에 있어서는 Poiseuille 식을 이용한다.

농도 20%, 40%, 60%, 80%의 에탄올 용액 만들기

에탄올 용액은 여러 가지 농도로 제조가 가능하다. 95%의 에탄올 용액을 증류수와 섞어서 농도가 20%, 40%, 60%, 80% 등으로 다른 용액을 만들어 실험을 한다. 에탄올 용액을 100 mL라고 가정하면, $(100+x):(5+x)=100:20$(또는 40, 60, 80 등)의 식으로부터 증류수와 95% 에탄올 용액의 농도별 성분비를 알 수 있다.

예를 들어 20% 에탄올 용액의 경우,
위의 식에서 $8000+80x=500+100x$이고, $x=375$라는 값이 나온다.
따라서 농도 20% 에탄올 용액은 증류수 375 mL과 95% 에탄올 용액 100 mL를 혼합하면 된다. 용액의 양을 줄이기 위해 다시 비례식을 세워보면,
$375:100=x:4 \therefore x=15$

증류수 15 mL와 95% 에탄올 용액 4 mL를 섞으면 20% 에탄올 용액을 얻을 수 있다. 같은 방법으로 40%, 60%, 80% 에탄올 용액들 역시 얻을 수 있다.

농도별 에탄올 용액의 밀도 계산

온도를 바꾸어가면서 여러 가지 농도에서 에탄올 용액의 밀도를 구한다. 20°C의 경우 실험에 쓰인 에탄올 용액은 순물질이 아니므로 용액의 밀도가 각각 다르다.

x%의 에탄올 용액의 밀도는 다음과 같이 구할 수 있다.

밀도 = 100% 에탄올의 밀도 × $(x/100)$ + 100%물의 밀도 × $(100-x)/100$

따라서 각 농도에 따른 에탄올 용액의 밀도는

20% 에탄올 용액의 밀도 = 0.790 × 0.2 + 0.998 × 0.8 = 0.956 g/cm^3
40% 에탄올 용액의 밀도 = 0.790 × 0.4 + 0.998 × 0.6 = 0.915 g/cm^3
60% 에탄올 용액의 밀도 = 0.790 × 0.6 + 0.998 × 0.4 = 0.873 g/cm^3
80% 에탄올 용액의 밀도 = 0.790 × 0.8 + 0.998 × 0.2 = 0.832 g/cm^{3}이다.

그리고 25°C의 경우에 에탄올 용액과 물의 밀도는 다음과 같다.
100% 에탄올 용액의 밀도 = 0.785 g/cm^3, 물의 밀도 = 0.997 g/cm^3

20% 에탄올 용액의 밀도 = $0.785 \times 0.2 + 0.997 \times 0.8 = 0.955\ g/cm^3$
40% 에탄올 용액의 밀도 = $0.785 \times 0.4 + 0.997 \times 0.6 = 0.912\ g/cm^3$
60% 에탄올 용액의 밀도 = $0.785 \times 0.6 + 0.997 \times 0.4 = 0.870\ g/cm^3$
80% 에탄올 용액의 밀도 = $0.785 \times 0.8 + 0.997 \times 0.2 = 0.827\ g/cm^3$이다.

1.5 결과보고서 및 자료 처리

학년	학과	조번호	학 번	이 름	실험일자	공동실험자

① 실험 결과

1) 항온조 온도 25°C

		증류수	에탄올 20%	에탄올 40%	에탄올 60%	에탄올 80%	에탄올 95%
시간 (s)	1회						
밀도							
점성도							

2) 항온조 온도 35°C

		증류수	에탄올 20%	에탄올 40%	에탄올 60%	에탄올 80%	에탄올 95%
시간 (s)	1회						
밀도							
점성도							

3) x축은 에탄올 용액의 백분율 %(0, 20, 40, 50, 80, 95%, 단 0%는 증류수)로 두고 y축은 점성도로 나타내서 Grapher 프로그램으로 그래프를 그린 후에 워드 양식의 보고서로 복사해서 붙여 넣는다. 이때 계산 과정 및 고찰도 함께 기술한다.

② 계산

1.6 토론 및 질문

에탄올의 분율과 온도에 따른 밀도를 나타낸 표를 인터넷 검색이나 참고 문헌을 조사해서 첨부하시오.

1.7 실험 시 주의사항

에탄올 용액은 순물질이 아니므로 용액의 밀도가 각각 다른 것에 유의한다.

실험 6-2 공 낙하법

액체의 점성도 측정

2.1 실험 목적

이 실험에서는 공 낙하법을 이용하여 점성도를 측정하는 방법을 이해하는 것이 목적이다.

2.2 실험 배경 및 원리

공 낙하법은 밀도를 이미 알고 있는 유리구슬처럼 작은 구를 표준 액체와 측정하고자 하는 액체가 들어 있는 두 관 속에 넣어서 일정 거리까지 내려오는 데 걸리는 시간을 측정해서 점성도를 결정하는 방법이다. 유리관의 반지름은 낙하시키는 유리구슬의 지름에 비해서 상대적으로 큰 값을 가져야 한다. 왜냐하면 벽 근처에서 낙하구로 인한 저항 효과가 나타날 수 있기 때문이다. 물론 표준 액체는 큰 값의 점성도를 갖는 것을 선택하는 것이 좋다. 일반적으로 사용하는 기준 물질로는 글리세린 또는 식용유 등이 좋다.
공 낙하법으로 상대 점성도를 측정하는 데 사용하는 식은 아래와 같다.

$$\frac{\eta_1}{\eta_2} = \frac{(d_s - d_1)t_1}{(d_s - d_2)t_2}$$

여기서 d_s, d_1, d_2는 낙하구를 비롯하여 실험 온도에서 두 액체의 밀도이고, t_1과 t_2는 두 액체에 대하여 구가 일정 거리를 낙하하는 데 걸리는 시간이다.

점성도는 온도가 증가하면 감소한다. 따라서 어떤 액체의 점성도를 나타낼 때는 온도를 명시해주어야 한다.

공 낙하법 실험을 위한 점성도 장치와 모식도를 그림 6.3에 나타내었다.

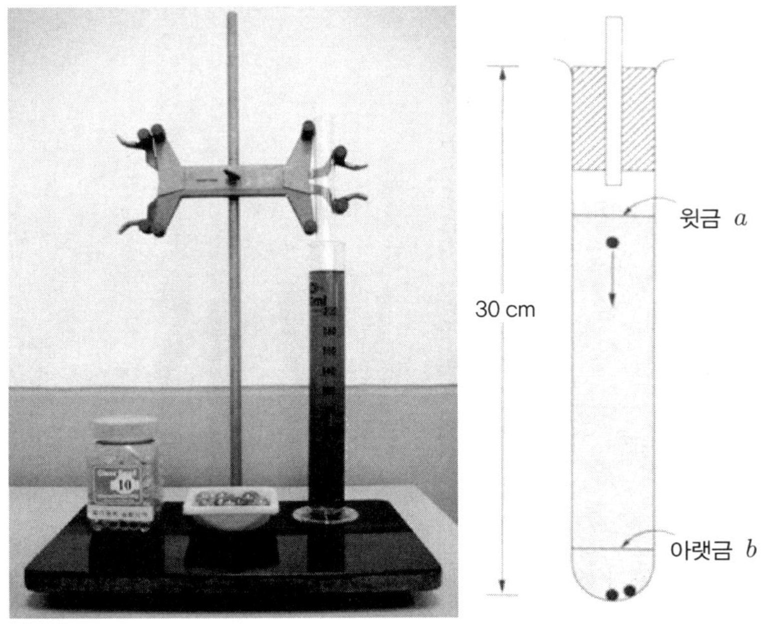

|그림 6.3| 공 낙하법 실험장치

2.3 장치 및 시약

200 mL 메스실린더 1개, 항온조(±0.2°C) 1개, 유리구슬 1통, 10 mL 메스실린더 1개 초시계 1개, 저울, 글리세린과 식용유 또는 피마자유 500 mL

2.4 실험 방법

① 저울을 이용하여 5개의 유리구슬의 질량을 측정한 후에 평균 질량을 계산한다.

② 5개 유리구슬의 부피를 10 mL 메스실린더를 이용하여 측정하고, 평균 질량(m)과 평균 부피(V)로부터 유리구슬의 밀도($d=m/V$)를 먼저 계산한다.

③ 200 mL 메스실린더에 글리세린을 채운 후, 25±0.2°C의 항온조에 세워 열적 평형에 도달하도록 약 15분간 기다린다.

유리구슬이 잘 낙하될 수 있도록 실린더 마개에 유리구슬의 지름보다 약간 큰 유리관을 끼워둔다. 이것이 준비되지 않으면 핀셋으로 중앙에 위치시켜 주의해서 떨어뜨린다.

유리구슬을 액체에 넣으면 약간 가속되다가 일정한 속도에 도달하면서 낙하한다. 이때 메스실린더의 두 번째 눈금에서 마지막의 한 눈금 전까지 일정 거리를 낙하하는 데 걸리는 시간을 측정한다.

④ 메스실린더를 35±0.2°C 항온조에 옮겨 측정을 반복한다.

⑤ 메스실린더를 메탄올이나 아세톤과 같은 용매로 씻고, 이번에는 글리세린 대신에 식용유나 피마자유로 측정을 되풀이한다. 온도가 높아지게 되면 식용유의 경우에는 구슬이 너무 빠르게 흘러내리므로 주의해서 측정해야 한다.

2.5 결과보고서 및 자료 처리

학년	학과	조 번호	학번	이름	실험일자	공동실험자

① 실험 결과

1) 항온조 온도 25°C

		글리세린	피마자
시간(s)	1회		
시간(s)	2회		
시간(s)	3회		
시간(s)	4회		
시간(s)	5회		
시간(s)	평균		
밀도			
점성도			

2) 항온조 온도 35°C

		글리세린	피마자
시간(s)	1회		
시간(s)	2회		
시간(s)	3회		
시간(s)	4회		
시간(s)	5회		
시간(s)	평균		
밀도			
점성도			

② **계산**

액체의 점성은 온도가 증가하면 감소한다. 온도가 점성도에 미치는 효과는 아레니우스 식과 유사한 다음 식으로 표현된다.

$$\ln \eta = \ln A + \frac{E_a}{RT}$$

2.6 토론 및 질문

온도를 변화시켜가면서 임의 액체의 점성도를 측정한 결과가 다음과 같았다. 이것의 그림을 도시하고 최소제곱법을 이용하여 기울기와 절편을 구하고, A와 점성 흐름에 대한 활성화 에너지 E_a를 결정하시오.

온도, t/°C	점성도, h/cP
5	0.826
40	0.492
80	0.318
120	0.219
160	0.156

2.7 실험 시 주의사항

공 낙하법에서 유리구슬이 잘 낙하될 수 있도록 실린더 마개에 유리구슬의 지름보다 약간 큰 유리관을 끼워주거나 핀셋으로 중앙 위치에서 떨어질 수 있도록 주의한다.

8 참고 문헌

① H.D. Crockford, J.W. Nowell, H.W. Baird, F.W. Getzen, *Laboratory Manual of Physical Chemistry*, 2nd Ed., John Wiley & Sons., Inc., New York, 1976.

② 이문득, '물리화학실험', 자유아카데미, 1997.

실험 7

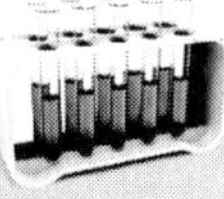

수소의 몰부피

1 실험 목적

이 실험에서는 아연 금속과 염산을 반응시키고 표준 온도와 압력(STP)에서 수소 기체의 몰부피(molar volume, V_m)를 결정한다.

2 실험 배경 및 원리

이 실험에서는 네 개의 변수 즉, 압력(P), 부피(V), 온도(T), 기체의 몰수(n)를 정확히 표현해야 한다. 특히 섭씨 온도(T_c)는 다음 식을 이용하여 켈빈 온도(T_k)로 나타낸다.

$$T_k = T_c + 273.15 \tag{7.1}$$

보일(Boyle)의 법칙에 따르면 압력과 부피는 서로 반비례한다. 온도와 기체의 몰수가 일정할 경우 PV는 일정하며 다음과 같은 유용한 비례식이 얻어진다.

$$P_1V_1 = P_2V_2 \text{ (일정 } n\text{과 } T\text{)} \tag{7.2}$$

기체의 부피는 온도에 비례하는 샤를(Charles)의 법칙에 따르면 일정한 압력과 몰수에서 기체의 부피와 온도의 상관관계는 다음과 같다.

$$V_1T_1 = V_2T_2 \text{ (일정 } n\text{과 } P\text{)} \tag{7.3}$$

이탈리아의 과학자 아보가드로(Amadeo Avogadro)는 일정한 온도와 압력 조건에서 같은 몰수의 기체 부피는 종류에 관계없이 일정하다는 것을 제안했다(아보가드로 법칙). 아보가드로 법칙과 보일 및 샤를의 법칙을 조합하면 다음과 같은 이상기체 법칙이 얻어진다.

$$PV = nRT \tag{7.4}$$

여기서 R은 기체 상수이다. R값은 압력과 부피의 단위에 따라 달라지며, 압력을 atm, 부피를 L의 단위로 나타낸 기체상수는 다음과 같다.

$$R = 0.08206 \frac{\text{L atm}}{\text{K mol}}$$

이 실험에서는 표준 온도와 압력(Standard Temperature and Pressure, STP)에서 수소 기체의 몰부피(molar volume, V_m)를 결정한다. 1몰의 기체가 차지하는 부피를 몰부피라 하며, STP에서 이론적인 값은 22.414 L mol^{-1}이다. 이것은 아보가드로 법칙에 따라 표준 상태에서 1몰의 기체가 차지하는 부피이다. 그러나 실제 기체의 경우 약간 차이가 있다. 하지만 이 실험에서 측정하고자 하는 수소 기체(H_2)와 같이 크기가 작고 비극성 분자의 기체인 경우 이상 기체의 특성에 근접한다.

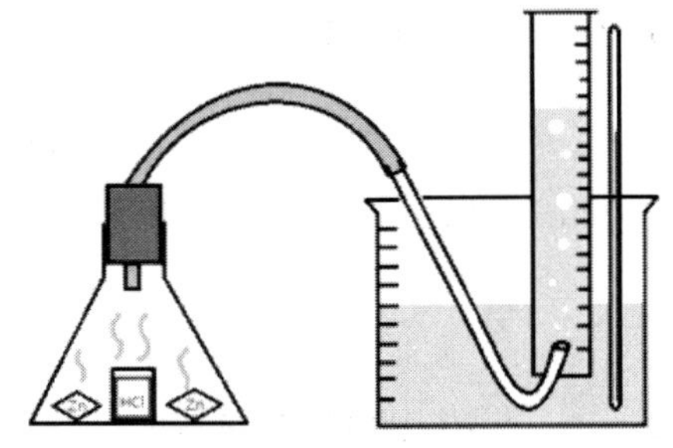

이 실험에서는 아연(Zn) 금속을 강산 HCl(aq) 수용액과 반응시켜 수소 기체를 발생시킨다. 아래의 반응식은 균형이 맞지 않은 반응식을 나타낸다.

$$Zn(s) + HCl(aq) \dashrightarrow H_2(g) + ZnCl_2(aq) \quad \text{(균형이 안 맞음)} \qquad (7.5)$$

아연의 무게를 알고 있다면 식 7.5를 완결함으로써 발생되는 수소 기체의 몰수를 예측할 수 있을 것이다.

수상 치환을 통해 생성된 수소 기체를 모으고 나면, 물의 증기압(P_{H2O})을 보정하여 수소 기체만의 정확한 압력(P_{H2})을 결정해야 한다. 달톤(Dalton)의 법칙에 따르면 혼합 기체의 전체 압력은 각 성분이 차지하는 분압의 합과 같으므로, 수소 기체의 압력은 다음과 같다.

$$P_T = P_{H2} + P_{H2O} \qquad (7.6)$$

여기서 P_T는 혼합 기체(수소 기체와 수증기)의 전체 압력이고, P_{H2O}는 상온에서 물의 증기압이다. 따라서 표준 상태(273.15 K, 760 torr)에서 얻어진 건조한 수소 기체의 부피(V_2)는 식 7.7을 이용하여 구할 수 있다.

$$\frac{P_1 V_1}{T_1} = \frac{P_2 V_2}{T_2} \qquad (7.7)$$

P_1과 V_1은 실험실 온도 T_1에서 얻어진 수소 기체의 분압과 부피를 나타낸다. 표준 상태의 온도와 압력은 각각 T_2=273.15 K이고 P_2=760 torr이므로 표준 상태에서 수소 기체의 부피 V_2

를 구할 수 있다. 따라서 다음 식을 이용하면 수소 기체의 1몰당 차지하는 부피, 즉 몰부피 V_m(단위: L mol^{-1})를 구할 수 있다.

$$V_m = \frac{V}{n} \tag{7.8}$$

여기서 V와 n은 표준 상태에서 생성된 수소 기체의 몰수와 부피(L)를 나타낸다.

물의 증기압 P_{H2O}:

순수한 물의 증기압은 다음과 같은 근사식으로 나타낼 수 있다.

$$P = \exp(20.386 - 5132/T) \tag{7.9}$$

여기서 P는 증기압(mmHg)이고 T는 켈빈(K) 온도이다. 예를 들어 20°C에서 물의 증기압을 계산할 경우,

T=(273.15+20) K = 293.15 K이므로

$$\begin{aligned} P_{20℃} &= \exp\left[20.386 - \frac{5132}{293.15}\right] \text{mmHg} \\ &= \exp[20.386 - 17.506]\ \text{mmHg} \\ &= \exp(2.88)\ \text{mmHg} \\ &= 17.8\ \text{mmHg} \end{aligned}$$

mmHg 압력의 단위를 파스칼(Pa)의 표준 단위로 변환하면,

$$\begin{aligned} P_{20℃} &= 17.8\ \text{mmHg} \times \left(\frac{1.013 \times 10^5\ \text{Pa}}{760\ \text{mmHg}}\right) \\ &= 2.3 \times 10^3\ \text{Pa} \\ &= 2.3\ \text{kPa} \end{aligned}$$

따라서 다른 온도에서도 같은 요령으로 증기압을 계산할 수 있으며 참고로 표 7.1에는 각 온도에 따른 물의 증기압을 보여 준다.

|표 7.1| 온도에 따른 물의 증기압

온도(°C)	증기압(kPa)	온도(°C)	증기압(kPa)
0	0.6	25	3.2
3	0.8	26	3.4
5	0.9	27	3.6
8	1.1	28	3.8
10	1.2	29	4
12	1.4	30	4.2
14	1.6	32	4.8
16	1.8	35	5.6
18	2.1	40	7.4
19	2.2	50	12.3
20	2.3	60	19.9
21	2.5	70	31.2
22	2.6	80	47.3
23	2.8	90	70.1
24	3	100	101.3

3 장치 및 시약

스탠드, 클램프, 고무마개, 고무호스, 굽은 유리관, 1 L 비커, 200 mL 눈금실린더, 무게 측정 종이, 아연 금속, 염산(HCl), 온도계, 바이알 병, 가지달린 삼각플라스크, 10 mL 피펫, 파라필름

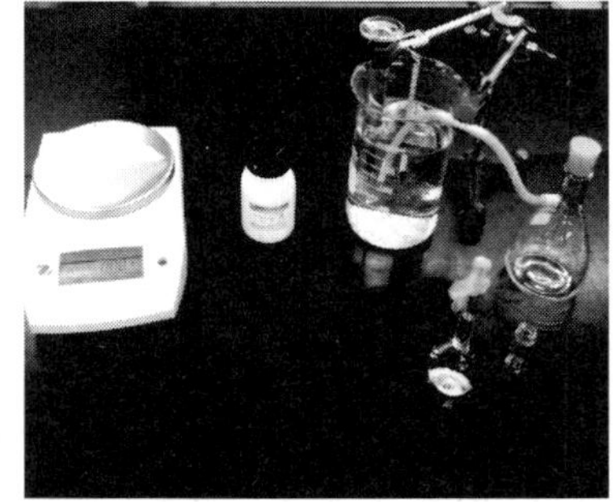

4 실험 방법

① 200 mL 눈금실린더, 1 ~ 2 L 비커, 가지달린 삼각플라스크, 고무마개, 고무호스, 클램프, 온도계를 준비하여 위의 그림과 같이 수소 발생 장치를 구성한다.

② 싱크대에서 비커와 실린더에 각각 수돗물을 가득 채우고 실린더의 입구를 비닐로 잘 봉한 후에 물이 가득 찬 비커에 실린더를 뒤집어 넣은 후 입구를 봉한 비닐을 벗겨낸다.

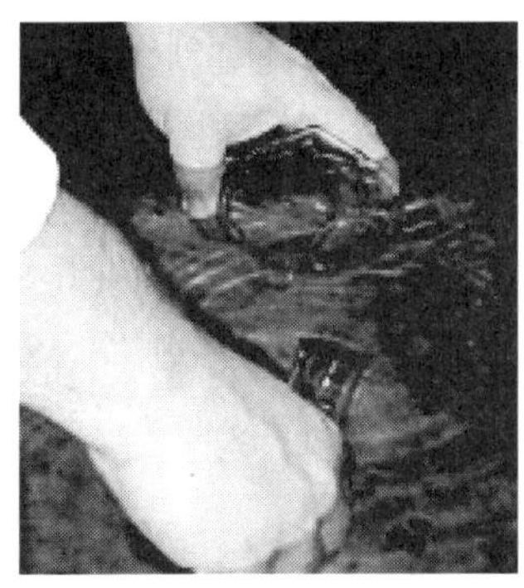

③ 1 L 비커와 200 mL 눈금실린더를 함께 들어 올린 뒤 조심스럽게 기울여 비커의 물이 약 2/3 정도만 남도록 한다. 물을 비우는 동안 눈금실린더로 공기가 새어 들어가지 않도록 주의해야 한다. 비커와 눈금실린더를 스탠드 옆에 세우고 눈금실린더를 스탠드를 이용해 비커 속에 잠긴 채로 고정시킨다.

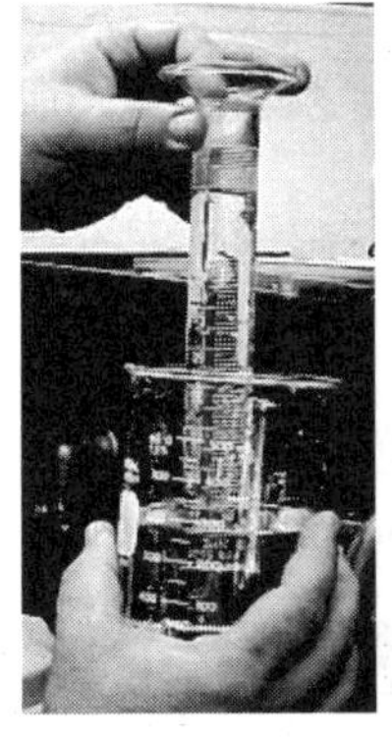

④ 굽은 유리관에 연결된 고무호스의 반대쪽을 가지달린 플라스크의 가지에 연결한다. 눈금실린더를 살짝 들어 올려 굽은 유리관의 끝이 눈금실린더의 안으로 들어가도록 한다. 이때 공기가 눈금실린더 안으로 들어가지 않도록 해야 한다.

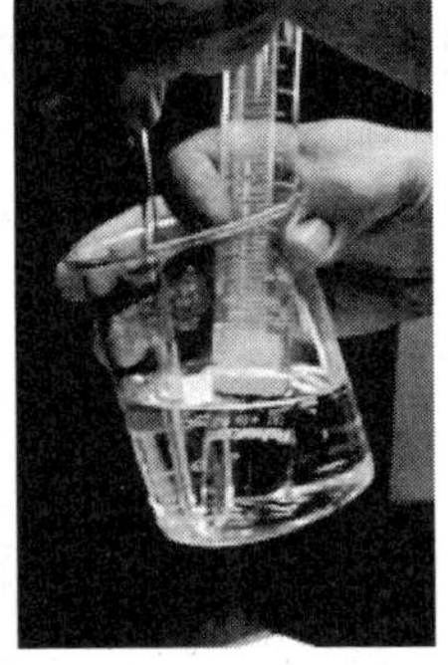

⑤ 깨끗한 아연(Zn) 금속 조각(0.180 ~ 0.20 g 정도)을 사용하기 전에 평량 접시 또는 유산지(Weighing Papers)를 이용하여 무게를 재고값을 기록한다.

⑥ 무게를 잰 아연 조각을 얇게 펴서 가지달린 삼각플라스크에 넣은 후, 바이알 병을 삼각플라스크 안에 세워둔다. 바이알 병 안에 피펫을 이용하여 6 M 염산 수용액을 10 mL 넣은 후 삼각플라스크의 입구를 고무마개로 막는다. 이때 바이알 병이 쓰러지지 않도록 조심하여야 한다.

⑦ 고무마개와 플라스크 연결 부위, 플라스크의 가지 부분과 고무호스 연결 부위를 파라필름을 감아 새지 않도록 한다.

⑧ 삼각플라스크를 흔들어 바이알 병이 쓰러뜨려서 염산 수용액이 흘러나와 아연 금속과 반응하도록 한다.

⑨ 바이알 병으로부터 흘러나온 염산 수용액이 아연 금속과 반응하면(식 7.5 참조) 수소 (H_2) 기체를 발생시킨다. 수소 기체는 고무관과 굽은 유리관을 지나 기포 형태로 눈금실린더를 서서히 채운다. 수소 기체의 발생은 약 50 ~ 60분 정도 지속된다.

⑩ 수소 기체가 더 이상 발생하지 않으면 옆의 그림과 같이 거꾸로 세워져 있는 눈금실린더를 살짝 들어올려 수소 포집용 유리관을 제거한다. 이때 눈금실린더를 움직이는 동안 공기가 새어 들어가지 않도록 조심해야 한다.

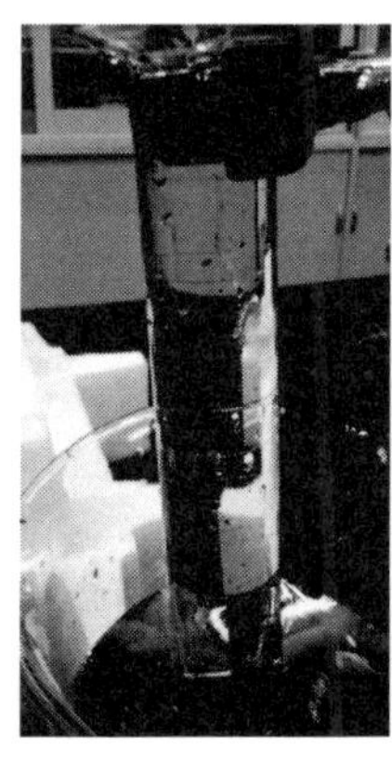
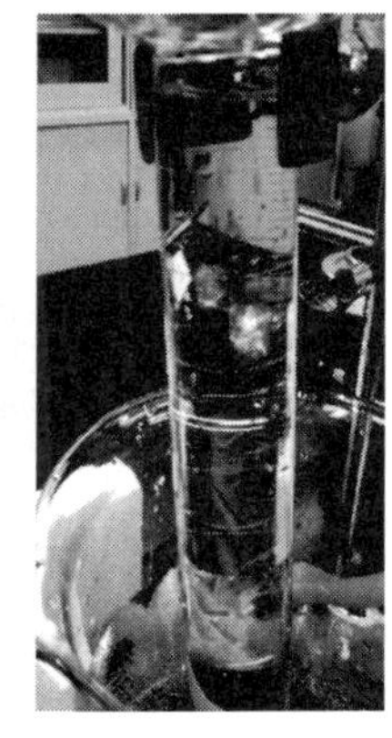

⑪ 반응이 모두 끝나고 생성된 수소 기체의 부피를 정확히 재는 것이 중요하다. 작은 비커를 이용하여 눈금실린더를 담고 있는 비커에 수돗물을 가득 채우고 눈금실린더를 아래위로 조정하여 눈금실린더의 수면과 비커의 수면 높이를 최대한 맞춘다. 이것은 포집한 혼합 기체(수소와 수증기)의 압력이 대기압과 같도록 해주기 위해서이다. 이때에도 역시 눈금실린더를 움직이는 동안 공기가 새어 들어가지 않도록 매우 주의를 기울여야 한다.

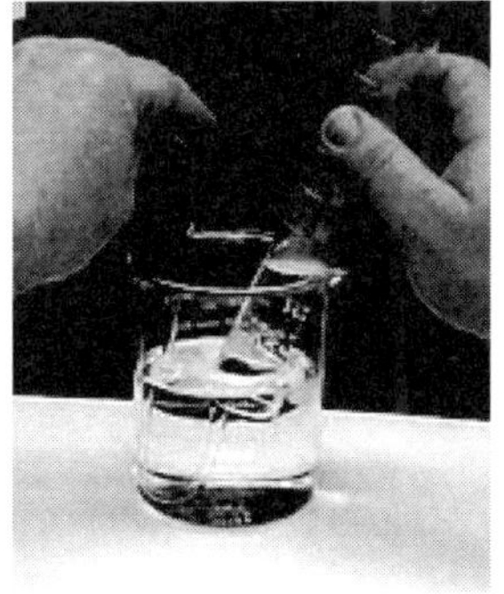

⑫ 비커와 눈금실린더의 수면 높이가 일치한 상태에서 포집한 혼합 기체의 부피를 측정하여 소수점 첫째 자리까지 기록한다(눈금실린더가 뒤집힌 상태이므로 눈금을 거꾸로 읽는 것을 잊으면 안 된다).

⑬ 눈금실린더를 비커로부터 꺼내어 후드에서 수소 기체를 버린다. 온도에 따른 물의 증기압은 식 7.9를 이용하여 계산하거나 표 7.1의 값을 이용할 수 있으며 대기압은 1기압으로 간주한다.

⑭ 비커에 채워진 물의 온도를 소수점 첫째 자리까지 읽고 기록한다.

5 결과보고서 및 자료 처리

학년	학과	조번호	학 번	이 름	실험일자	공동실험자

아연(Zn)의 질량	m_{Zn} = (Zn의 무게 + 평량접시/종이의 무게) − 평량접시/종이의 무게 = ( )g
비커의 수온(Kelvin)	$T_{water}(K)=T_{water}(°C)+273.15$=( ) K
물의 증기압(식 7.9를 이용)	( )Pa, 표 7.1의 값과 비교하시오.
건조한 H_2 기체의 압력	P_{H2} =대기압 − 물의 증기압 =(1.013×10^5)Pa − ( )Pa =( )Pa
표준 상태에서 보정한 건조한 H_2 기체의 부피	$V_{H2}(STP)=[(P_1V_1)/T_1][T_2/P_2]$
	$P_1=P_{H2}$ = ( ) Pa $T_1=T_{water}$ $V_1=V_{H2}$(실험): 실험에서 측정한 수소 기체의 부피
	STP에서: $P_2=1.013\times10^5$Pa; T_2=273.15K
아연과 염산의 반응	A Zn(s) + B HCl(aq) → C H_2(g) + D $ZnCl_2$(aq)
	위 반응의 계수 A, B, C, D를 구하시오. A=( ), B=( ), C=( ), D=( ) ∴ 아연 ( )몰이 반응하면 수소는 ( )몰이 발생한다.
생성된 H_2 기체의 몰수 (반응한 아연금속의 질량으로부터 계산)	M_{Zn}=Zn의 몰질량 (molar mass)= ( )g/mol
	$n_{H2}=[m_{Zn}/(AM_{Zn})]\times$[(C moles H_2)/(A moles Zn)] = ( ) moles

표준 상태에서 H_2의 부피 V_{H2}(STP)

실험 횟수	P_1 [kPa]	$V_1=V_{H2}$(실험) [L]	T_1 [K]	T_2 [K]	P_2 [kPa]	V_{H2}(STP) [L]
1						
2						
3						
4						
5						

<table>
<tr><td rowspan="6">표준상태에서 H_2의 몰 부피 V_m(실험값) = V_{H2}(STP)/n_{H2}</td><td>실험 횟수</td><td>V_{H2}(STP)
[L]</td><td>n_{H2}
(mole)</td><td>V_m(실험값)
[L]</td></tr>
<tr><td>1</td><td></td><td></td><td></td></tr>
<tr><td>2</td><td></td><td></td><td></td></tr>
<tr><td>3</td><td></td><td></td><td></td></tr>
<tr><td>4</td><td></td><td></td><td></td></tr>
<tr><td>5</td><td></td><td></td><td></td></tr>
<tr><td>표준상태에서 H_2의 몰 부피(이론값 V_m)</td><td colspan="4">V_m(이론값) = 22.414 L / mol</td></tr>
<tr><td>V_m의 퍼센트 오차(실험)</td><td colspan="4">% 오차 = {[| V_m(이론값) − V_m(실험값) |] / V_m(이론값)} x 100

1회 실험오차 =

2회 실험오차 =

3회 실험오차 =

4회 실험오차 =

5회 실험오차 =</td></tr>
</table>

6 토론 및 질문

① 실험을 통해 구한 수소 기체의 몰부피값이 이론값과 차이가 나는 원인들에 관해서 설명하시오.

7 실험 시 주의사항

① 염산 수용액은 강산이므로 피부에 화상을 일으키고 옷에 묻으면 손상되니 접촉하지 않도록 주의해야 한다. 만일 피부에 묻으면 신속하게 물로 씻어야 한다. 수소 기체는 가연성이므로 불꽃에서 멀리 해야 하며 실험이 끝난 후 수소 기체는 후드에 버려야 한다.

② 시험관에 남은 염산은 폐시약 보관 병에 버리거나 조교의 도움으로 염기와 중화시킨 뒤 싱크대의 하수구에 버린다. 종이 필터는 쓰레기통에 버린다.

8 참고 문헌

① Peter Atkins and Julio de Paula, '물리화학', 9판, 교보문고, 2010: 1장-기체의 성질.

실험 8

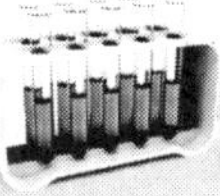

용해열

1 실험 목적

화합물이 물에 녹아 균일한 혼합물, 즉 용액을 형성하면 주위로부터 열을 흡수하거나 방출하게 되는데 이것을 용해열이라 한다. 이 실험에서는 화합물이 물에 용해될 때 온도 변화를 측정함으로써 그 물질의 용해열을 알아낸다.

2 실험 배경 및 원리

스티로폼 열량계 안의 물의 온도를 정확히 측정하기 위해서는 우선 디지털 온도계와 알코올 온도계를 보정해주어야 한다. 사용한 물의 질량, 비열, 온도 변화로부터 열량계의 열용량을 계산할 수 있다. 일단 열량계의 열용량을 알면, 같은 방법으로 두 가지 화합물, 즉 염화칼슘($CaCl_2$)과 질산암모늄(NH_4NO_3)이 물에 용해될 때 온도 변화를 측정함으로써 두 물질의 용해열 즉 용해 엔탈피를 알 수 있다.

3 장치 및 시약

디지털 온도계(온도센서 및 측정기), 알코올 온도계, 100 mL 눈금실린더, 스탠드, 알코올램프, 삼발이, 링, 세라믹 안전망(2개), 자석 교반 막대, 가열식 자력교반기, 유리 젓개, 250 mL 비커, 400 mL 비커, 조각 얼음, 증류수, 열량계, 염화칼슘, 질산암모늄, 비커 집게, 보안경

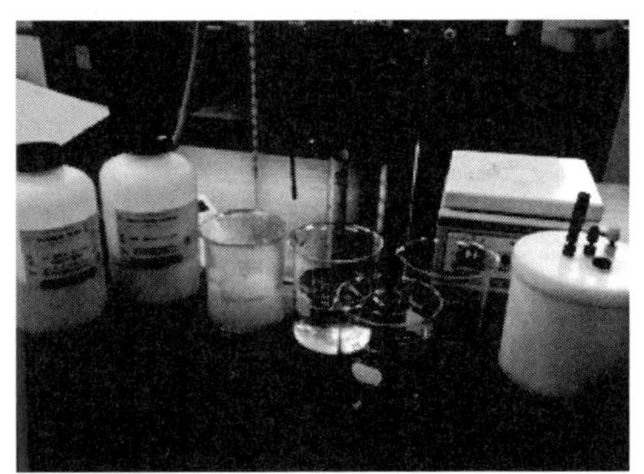

4 실험 방법

가) 디지털 온도계와 알코올 온도계의 보정

① 가열식 자력교반기 위에 100 mL 비커를 준비한다. 70 mL의 증류수를 비커에 붓고 가열식 자력교반기를 작동하여 물이 끓을 때까지 가열한다. 잠시 후 디지털 온도센서를 끓는 물의 중간에 위치하도록 스탠드와 클램프를 이용하여 고정시킨다. 디지털 온도계의 전원스위치를 켜서 온도계의 값이 안정해질 때까지 기다린 후 값을 기록한다. 이 값은 물의 끓는 온도인 섭씨 100°C에 해당한다.

② 알코올 온도계를 끓는 물에 넣고 최소 1분 정도 서서히 저어주면서 온도계가 안정화될 때까지 기다린다. 온도계의 끝이 끓는 물에 잠긴 상태에서 온도계의 눈금을 0.1°C까지 정확히 읽어서 표에 기록한다.

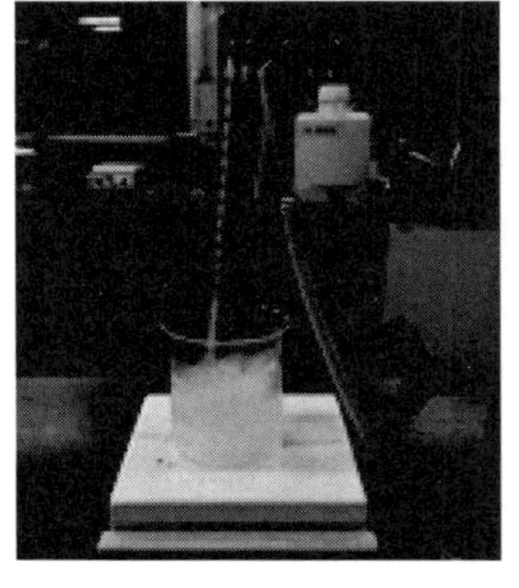

③ 100 mL 비커에 잘게 부순 얼음과 약간의 증류수를 넣어 얼음물을 만든다. 디지털 온도센서를 얼음물에 넣고 서서히 저어준다. 디지털 온도계의 값을 읽고 기록한다. 이 값은 물의 녹는 온도인 섭씨 0°C에 해당한다.

④ 알코올 온도계를 얼음물에 넣고 최소 1분 정도 서서히 저어주면서 온도계가 안정화될 때까지 기다린다. 온도계의 끝이 얼음물에 잠긴 상태에서 온도계의 눈금을 0.1°C까지 정확히 읽어서 표에 기록한다.

⑤ 디지털 온도계와 알코올 온도계의 보정을 2회 반복하여 평균값을 이용한다.

나) 열량계의 열용량(Heat Capacity) 측정

① 열량계를 준비하고 자석 교반막대를 넣는다. 100 mL 용량의 눈금실린더를 사용하여 정확히 50.0 mL의 증류수를 열량계에 넣어준다.

② 열량계를 자석 교반기 위에 놓고 자석 교반 막대가 적당히 회전하도록 교반기의 속도 조절 노브를 조절한다. 물이 튀지 않도록 가급적 자석 교반 막대의 회전 속도가 느리도록 하는 것이 좋다.

③ 스탠드를 이용하여 디지털 온도센서의 끝이 열량계 속에 있는 증류수 수면 아래로 약 2~3 cm 정도 잠기도록 고정

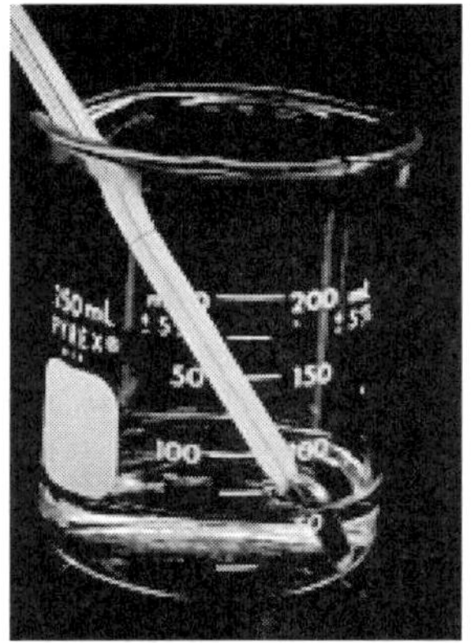

한다. 또한 자석 교반 막대가 디지털 온도센서와 부딪히지 않는지 확인한다. 디지털 온도계의 값을 매 30초마다 읽고 기록한다.

④ 깨끗한 100 mL 비커를 증류수로 헹구고 말리지 않은 상태로 놔둔다. 100 mL 눈금실린더를 이용하여 정확히 50.0 mL의 증류수를 비커에 옮긴 후 알코올 온도계를 넣는다.

⑤ 가열식 자력교반의 온도를 조절하여 비커의 물을 60°C 정도가 되도록 가열하며 알코올 온도계로 계속 저어준다.

⑥ 뜨거운 비커에 들어있는 알코올 온도계의 측정값을 0.1°C까지 정확히 읽고 나서 열량계의 덮개를 열고 비커의 뜨거운 물을 재빨리 넣은 후 덮개를 닫는다. 이때부터 디지털 온도계의 값을 매 10초마다 읽고 기록한다. 시간에 따른 열량계의 온도를 그래프로 그리면 오른쪽 그림과 유사한 결과를 얻을 것이다.

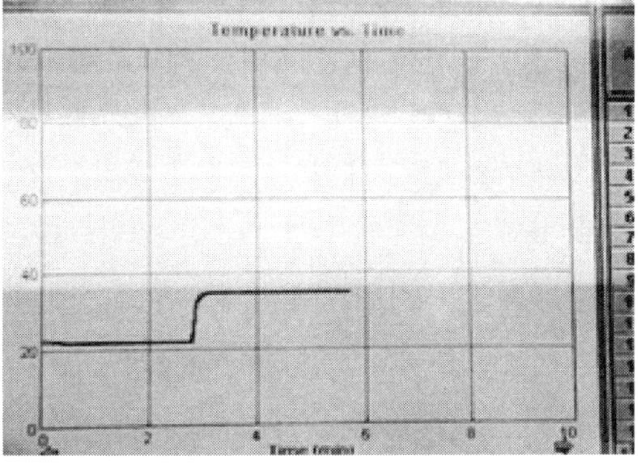

⑦ 가열식 자력교반기의 전원스위치를 끄고 열량계로부터 디지털 온도센서를 분리하고 자석 교반 막대를 꺼내어 건조시킨다. 자석 교반 막대는 분실되지 않도록 잘 보관한다. 열량계의 물을 싱크대에 버리고 종이 타월로 열량계의 안쪽을 닦아서 말린다.

다) 용해열 측정

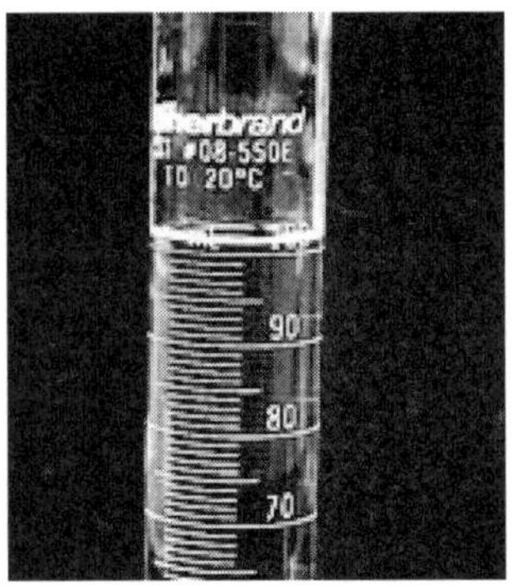

① 100 mL 눈금실린더를 이용하여 정확히 100.0 mL의 증류수를 측정하여 열량계에 넣고 자석 교반 막대를 함께 넣어준다. 디지털 온도센서가 장착된 덮개로 뚜껑을 닫고 자석 교반기를 약 5분 정도 작동시켜 열량계와 증류수가 열적으로 평형을 이루도록 한다. 디지털 온도계의 값을 매 30초마다 읽고 기록한다.

② 약 4그램 정도의 염화칼슘($CaCl_2$)을 플라스틱 평량 접시를 이용하여 소수점 셋째 자리까지 정확하게 무게를 단다. 염화칼슘은 공기 중의 물을 재빨리 흡수하므로 사용하기 바로

전에 측정하는 것이 실험 오차를 줄이는 데 효과적이다.

③ 열량계의 덮개를 열고 염화칼슘을 넣은 후 자석 교반 막대가 잘 회전하는지 반드시 확인하고 재빨리 덮개를 닫는다. 고체 시약이 가해지면서 자석 교반 막대가 멈출 수 있기 때문이다. 염화칼슘을 넣고 디지털 온도계의 값을 매 10초마다 읽어서 기록하며 10분간 지속한다.

④ 자력교반기의 전원 스위치를 끄고 열량계로부터 디지털 온도 센서와 자석 교반 막대를 제거하여 물로 세척한 후 건조시킨다. 열량계 내의 수용액을 시약 폐기물 통에 버린다. 열량계 내부를 물로 세척하고 종이 타월로 건조시킨다.

⑤ 용해열 측정의 1~4 과정을 염화칼슘 대신 5그램 정도의 질산암모늄(NH_4NO_3) 고체로 반복하여 실험한다. 무게를 측정할 때 소수점 셋째 자리까지 정확히 재야 한다는 점을 명심해야 한다.

5 결과보고서 및 자료 처리

학년	학과	조번호	학 번	이 름	실험일자	공동실험자

① 디지털 온도계와 알코올 온도계의 보정

디지털 온도계의 보정		측정 및 계산값		
		1회	2회	평균
디지털 온도계의 보정 인자 (Correction factor)	T_{BW}=끓는 물에서 디지털 온도계의 측정값(°C)			
	T_{IW}=얼음물(Ice/Water slurry)에서 디지털 온도계의 측정값(°C)			
	보정 인자 = $(T_{BW}-T_{IW})/100$			
알코올 온도계의 보정		**측정 및 계산값**		
		1회	2회	평균
알코올 도계의 보정 인자 (Correction factor)	T_{BW}=끓는 물에서 알코올 온도계의 측정값(°C)			
	T_{IW}=얼음물(Ice/Water slurry)에서 알코올 온도계의 측정값(°C)			
	보정 인자 = $(T_{BW}-T_{IW})/100$			

② 열량계의 열용량

주목: 열량(q)이 양의 값이면 열이 흡수되었고 열량(q)이 음의 값이면 열이 방출되었음을 의미한다. ΔT가 양의 값이면 온도가 증가한 것이고, ΔT가 음의 값이면 온도의 감소를 의미한다. 또한 모든 계산 과정에서 수용액의 밀도는 물의 밀도(1.00 g/mL)와 같다는 가정을 한다.

T_f = 뜨거운 물을 열량계에 넣은 후 최종 온도(보정된 디지털 온도계의 측정값)

T_1 = 뜨거운 물을 넣기 전의 열량계 내의 물의 온도(보정된 디지털 온도계의 측정값)

T_2 = 열량계에 넣기 전 뜨거운 물의 온도(보정된 알코올 온도계의 측정값)

측정 온도	보정 온도	계산값		
		1회	2회	평균
$T_{1측정}$ = (　　)°C	T_1 = ($T_{1측정}$−T_{IW})/보정인자	°C	°C	°C
$T_{2측정}$ = (　　)°C	T_2 = ($T_{2측정}$−T_{IW})/보정인자	°C	°C	°C
$T_{f측정}$ = (　　)°C	T_f = ($T_{f측정}$−T_{IW})/보정인자	°C	°C	°C
증가한 온도(ΔT)	$T_f - T_1$	°C	°C	°C
감소한 온도(ΔT)	$T_f - T_2$	°C	°C	°C
열량계 내의 차가운 물이 얻은 열량(q_{cool})	물의 비열: s_{water} = 4.184 J/g°C			
	차가운 물의 질량: m_{cool}	g	g	g
	ΔT(증가한 온도) = $T_f - T_1$	°C	°C	°C
	$q_{cool} = m_{cool} s_{water} \Delta T$	J	J	J
열량계 내에서 뜨거운 물이 잃은 열량(q_{warm})	물의 비열: s_{water} = 4.184J/g°C			
	뜨거운 물의 질량: m_{warm}	g	g	g
	ΔT(감소한 온도) = $T_f - T_2$	°C	°C	°C
	$q_{warm} = m_{warm} s_{water} \Delta T$	J	J	J
열량계한테 빼앗긴 열량 (q_{cal})	$q_{warm} = -\{q_{cool} + q_{cal}\}$			
	$q_{cal} = -\{q_{cool} + q_{warm}\}$	J	J	J
열량계의 열용량(C_{cal})	ΔT(증가한 온도) = $T_f - T_1$	°C	°C	°C
	$q_{cal} = C_{cal} \Delta T$			
	$C_{cal} = q_{cal} / \Delta T$	J/°C	J/°C	J/°C

③ 염화칼슘과 질산암모늄의 용해 엔탈피

T_i = 고체를 열량계에 넣기 전 열량계 내의 물의 온도(보정된 디지털 온도계의 측정값)

T_f = 고체를 열량계에 넣은 후 열량계 내의 수용액의 최종 온도(보정된 디지털 온도계의 측정값)

C_{cal} = 열량계의 열용량(과정 2에서 구한 값)

염화칼슘의 용해 엔탈피		계산값		
측정 온도	보정 온도	1회	2회	평균
$T_{i측정}$ = (　　　)°C	T_i = ($T_{i측정값}$−T_{IW})/보정인자	°C	°C	°C
$T_{f측정}$ = (　　　)°C	T_f = ($T_{f측정값}$−T_{IW})/보정인자	°C	°C	°C
증가한 온도 (또는 감소한 온도) (ΔT)	$\Delta T = T_f - T_i$	°C	°C	°C
용해과정에서 얻거나 잃은 열량(q_{soln})	$q_{soln} = m_{water}s_{water}\Delta T$	J	J	J
열량계로부터 얻거나 잃은 열량(q_{cal})	$q_{cal} = C_{cal}\Delta T$	J	J	J
고체의 용해열(q_{rxn})	$q_{rxn} = -\{q_{soln}+q_{cal}+q_{solid}\}$, 대개의 경우, q_{solid}는 너무 작아서 무시해도 무방. 따라서 $q_{rxn}=-\{q_{soln}+q_{cal}\}$	J	J	J
염화칼슘의 무게(w)		g	g	g
염화칼슘의 몰질량		110.9 g/mol		
염화칼슘의 몰수(n)	n = (고체의 무게)/(고체의 몰질량)	mol	mol	mol
몰당 용해 엔탈피(ΔH)-실험값	$\Delta H = q_{rxn}/n$	kJ/mol	kJ/mol	kJ/mol
몰당 용해 엔탈피(ΔH)-계산값	ΔH =	kJ/mol	kJ/mol	kJ/mol
질산암모늄의 용해 엔탈피		계산값		
측정 온도	보정 온도	1회	2회	평균
$T_{i측정}$ = (　　　)°C	T_i = ($T_{i측정값}$−T_{IW})/보정 인자	°C	°C	°C
$T_{f측정}$ = (　　　)°C	T_f = ($T_{f측정값}$−T_{IW})/보정 인자	°C	°C	°C
증가한 온도 (또는 감소한 온도) (ΔT)	$\Delta T = T_f - T_i$	°C	°C	°C
용해 과정에서 얻거나 잃은 열량(q_{soln})	$q_{soln} = m_{water}s_{water}\Delta T$	J	J	J
열량계로부터 얻거나 잃은 열량(q_{cal})	$q_{cal} = C_{cal}\Delta T$	J	J	J

고체의 용해열(q_{rxn})	$q_{rxn} = -\{q_{soln} + q_{cal} + q_{solid}\}$, 대개의 경우, q_{solid}는 너무 작아서 무시해도 무방. 따라서 $q_{rxn} = -\{q_{soln} + q_{cal}\}$	J	J	J
염화칼슘의 무게(w)		g	g	g
염화칼슘의 몰질량		80.04 J/mol		
고체의 몰수(n)	n = (고체의 무게)/(고체의 몰질량)	mol	mol	mol
몰당 용해 엔탈피(ΔH) - 실험값	$\Delta H = q_{rxn}/n$	KJ/mol	KJ/mol	KJ/mol
몰당 용해 엔탈피(ΔH) - 계산값	$\Delta H =$	KJ/mol	KJ/mol	KJ/mol

6 토론 및 질문

① 실험에서 사용한 하나의 고체는 용해열이 양의 값이지만 다른 하나는 용해열이 음의 값을 갖는데 그 이유는 무엇인지 설명하시오.

② 고체의 용해 엔탈피를 결정하는 데 열량계의 열용량이 어느 정도 중요한 역할을 하는지 설명하시오.

③ 실험을 통해 구한 고체의 용해 엔탈피 값이 열역학 자료의 값과 차이가 나는 원인들에 관해서 설명하시오.

7 실험 시 주의사항

① 보안경을 반드시 착용한다.

② 디지털 온도센서를 알코올 램프의 불꽃이나 뜨거운 스탠드에 가까이 두지 말아야 한다.

③ 뜨거운 물이 들어 있는 비커를 옮길 때에는 반드시 비커 집게를 사용한다.

④ 시약이 손에 묻으면 즉시 물로 세척한다.

8 참고 문헌

① Peter Atkins and Julio de Paula, '물리화학', 9판, 교보문고, 2010: 2장–열역학 1법칙.

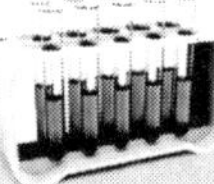

실험 9

액체의 증기압과 기화 엔탈피

1 실험 목적

액체의 기화 엔탈피는 건조, 증발, 증류 등 산업 여러 분야의 공정에서 매우 필요한 열역학적인 기초자료이다. 이 실험에서는 여러 온도에서 액체의 증기압을 측정하고 클라우시우스-클라페이런(Clausius-Clapeyron) 식을 이용하여 액체의 기화 엔탈피를 알아낸다.

2 실험 배경 및 원리

액체 1몰을 기화시키는 데 필요한 에너지로 정의되는 몰당 기화 엔탈피(ΔH_{vap})는 분자간 힘의 세기의 척도로 사용된다. 몰당 기화 엔탈피는 액체에 존재하는 분자간 힘의 세기와 직접 관련되어 있다. 기화가 되려면 액체 표면으로부터 분자가 이탈되어야 하는데, 분자 간 인력이 강하면 분자를 자유롭게 하는 데 많은 에너지가 필요하게 되어 몰당 기화 엔탈피가 크게 될 것이다. 이러한 액체는 상대적으로 낮은 증기압을 갖게 된다. 옆의 그림은 액체의 평형 증기압이 온도에 따라 증가함을 보여주는 몇 가지 액체에 대한 예를 보여 준다. 액체의 증기압 P와 절대 온도 T 사이의 정량적인 관계는 다음과 같은 Clausius-Clapeyron 식으로 주어진다.

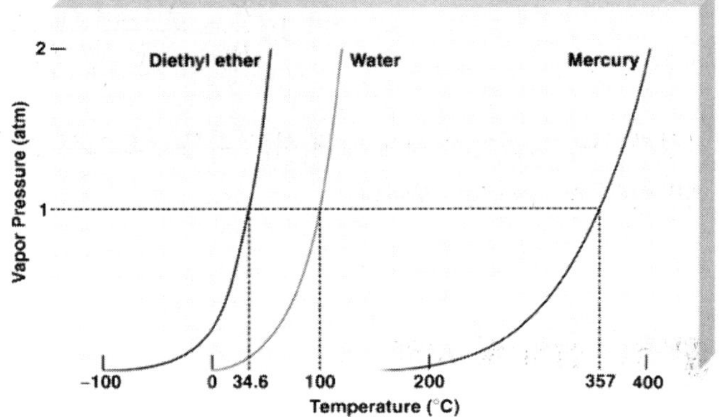

$$\ln P = -\frac{\Delta H_{vap}}{RT} + C \tag{9.1}$$

여기서 R은 기체 상수(8.314 J/K · mol)이고 C는 상수를 나타낸다.

몰당 기화 엔탈피를 알고 있는 경우, 한 온도에서 어떤 액체의 증기압을 알면 Clausius-Clapeyron 식을 이용하여 다른 온도에서의 증기압을 계산할 수 있다. 온도 T_1과 T_2에서의 증기압이 각각 P_1과 P_2라면, 식 9.1로부터

$$\ln P_1 = -\frac{\Delta H_{vap}}{RT_1} + C \tag{9.2}$$

$$\ln P_2 = -\frac{\Delta H_{vap}}{RT_2} + C \tag{9.3}$$

식 9.3에서 식 9.2를 빼면,

$$\ln P_1 - \ln P_2 = -\frac{\Delta H_{vap}}{RT_1} - \left(-\frac{\Delta H_{vap}}{RT_2}\right)$$
$$= \frac{\Delta H_{vap}}{R}\left(\frac{1}{T_2} - \frac{1}{T_1}\right)$$

따라서

$$\ln \frac{P_1}{P_2} = \frac{\Delta H_{vap}}{R}\left(\frac{1}{T_2} - \frac{1}{T_1}\right)$$

또는

$$\ln \frac{P_1}{P_2} = \frac{\Delta H_{vap}}{R}\left(\frac{T_1 - T_2}{T_1 T_2}\right) \tag{9.4}$$

마찬가지로, 특정한 액체에 대해 서로 다른 온도에서 증기압을 측정하면 그 액체의 몰당 기화 엔탈피를 알 수 있는 것이다.

3 장치 및 시약

수조, 진공 펌프, 압력 센서 및 진공게이지, 고무호스, 500 mL 가지달린 삼각 플라스크 2개, 고무마개 2개, 유리관, 스톱코크, 밸브 달린 깔때기(100 mL), 알코올 온도계, 헥산, 헵탄, 에탄올

4 실험 방법

① 액체의 증기압을 측정하기 위해서는 진공 용기에 액체를 주입할 수 있는 장치를 구성해야 한다. 그림 9.1은 실험 장치의 개략도를 나타낸 것으로 왼쪽은 감압 플라스크 A(vacuum trap 용)가 진공 호스에 의해 진공 펌프로 연결된 것을 보여 준다. 감압 플라스크 A는 진공 펌프 쪽으로 액체가 유입되는 것을 막는 역할을 함으로써 진공 펌프를 보호한다. 또한 플라스크 A는 진공 호스와 스톱코크 1(screw clamp)에 의해 플라스크 B와 연결되어 있다. 플라스크 B의 고무마개에는 두 개의 관이 사용되는데, 하나는 스톱코크2가 달린 깔때기가 연결되어 있고 다른 하나는 압력 센서가 연결되어 있다. 그림 9.1 장치의 모든 연결 부위는 새는 곳이 없도록 단단히 조여주어야 하며 고무마개와 플라스크 B 사이에 수분이 없도록 주의해야 한다.

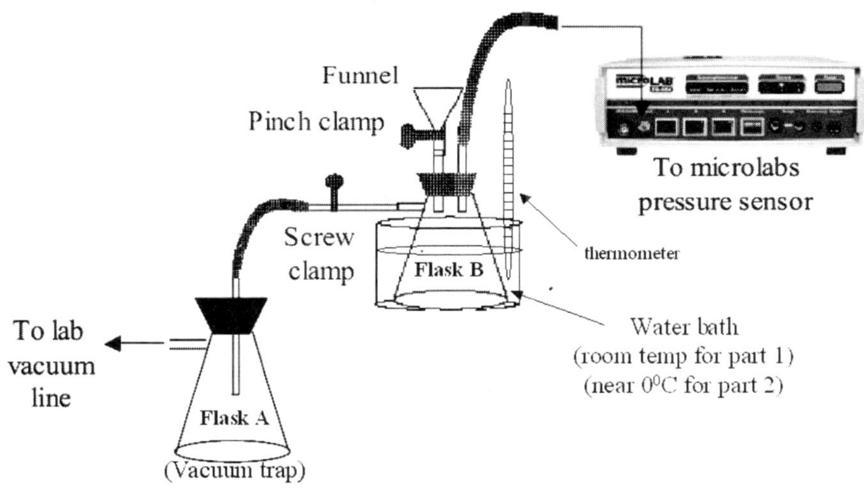

|그림 9.1| 증기압 측정 실험 장치

② 클램프를 이용하여 플라스크 B가 수조에 잠기도록 고정한다. 수조 안의 물의 온도를 측정하기 위해 알코올 온도계를 삽입하되 역시 클램프를 이용하여 위치를 고정해준다. 깔때기 아래의 스톱코크 1과 2를 잠금 상태로 유지한다.

③ 압력 센서와 연결된 진공게이지의 전원 스위치를 켠다.

④ **Part 1A: 상온에서 헥산의 증기압 측정(2회씩 측정):** 진공게이지의 전원 스위치를 켜서 작동을 확인하고 표시값이 약 760 Torr이 됨을 확인한다. 진공 펌프의 전원 스위치를 켜서 플라스크 A 내의 압력을 진공으로 만든다.

⑤ 약 5분 후 스톱코크 1을 서서히 열어서 플라스크 B 내의 압력이 진공이 되도록 하고 진공

게이지의 압력값이 감소하는 것을 관찰한다. 1 Torr 정도의 영역에서 압력이 더 이상 변하지 않고 일정한 값을 유지하면 스톱코크 1을 잠그고 압력을 세심히 관찰한다. 용기가 샐 경우 시간이 지남에 따라 압력이 서서히 증가할 것이다. 이 경우 대개 고무호스, 고무마개, 스톱코크와 연결된 부위의 틈새 때문이므로 조금 더 조여주어야 한다. 용기에 새는 부분이 없다면 수분 정도가 지나도 압력에는 변화가 없어야 한다. 이때의 압력은 상온에서 플라스크 B 내에 남아 있는 미량의 공기 압력 $(P_{air})_{rt}$에 해당한다. $(P_{air})_{rt}$값을 실험결과 및 자료처리의 표에 기록한다.

⑥ 약 2 mL의 헥산 시약을 깔때기에 넣는다. 이때 헥산의 증기를 들이마시지 않도록 조심해야 한다. 조심스럽게 스톱코크 2를 서서히 열어서 약간의 헥산 액체가 플라스크 B 속으로 들어가도록 한다. 헥산 액체가 매우 빨리 플라스크 속으로 들어가므로 주의를 기울여야 하며 약 0.5 mL 정도만 깔때기에 남도록 조절한 후 스톱코크 2를 닫는다. **만일 공기가 깔때기를 통해 들어갔다면 실험을 다시 해야 한다.** 진공 게이지의 압력값이 증가하다가 증기압이 평형에 도달하면 일정한 값 $(P_{TOT})_{rt}$을 나타낼 것이다. 이때 플라스크 B 속의 압력 $(P_{TOT})_{rt}$는 미량의 공기압 $(P_{air})_{rt}$와 헥산의 증기압 $(P_{hex})_{rt}$을 합한 값이라는 것을 알 수 있다. 진공게이지에 나타난 $(P_{TOT})_{rt}$의 값과 수조의 온도계값을 기록한다.

⑦ 헥산의 증기압을 다시 한 번 측정하기 위해 스톱코크 2를 서서히 열어서 깔때기 안에 남아 있는 헥산과 함께 공기가 플라스크 B 속으로 들어가도록 하고 플라스크 내의 압력이 대기압과 같도록 해준다. 플라스크 B의 가지달린 유리관과 연결된 고무호스를 분리하고, 플라스크 B의 고무마개를 열어서 플라스크 안에 있는 헥산을 폐기물 시약 통에 버린다. 플라스크 B를 물로 세척하지 말고 후드 속에서 압축 공기를 이용하여 플라스크 B 내에 남아 있는 액체를 말려준다. 실험이 반복하는 과정에서 플라스크 A는 세척할 필요가 없다.

⑧ **Part 1B & 1C: 상온에서 헵탄과 에탄올의 증기압 측정(각 2회씩 측정):** 헵탄과 에탄올을 이용하여 Part 1A의 과정을 상온에서 반복한다. 각 액체당 2회씩 측정하여 온도와 압력을 기록한다. 모든 액체는 반드시 폐기물 시약통에 버린다.

⑨ **Part 2: 0° C에서 헥산, 헵탄과 에탄올의 증기압 측정(각 2회씩 측정):** 플라스크 B를 압축공기로 충분히 말린 후 실험 장치를 다시 재조립한다. 수조에 얼음 조각을 채워서 온도계의 온도가 일정하게 될 때까지 기다린 후 수조의 온도를 측정하여 기록한다. 헥산, 헵탄과 에탄올을 이용하여 Part 1A의 과정을 2회씩 반복한다.

5 결과보고서 및 자료 처리

학년	학과	조번호	학 번	이 름	실험일자	공동실험자

① 상온과 0°C에서 헥산, 헵탄, 에탄올의 증기압

앞에서 설명하였듯이 깨끗한 플라스크 B를 진공 펌프에 연결하여 용기 안의 공기를 제거하여도 압력 게이지의 값은 0 Torr를 나타내지 않는다. 플라스크 안에 남아 있는 미량의 공기로 인한 바탕 압력(background pressure) $(P_{air})_{rt}$ 때문이다. 여기서 "rt"는 상온(room temperature)을 뜻한다. 특정 액체가 일단 플라스크 B로 유입되면 액체의 기화로 인한 증기의 압력 $(P_{vap})_{rt}$가 발생된다. Dalton의 분압 법칙을 적용하면, 상온에서 플라스크 B 내의 전체 압력 $(P_{TOT})_{rt}$는 용기 내 미량의 공기압과 액체의 증기압과 같다. 즉,

$$(P_{TOT})_{rt} = (P_{air})_{rt} + (P_{vap})_{rt} \tag{9.5}$$

$(P_{TOT})_{rt}$와 $(P_{air})_{rt}$ 값을 실험을 통해 구할 수 있으므로 $(P_{vap})_{rt}$는 식 9.6으로부터 얻을 수 있다.

$$(P_{vap})_{rt} = (P_{TOT})_{rt} - (P_{air})_{rt} \tag{9.6}$$

상온(T_2)에서 헥산의 증기압			
측정	1회	2회	평균
섭씨 온도(°C)			
켈빈 온도 T_2(K)			
진공상태에서 플라스크 B의 압력 $(P_{air})_{rt}$ (Torr)			
헥산 주입 후 플라스크 B의 압력 $(P_{TOT})_{rt}$ (Torr)			
$P_{vap2} = (P_{TOT})_{rt} - (P_{air})_{rt}$			

0 °C (T_1)에서 헥산의 증기압			
측정	1회	2회	평균
온도(°C)			
켈빈 온도 T_1(K)			
진공 상태에서 플라스크 B의 압력$(P_{air})_{T1}$ (Torr)			
헥산 주입 후 플라스크 B의 압력$(P_{TOT})_{T1}$ (Torr)			
$P_{vap1} = (P_{TOT})_{T1} - (P_{air})_{T1}$			

상온(T_2)에서 헵탄의 증기압			
측정	1회	2회	평균
섭씨 온도(°C)			
켈빈 온도 T_2(K)			
진공 상태에서 플라스크 B의 압력$(P_{air})_{rt}$ (Torr)			
헵탄 주입 후 플라스크 B의 압력$(P_{TOT})_{rt}$ (Torr)			
$P_{vap2} = (P_{TOT})_{rt} - (P_{air})_{rt}$			

0°C(T_1)에서 헵탄의 증기압			
측정	1회	2회	평균
온도(°C)=			
켈빈 온도 T_1(K)			
진공 상태에서 플라스크 B의 압력$(P_{air})_{T1}$ (Torr)			
헵탄 주입 후 플라스크 B의 압력$(P_{TOT})_{T1}$ (Torr)			
$P_{vap1} = (P_{TOT})_{T1} - (P_{air})_{T1}$			

상온(T_2)에서 에탄올의 증기압			
측정	1회	2회	평균
섭씨 온도(°C)			
켈빈 온도 T_2(K)			
진공 상태에서 플라스크 B의 압력$(P_{air})_{rt}$ (Torr)			
에탄올 주입 후 플라스크 B의 압력$(P_{TOT})_{rt}$ (Torr)			
$P_{vap2} = (P_{TOT})_{rt} - (P_{air})_{rt}$			

0°C(T_1)에서 에탄올의 증기압			
측정	1회	2회	평균
온도(°C)			
켈빈 온도 T_1(K)			
진공 상태에서 플라스크 B의 압력$(P_{air})_{T1}$ (Torr)			
에탄올 주입 후 플라스크 B의 압력$(P_{TOT})_{T1}$ (Torr)			
$P_{vap1} = (P_{TOT})_{T1} - (P_{air})_{T1}$			

② 몰당 기화 엔탈피(ΔH_{vap}) 계산

액체의 온도에 따른 증기압 (P_{vap})의 변화는 다음과 같이 Clausius–Clapeyron 식으로 표현된다.

$$\ln(P_{vap2}/P_{vap1}) = (\Delta H_{vap}/R)(1/T_1 - 1/T_2) \tag{9.7}$$

여기서 ΔH_{vap}는 몰당 기화 엔탈피 (J/mol)이며, R은 기체 상수($R = 8.314$ J/K · mol)이다. 위 식을 ΔH_{vap}에 대해 다시 정리하면 다음과 같다.

$$\Delta H_{vap} = [R \times \ln(P_{vap2}/P_{vap1})]/(1/T_1 - 1/T_2) \tag{9.8}$$

실험을 통해 헵탄의 증기압을 두 온도에서 측정하였으므로, 헵탄의 몰당 기화 엔탈피를 계산할 수 있다.

헥산의 몰당 기화 엔탈피 계산	
T_1의 평균 온도	K
T_2의 평균 온도	K
$1/T_1 - 1/T_2$	
헥산의 P_{vap1} 평균값	Torr
헥산의 P_{vap2} 평균값	Torr
$\ln(P_{vap2}/P_{vap1})$	
$R \times \ln(P_{vap2}/P_{vap1})$	
∴ $\Delta H_{vap} = [R \times \ln(P_{vap2}/P_{vap1})]/(1/T_1 - 1/T_2)$	J/mol

헵탄의 몰당 기화 엔탈피 계산	
T_1의 평균 온도	K
T_2의 평균 온도	K
$1/T_1 - 1/T_2$	
헵탄의 P_{vap1} 평균값	Torr
헵탄의 P_{vap2} 평균값	Torr
$\ln(P_{vap2}/P_{vap1})$	
$R \times \ln(P_{vap2}/P_{vap1})$	
∴ $\Delta H_{vap} = [R \times \ln(P_{vap2}/P_{vap1})]/(1/T_1 - 1/T_2)$	J/mol

에탄올의 몰당 기화 엔탈피 계산	
T_1의 평균 온도	K
T_2의 평균 온도	K
$1/T_1-1/T_2$	
에탄올의 P_{vap1}평균값	Torr
에탄올의 P_{vap2}평균값	Torr
$\ln(P_{vap2}/P_{vap1})$	
$R\times\ln(P_{vap2}/P_{vap1})$	
$\therefore\ \Delta H_{vap}=[R\times\ln(P_{vap2}/P_{vap1})]/(1/T_1-1/T_2)$	J/mol

 토론 및 질문

① 일정한 온도에서 물질에 따라 헥산, 에탄올, 물 등의 증기압이 다르다는 사실을 실험을 통해 확인하였다. 각 물질마다 작용하는 분자간 힘의 종류를 설명하고 증기압과 어떠한 연관이 있는지를 설명하시오.

② 아래의 Clapeyron 식을 이용하여 Clausius- Clapeyron 식 9.1을 유도하시오.

$$\frac{dp}{dT} = \frac{\Delta_{vap} H}{T \Delta_{vap} V}$$

 실험 시 주의사항

① 보안경을 반드시 착용한다.

② 시약이 손에 묻으면 즉시 물로 세척한다.

 참고 문헌

① Peter Atkins and Julio de Paula, '물리화학', 9판, 교보문고, 2010: 4장-순순한 물질의 물리적 변환.

② Raymond Chang, '일반화학', 10판, 사이플러스, 2011: 11장-분자간 힘과 액체 및 고체.

어는점 내림을 이용한 분자량 결정

1 실험 목적

이 실험에서는 용액의 어는점 내림과 총괄성을 이용하여 용질의 분자량을 결정한다.

2 실험 배경 및 원리

용액의 어는점은 용질의 몰랄 농도(용매 1000 g에 녹아 있는 용질의 몰수로 나타낸 농도), 용매의 몰 용융열과 분자량 등에 따라 달라진다. 보통 순수한 용액의 어는점은 용질을 가해주면 그 용질의 양에 비례해서 내려가는 것으로 알려져 있다. 따라서 가해준 용질의 질량을 알고 용매의 어는점이 내려가는 정도를 측정하면 용질의 분자량을 결정할 수 있다.

용매의 어는점은 용질의 양에 따라서 낮아지는데, 그 관계식은 다음과 같다.

$$\Delta T_{\mathrm{f}} = \frac{\mathrm{R}\,T_0 M_1}{1000\Delta H_{\mathrm{f}}} m \qquad \textbf{(10.1)}$$

여기서 ΔT_{f}는 어는점 내림, m은 용질의 몰랄 농도, ΔH_{f}의 몰 용해열, M_1은 용매의 분자량, T_0는 순수한 용매의 어는점, R은 기체 상수이다.

$$\begin{aligned}\mathrm{R} &= 8.314\,\mathrm{J\,K^{-1}\,mol^{-1}} \\ &= 0.0821\,\mathrm{L\,atm\,K^{-1}\,mol^{-1}}\end{aligned}$$

이 식은 이상 용액이거나 온도 변화가 작은 경우에만 유효하다. 식 10.1에 나타난 항들은 모두 용매에 의존하며 온도에는 무관하기 때문에 다음과 같이 쓸 수 있다.

$$\Delta T_{\mathrm{f}} = K_{\mathrm{f}} m \qquad \textbf{(10.2)}$$

K_{f}는 몰랄 어는점 내림 상수라고 부른다.

실험실에서는 정확히 용매 1000 g을 사용하는 것이 불편하기 때문에 다음과 같이 일반화된 형태로 바꾼다.

$$\Delta T_{\mathrm{f}} = \frac{K_{\mathrm{f}} W_2 1000}{M_2 W_1} \tag{10.3}$$

이 식에서 용매 W_1 g에 녹아 있는 용질(분자량 M_2)의 양이 W_2 g이다. 또한 식 10.3을 정리하면 다음과 같이 용질의 몰질량에 관한 식으로 나타낼 수 있다.

$$M_2 = \frac{K_{\mathrm{f}} W_2 1000}{\Delta T_{\mathrm{f}} W_1} \tag{10.4}$$

이 식이 바로 어는점 내림 법에 의한 분자량 계산에 쓰이는 식이다. 이 식을 이용하려면 용매 W_1 g에 용질 W_2 g을 녹여서 어는점 내림을 실험으로 측정하고 어는점 상수를 찾아 분자량을 계산한다. 몇 가지 순수한 용매의 어는점에 대한 몰랄 어는점 내림 상수의 값은 표 10.1에 나타냈으며 이 실험에서 쓰일 수 있다.

|표 10.1| 몇 가지 용매의 어는점과 몰랄 어는점 내림 상수

용 매	어는점 (°C)	K_f (°Cm^{-1})
물	0.00	1.86
벤젠	5.50	5.12
아세트산	16.7	3.90
나프탈렌	80.0	6.9
시클로헥산	6.5	20.0
P-디브로모벤젠	86.0	12.3

3 장치 및 시약

어는점 내림 측정 장치, 베크만(Beckmann) 온도계, 초시계, 피펫, 벤젠, 나프탈렌, 얼음 슬러리

4 실험 방법

실험 전 온도계 보정과 베크만 온도계를 보정한다.

① 다음 그림과 같이 실험 장치를 준비한다.

가. 순수한 벤젠의 어는점 측정

② 관의 크기에 알맞은 적당한 양의 용매(벤젠)를 피펫으로 취하여 장치 속에 넣고 베크만 온도계를 장착한다. 베크만 온도계를 사용하기 전에, 사용 방법과 주의사항을 충분히 숙지하도록 한다(**7. 실험 시 주의사항 참조).**

③ 벤젠이 들어 있는 시험관을 얼음물에 직접 담가서 벤젠의 어는점인 5.5 °C 보다 약 1 °C 높은 온도까지 냉각시킨 다음, 관을 잘 말려서 고무마개를 끼운 뒤 바깥 유리관(Air jacket) 속에 넣는다.

④ 온도는 20초마다 측정한다. 과냉각 현상(액체나 증기에 있어서 상전이가 일어날 수 있는 온도 이하로 냉각하여도 전이가 생기지 않고 원상을 유지하는 상태)이 생길 것이다. 온도가 일정하면 얼고 있다는 증거이다. 순수한 용매는 단일 성분계이므로 일정한 온도에서 고체-액체-기체가 평형을 이루게 된다. 서서히 냉각하면 처음에 과냉각되어 어는점 이하로 되지만 결정이 생기기 시작하면 온도가 상승하여 일정한 온도가 된다.

⑤ 어는점을 다시 측정했을 때 그 값은 먼저 값과 ±0.003°C 이내에서 서로 일치해야 한다. 온도를 읽을 때는 가끔 연필이나 볼펜으로 베크만 온도계를 톡톡 쳐서 수은이 벽에 달라붙지 않게 하고 어는점을 측정하는 동안에는 용매를 계속 저어준다. 순수한 용매의 어는점 측정을 2회 이상 반복한다.

나. 용액의 어는점 측정

⑥ 안쪽 시험관을 꺼내어 손으로 고체 상태의 용매를 따뜻하게 하여 녹인 후(얼어있는 상태이므로), 약 1.5°C 가량 어는점을 내리기에 충분한 양의 용질(나프탈렌)을 냉각기의 한쪽을 이용하여 용매에 넣는다.

⑦ 용질이 완전히 녹으면 어는점을 순수한 용매의 경우와 마찬가지로 측정한다. 순수한 용매의 경우(그림 (a))와는 달리, 용액은 일정한 어는점을 보여주지 않고 그림 (b)와 같은 곡선을 나타낸다. 과냉각이 심하지 않으면, 결정이 나타난 직후 온도가 올라가는 지점을 그 용액의 어는점으로 간주할 수 있다. 용액의 결정이 증가하면, 남아있는 액체 상태의 용액은

점점 농도가 진해지므로 어는점이 더 내려가게 된다. 이 현상은 공융점(eutectic point)에 도달하여 용액 전체가 고체가 될 때까지 일어난다. 그러나 이 실험에서 필요한 어는점은 최초의 어는점이다.

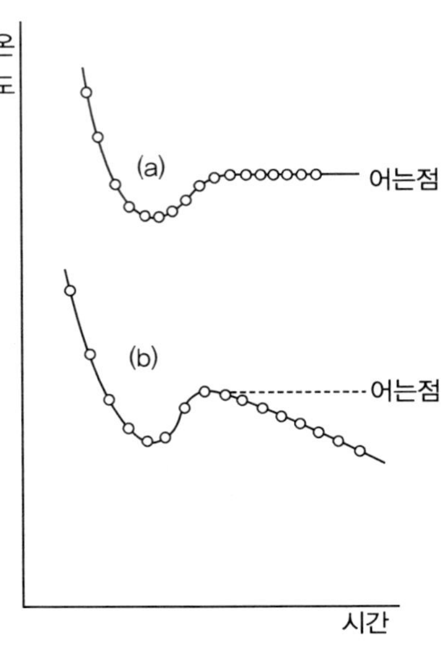

⑧ 과냉각이 너무 심할 때는 미량의 순수한 용매 결정을 넣어 결정의 씨가 되도록 해도 된다. 용액의 어는점 측정을 2회 이상 반복한다.

5 결과보고서 및 자료 처리

학년	학과	조번호	학 번	이 름	실험일자	공동실험자

실험에서 결정된 분자량은 이미 알려져 있는 분자량과 3% 내외로 맞아야 한다. 용매의 질량을 계산하기 위해서는 용액의 질량을 직접 측정하거나 그 부피와 밀도를 이용한다. 특히, 실험에서 얻어진 냉각 곡선을 직접 그려보는 것이 실험이 제대로 진행되었는지를 확인하는 데 유용하다. 약간의 경험만 있다면 학생들은 쉽게 최초의 어는점을 관찰할 수 있다.

이 실험은 정밀도에 대한 개념을 연습하는 데 적당하다. 실험에 사용한 각 기구들의 정밀도는 얼마인가? 그렇다면 사용하는 모든 기구들에 대해서 최고의 정밀도로 측정할 필요가 없다는 것을 알게 된다.

① 순수한 Benzene의 어는점 측정(20초 간격)

<table>
<tr><td rowspan="3">1차 측정
온도(°C)</td><td></td><td></td><td></td><td></td><td></td><td></td><td></td><td></td><td></td><td></td><td></td><td></td><td></td></tr>
<tr><td></td><td></td><td></td><td></td><td></td><td></td><td></td><td></td><td></td><td></td><td></td><td></td><td></td></tr>
<tr><td></td><td></td><td></td><td></td><td></td><td></td><td></td><td></td><td></td><td></td><td></td><td></td><td></td></tr>
<tr><td rowspan="3">2차 측정
온도(°C)</td><td></td><td></td><td></td><td></td><td></td><td></td><td></td><td></td><td></td><td></td><td></td><td></td><td></td></tr>
<tr><td></td><td></td><td></td><td></td><td></td><td></td><td></td><td></td><td></td><td></td><td></td><td></td><td></td></tr>
<tr><td></td><td></td><td></td><td></td><td></td><td></td><td></td><td></td><td></td><td></td><td></td><td></td><td></td></tr>
</table>

② 용액의 어는점 측정(20초 간격)

<table>
<tr><td rowspan="4">1차 측정
온도(°C)</td><td></td><td></td><td></td><td></td><td></td><td></td><td></td><td></td><td></td><td></td><td></td><td></td><td></td></tr>
<tr><td></td><td></td><td></td><td></td><td></td><td></td><td></td><td></td><td></td><td></td><td></td><td></td><td></td></tr>
<tr><td></td><td></td><td></td><td></td><td></td><td></td><td></td><td></td><td></td><td></td><td></td><td></td><td></td></tr>
<tr><td></td><td></td><td></td><td></td><td></td><td></td><td></td><td></td><td></td><td></td><td></td><td></td><td></td></tr>
<tr><td rowspan="4">2차 측정
온도(°C)</td><td></td><td></td><td></td><td></td><td></td><td></td><td></td><td></td><td></td><td></td><td></td><td></td><td></td></tr>
<tr><td></td><td></td><td></td><td></td><td></td><td></td><td></td><td></td><td></td><td></td><td></td><td></td><td></td></tr>
<tr><td></td><td></td><td></td><td></td><td></td><td></td><td></td><td></td><td></td><td></td><td></td><td></td><td></td></tr>
<tr><td></td><td></td><td></td><td></td><td></td><td></td><td></td><td></td><td></td><td></td><td></td><td></td><td></td></tr>
</table>

③ **냉각 곡선**의 모양 및 과냉각의 정도를 조사하기 위해 냉각 곡선을 도시하고 어는점을 결정하시오.

④ **실험에서 사용된 물질의 분자량 계산:**
식 10.4를 이용

6 토론 및 질문

① 순수한 액체에 들어간 미지 시료의 분자량을 어는점의 차이를 통해 알아낼 수 있다.

② 미지 시료를 다른 것으로 바꾸어 실험해 본다.

③ 바깥 유리관(Air jacket)을 이용하여 시험관 용액을 냉각시키는 이유는 무엇인가?

7 실험 시 주의사항

베크만 온도계를 온도에 민감하기 때문에 측정할 때 주의와 집중을 해야 한다. 또한 측정할 때 온도계에 자극을 주지 않으면 온도가 어는점 이하로 떨어지는 과냉각 현상이 발생되므로 주의해야 한다.

베크만 온도계의 사용법:

■ **베크만 온도계 영점 셋팅 방법**

1. 베크만 온도계의 제일 아래쪽 수은 구를 물중탕으로 가열하여 수은주가 상단의 수은조(a)까지 오르도록 한다.
2. 조심스럽게 온도계를 꺼내어 재빨리 거꾸로 하여 수은조의 수은 덩어리(b)를 수은주의 상단의 수은에 달라붙도록 기울인다.
3. 용매의 내림 점 예상 온도보다 2~3°C 높은 온도로 낮추고 중탕으로 유지시키고 베크만 온도계를 담근다. 예를 들어 5°C 인접 온도에서 측정을 한다면 7~8 °C로 중탕을 유지시킨다.
4. 베크만 온도계를 거꾸로 하여 수은주 상단에 붙어 있는 수은조(a)의 수은을 손톱을 이용하여 톡톡 쳐서 수은 덩어리를 떨어뜨린다.
5. 떨어진 수은을 유리코일의 반대편(c)으로 보내어 다시 수은주에 달라붙지 않도록 한다.
6. 다시 온도를 측정하고자 하는 인접 온도로 낮추고 베크만 온도계의 수은주가 눈금의 범위 안에 들어오도록 하고 다시 중탕으로 온도를 일정하게 유지 한다.
7. 표준 온도계(d)의 눈금을 정확히 읽고 베크만 온도계의 눈금을 읽는다.
9. 베크만 온도계에서 새로 측정된 온도()가 측정되면 다음과 같이 해석한다.

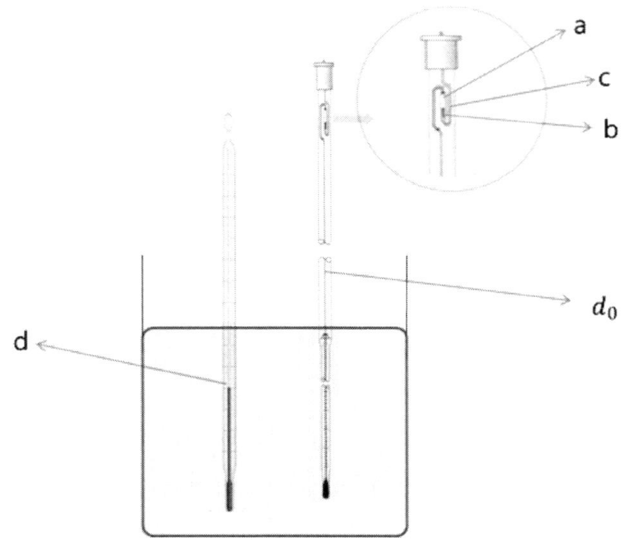

■ 해석

베크만 온도계의 수은은 팽창과 수축률은 온도에 따라 높은 온도에서 더 작다. 게다가 온도계의 유리는 온도가 높으면 팽창하여 수은의 팽창률이 적어지기 때문에 결과적으로 수은 기둥의 눈금변화는 더욱 줄어들게 된다. 따라서 다음 식으로 보정하면 된다.

$$d = \frac{d_0}{1 - a(t - t_0)}$$

여기서, d = 보정된 온도
d_0 = 베크만 온도계의 수치
a = 유리의 팽창계수(1/6370)
t = 표준 온도
t_0 = 기준 온도(16°C)

8 참고 문헌

① Peter Atkins and Julio de Paula, '물리화학', 9판, 교보문고, 2010: 5장-단순 혼합물.

실험 11

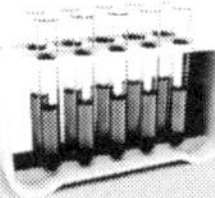

용액의 삼투압

1 실험 목적

삼투압은 용액의 농도와 온도에 따라 다르다. 이 실험을 통해 농도와 삼투압의 관계 및 온도와 삼투압과의 관계를 관찰하고, 결과를 통해 삼투압의 특성을 이해한다.

2 실험 배경 및 원리

농도가 다른 두 용액이 반투막을 통해 접해 있을 경우 농도가 같게 되도록 묽은 용액에 있는 물 분자가 진한 용액 쪽으로 이동해 간다. 이동해 가는 물의 양은 진한 용액의 농도에 비례한다. 그러므로 이로 인해 생기는 압력 차이를 삼투압이라고 한다. 또한 삼투압은 용액의 온도에 비례한다. 이 두 관계를 하나의 식으로 정리하면 다음과 같다.

$$\pi = CRT \tag{11.1}$$

이 실험을 반트 호프(van't Hoff)의 법칙이라고 하며 일반적으로 비휘발성이고 비전해질인 용질이 녹아 있는 묽은 용액의 삼투압은 용매나 용질에 관계없이 용액의 몰농도(C)와 절대 온도(T)에 비례한다.

3 장치 및 시약

삼투압 시험관, 반투막, 반투막 고정용 고무줄, 실리콘 고무마개, 증류수, 식용 색소, 200 mL 부피 플라스크 4개, 비커, 10 mL 피펫 또는 주사기, 항온조, 자, 설탕, $CaCl_2$, 마그네틱 바, 교반기

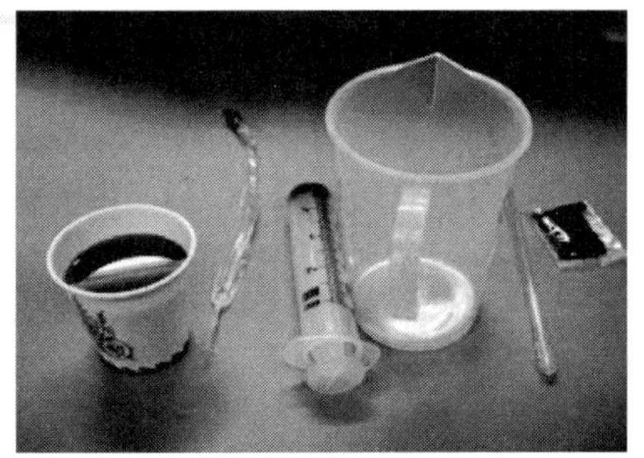

4 실험 방법

가. 실험 1 농도와 삼투압 실험

① 삼투압 시험관의 한쪽 끝을 반투막으로 덮은 다음 고무링 또는 고무줄로 꼭 막는다. 나사선 홈이 있으니 이용해서 새지 않도록 단단히 고정한다. 그 반대쪽 또한 잘 묶어서 주머니가 되도록 하고 새지 않도록 한다.

자작 실험 기구

고무밴드를 이용해
나사선에 묶음

원통형 반투막
(물에 적신 후 제작)

묶음
(샐 수 있는 우려가 많아
제작시 유의해야 할 부분)

② 4개의 200 mL 부피 플라스크에 0.5와 1.0 몰농도의 설탕물, 염화칼슘 수용액을 만들고 식용색소를 2 방울 넣은 후 마그네틱 바를 넣어 교반기를 이용해 잘 섞는다.

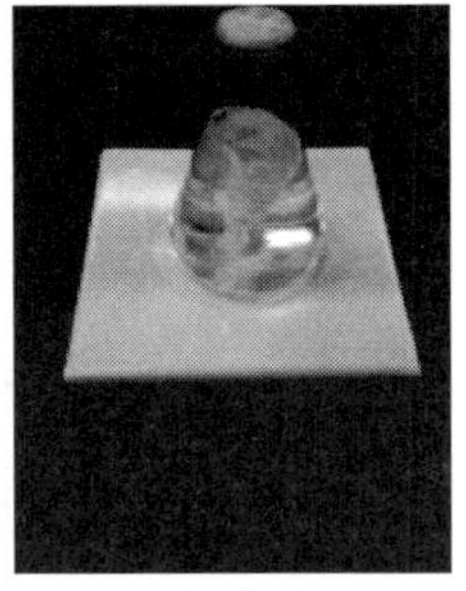

③ 피펫을 이용하여 위에서 제조한 4가지의 설탕물, 염화칼슘 수용액을 반투막이 씌워진 삼투압 시험관에 넣는다. 이때 반투막을 가득 채우고 수용액의 눈금이 시험관에 약 1/10 정도 올라오게 한다. 용액을 넣은 시험관을 스탠드에 고정시킨다.

④ 반투막이 모두 잠길 수 있도록 비커에 물을 채운다. 삼투압 시험관을 높이 조절하여 반투막 전체가 비커에 잠길 수 있도록 해주고 스탠드와 클램프를 이용하여 고정한다.

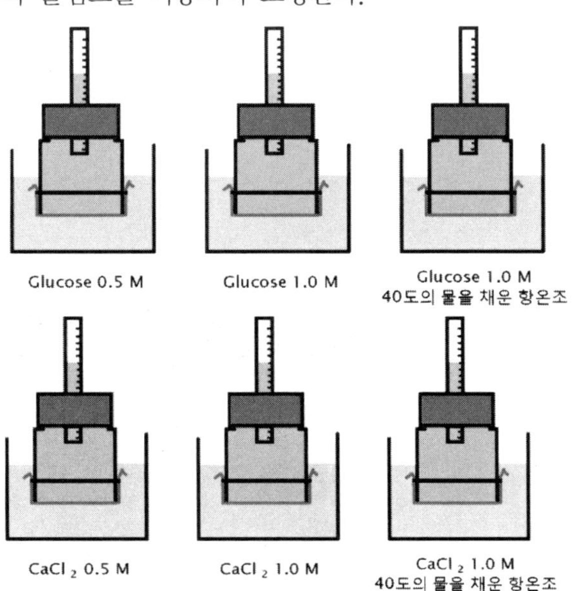

⑤ 시간에 따라 용액의 높이 변화를 관찰하여 기록한다.

⑥ 삼투압 시험관의 용액을 모두 버리고 증류수로 여러 차례 헹군다.

나. 실험 2 온도와 삼투압과의 관계

⑦ 온도와 삼투압과의 관계를 알아보기 위해 이 실험에서는 두 개의 삼투압 시험관에 1.0 몰농도의 용액을 사용하여 ③-⑤의 과정을 반복한다.

⑧ 두 개의 삼투압 시험관을 40°C로 설정한 항온조에 넣고 시간에 따른 용액의 높이 변화를 관찰하여 기록한다.

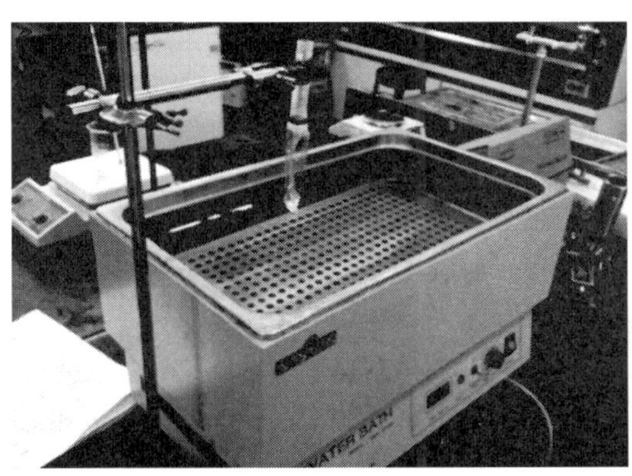

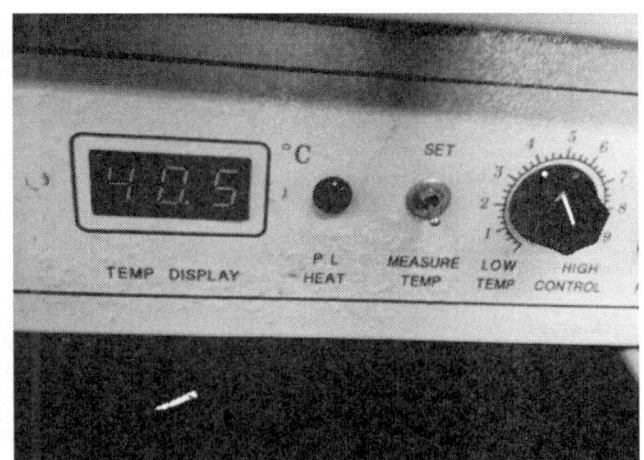

5 결과보고서 및 자료 처리

학년	학과	조번호	학 번	이 름	실험일자	공동실험자

가. 실험에서 시간당 눈금의 높이 차이를 적어보시오.

	A 시험관 Glucose 0.5 M	B 시험관 Glucose 1.0 M	C 시험관 $CaCl_2$ 0.5 M	D 시험관 $CaCl_2$ 1.0 M
5분 후	mm	mm	mm	mm
10분 후	mm	mm	mm	mm
15분 후	mm	mm	mm	mm

나. 40도 항온조 실험에서 시간당 눈금의 높이 차이를 적어보시오.

	A 시험관 Glucose 1.0 M 40도 항온조	B 시험관 $CaCl_2$ 1.0 M 40도 항온조
5분 후	mm	mm
10분 후	mm	mm
15분 후	mm	mm

6 토론 및 질문

① (가) 실험의 결과에 대한 원인을 설명하시오.

② (가) 실험의 결과로부터 비전해질과 전해질 용액의 삼투압 특성을 설명하시오.

③ (나) 실험의 결과로부터 온도와 삼투압과의 관계를 설명하시오.

7 실험 시 주의사항

① 반투막이 찢어지거나 새지 않도록 잘 막는다.

8 참고 문헌

① Peter Atkins and Julio de Paula, '물리화학', 9판, 교보문고, 2010: 5장-단순 혼합물.

실험 12

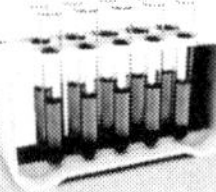

액체-액체 상평형

1 실험 목적

2성분 계 용액의 부분 혼화, 즉 온도와 상대적인 조성에 따라 용액의 섞이는 정도가 다른 액체-액체 계의 온도-조성 상평형 그림을 이해한다.

2 실험 배경 및 원리

헥산(C_6H_{14})과 니트로벤젠($C_6H_5NO_2$)은 온도와 조성에 따라 부분적으로 섞이는 부분 혼화 액체(partially miscible liquid)의 전형적인 예이다. 그림 12.1은 1 기압 조건에서 헥산과 니트로벤젠에 대한 온도-조성 상평형 그림이다. 액체-증기 상평형 그림과 마찬가지로 해석할 수 있다. 평형 상태의 계에 대하여 상 규칙(phase rule)은 다음과 같다.

$$F = C - P + 2\text{이고,}$$

여기서 F는 자유도, C는 독립성분의 수, P는 상의 수이다. 헥산과 니트로벤젠의 혼합 용액인 경우 성분의 수 $C = 2$이다. 그런데 압력이 일정한 조건일 경우, 위 식에서 자유도가 한 가지 줄어들어야 하므로

$$F = C - P + 1\text{이 된다.}$$

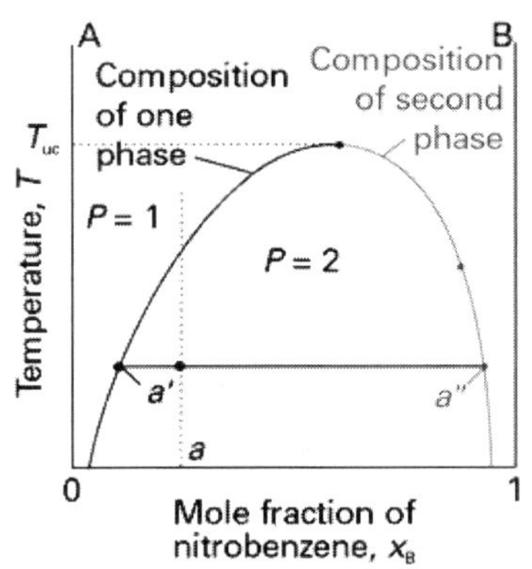

|그림 12.1| 1 기압에서 헥산과 니트로벤젠에 대한 온도-조성 상평형 그림

예를 들어 $P = 2$이면 $C = 2$이므로 $F = 1$이고, 따라서 계의 온도를 고정해주면 부분 혼화 액체상의 조성이 결정된다. 한편 $P = 1$일 때 (즉 두 액체가 하나의 상으로 완전히 혼합되는 상태)는 온도와 조성을 둘 다 조절할 수 있음을 의미한다. 어떤 온도 T'에서 소량의 액체 B를 다른 액체 A에 가해보자. 그러면 두 액체는 완전히 용해되어 2성분 계가 단일상을 이룰 것이다. B를 계속해서 가해주면 더 이상 용해되지 않는 단계

에 도달하게 되어 이 계는 두 개의 상을 갖게 되는데($P = 2$), 하나는 A 속에 B가 포화된 용액이고, 다른 하나는 소량의 B 속에 A가 포화되어 있는 용액이다. 그림 12.1의 온도-조성 상평형 그림에서 전자의 조성은 점 a'으로 표시되고 후자의 조성은 점 a"으로 표시된다. 그리고 두 상의 상대적인 양은 지렛대 규칙으로 주어진다.

B를 계속해서 더 가하면 A가 그 속으로 약간 녹아 들어간다. 이 두 상의 평형 조성은 여전히 a'과 a"인데, 이것은 P=2이므로 F=0가 되며, 따라서 고정된 온도와 압력 하에서는 상들의 조성이 불변이기 때문이다. 그러나 한 상의 양은 다른 상을 흡수하면서 증가한다. B를 충분히 가해주면 마침내 A가 그 속으로 전부 녹아 들어가서 계가 다시 단일상으로 되돌아간다. 여기서부터는 B를 더 가해도 용액이 묽어지기만 하고 계는 단일상을 유지한다.

평형을 이루고 있는 두 상의 조성은 온도에 따라 달라진다. 헥산과 니트로벤젠의 경우에는 온도가 올라가면 두 성분의 혼합성이 증가한다. 따라서 각 상들은 평형 상태에서 상대방 액체를 더 많이 포함하게 되므로, 즉 A가 주가 되는 상 속에는 B가 더 많이 들어가고 또 B가 주가 되는 상 속에는 A가 더 많이 들어가므로 2상 영역이 좁아진다. 여러 온도에서 이러한 실험을 반복하고 2상 영역의 경계를 그리면 전체적인 상평형 그림을 얻을 수 있다.

예를 들어, 290 K에서 50 g의 헥산(0.58 mol)과 50 g의 니트로벤젠(0.41 mol)의 혼합물을 만들었을 때, 두 상의 조성과 상대적인 양을 오른쪽 그림 12.2를 이용하여 구해보자. 니트로벤젠의 몰분율은 다음과 같이 구할 수 있다.

$$x_N = \frac{n_N}{n_N + n_H} = \frac{0.41}{(0.41 + 0.58)} = 0.41$$

여기서 n_N과 n_H는 각각 니트로벤젠과 헥산의 몰수이다.

x_N=0.41인 수직선과 T=290 K인 수평선이 만나는 점은 그림에서 알 수 있듯이 두 상이 존재하는 영역이다. 수평 맺음선(tie line)은 x_N=0.35와 x_N=0.83에서 상 경계와 교차하며, 따라서 이들이 두 상의 조성이 된다. 각 상이 차지하는 양의 비는 거리 l_a와 l_b의 비와 같다. 즉

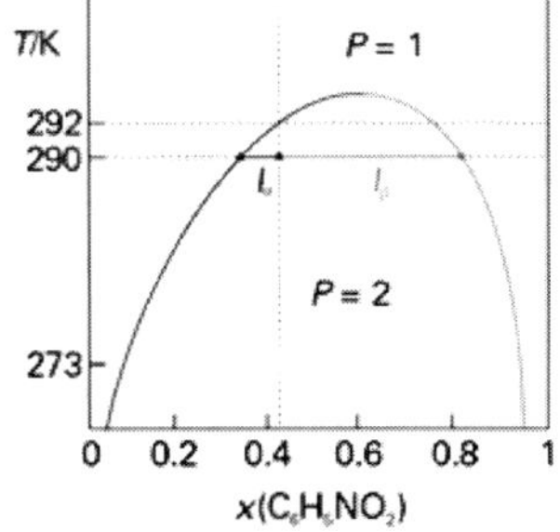

|그림 12.2| 헥산과 니트로벤젠의 상 평형 그림의 해석

$$\frac{n_\alpha}{n_\beta} = \frac{l_\beta}{l_\alpha} = \frac{0.83 - 0.41}{0.41 - 0.35} = 7$$

즉, 헥산이 주가 되는 용액이 니트로벤젠이 주가 되는 용액의 약 7배가 된다. 292 K로 가열하면 용액은 1개의 상만이 존재하게 된다.

3 장치 및 시약

스탠드, 뷰렛 클램프, 10 mL 뷰렛, 항온조, 알코올 온도계, 시험관 지지대, 외경 18 mm × 높이 150 mm 시험관 4개, 실리콘 시험관 마개, 10 mL 피펫 2개, 전자 저울, 헥산, 니트로벤젠, 얼음

4 실험 방법

① 그림 12.3과 같이 실험 장치를 준비한다. 표 12.1과 같이 헥산/니트로벤젠 혼합물을 조성을 달리하여 4개의 시험관에 준비한다. (헥산과 니트로벤젠의 몰질량은 각각 86.18 g/mol과 123.06 g/mol이고 헥산과 니트로벤젠의 밀도는 각각 0.6548 g/cm^{3}과 1.199 g/cm^{3}이다.)

|그림 12.3| 부분 혼화 액체 실험 장치

② 시험관 스탠드에 4개의 시험관을 준비하고 유성 팬으로 1 ~ 4까지의 번호를 표시한다. 표 1의 순서대로 밀도를 고려하여 피펫으로 헥산과 니트로벤젠의 정확한 부피를 취하여 넣는다. 모든 시험관의 액체가 단일상의 맑은 용액이 형성되었는지 확인한다. 시험관을 코르크 마개로 막고 액체 혼합물 부분이 항온조의 물속에 잠기게 한다.

|표 12.1| 헥산-니트로벤젠 혼합물

혼합물	헥산의 부피(mL)	니트로벤젠의 부피(mL)
1	17.5	3.4
2	15.3	5.1
3	13.2	6.8
4	8.8	10.3

③ 항온조 물의 온도가 25°C 이상일 경우 과정 ⑤를 수행한다.

④ 항온조 물의 온도가 25°C 이하일 경우, 항온조의 전원 스위치와 히터 스위치를 켜서 물의 온도를 30°C 정도가 되도록 시험관을 약간 가열한 후 항온조의 히터 스위치를 끄고 수조의 물이 서서히 냉각되도록 한다.

⑤ 얼음 조각을 넣고 수조의 물이 순환되도록 하여 시험관을 서서히 냉각한다.

⑥ 항온조의 온도가 내려감에 따라 각 시험관 용액이 두 개의 상으로 분리될 때(용액이 혼탁해지고 뚜렷한 분리층이 생김)의 온도를 세밀히 관찰하여 기록한다.

 결과보고서 및 자료 처리

학년	학과	조번호	학 번	이 름	실험일자	공동실험자

표 12.2의 빈 칸을 채워서 5가지 시험관 혼합물에 대한 니트로벤젠의 몰분율을 계산한다.

|표 12.2| 헥산-니트로벤젠 혼합물

혼합물	헥산의 부피 (mL)	니트로벤젠의 부피 (mL)	헥산의 질량 (g)	니트로벤젠의 질량 (g)	헥산의 몰수 (mol)	니트로벤젠의 몰수 (mol)	니트로벤젠의 몰분율 x_{NB}
1	17.5	3.4	g	g	mol	mol	
2	15.3	5.1	g	g	mol	mol	
3	13.2	6.8	g	g	mol	mol	
4	8.8	10.3	g	g	mol	mol	

혼합물의 조성 즉 니트로벤젠의 몰분율에 따른 상의 분리 온도를 그래프로 작성한다. 실험 결과의 그래프가 그림 12.2와 같은 결과를 얻었는지를 확인한다.

6 토론 및 질문

① 290 K에서 50 g의 헥산(0.59 mol)과 50 g의 니트로벤젠(0.41 mol)의 혼합물을 만들었다. 두 상의 조성은 어떻게 되며, 또 이들의 비율은 어떻게 되겠는가? 또 단일상을 얻으려면 이 혼합물의 온도를 얼마로 올려야 하겠는가? 그림 12.2를 참고하시오.

7 실험 시 주의사항

① 보안경을 반드시 착용한다.

② 시약이 손에 묻으면 즉시 물로 세척한다.

③ 시험관의 시약은 폐 시약 보관통에 버린다.

④ 시험관과 피펫을 물로 씻어 말린 후 기구 장에 보관한다.

⑤ 시험관 시약의 증기를 코로 직접 흡입하지 않도록 주의한다.

8 참고 문헌

① Peter Atkins and Julio de Paula, '물리화학', 9판, 교보문고, 2010: 5장–단순 혼합물.

— 실험 13 —

부분 혼화 액체의 용해도

1 실험 목적

2성분계 용액의 부분 혼화, 즉 용액이 섞이는 정도가 온도와 상대적인 조성에 따라 달라지는 현상을 물리화학적 측면에서 이해한다.

2 실험 배경 및 원리

서로 다른 조성을 갖는 페놀과 물의 혼합물을 만들어 항온조 속에 넣고, 혼합물이 완전히 섞일 때까지 항온조에 들어있는 물의 온도를 올려준다. 혼합물을 서서히 냉각시키면 특정한 온도에서 두 가지 상(phase)이 형성되는 것을 혼탁도(turbidity)로 확인할 수 있다. 혼합물의 조성에 따라 상이 분리되는 온도를 그래프로 그리면 용해도 도표를 얻을 수 있다.

액체 혼합물은 고유한 증기압을 가지는 두 가지 이상의 물질이 균일하게 섞여 있는 상태이다. 두 액체는 완전히 섞일 수도 있고 단지 일부만 섞일 수도 있다. 두 성분 사이의 반데르발스 힘이 동일한 분자들 사이의 작용하는 힘보다 작을 경우 액체 혼합물의 증기압은 증가한다. 이것은 액체 혼합물 상태에서 분자들 간의 인력이 작아 배열에서 쉽게 이탈할 수 있기 때문이다.

상온에서 페놀과 물 혼합물의 경우, 페놀 속에 28%까지 물이 용해될 수 있으며 반대로 물에는 최대 8%까지 페놀이 녹을 수 있다. 온도가 증가할수록 이 값도 증가하는데, 68.8°C가 되면 두 물질이 완전히 섞인다. 이때의 온도를 임계 용해 온도라 한다(그림 13.1). 곡선의 왼쪽 부분은 물속에 페놀이 녹아 있는 상태이며, 오른쪽 부분은 페놀 속에 물이 녹아 있는 상태이다. 곡선의 안쪽 부분은 두 액체상이 존재하는 영역으로 조성은 온도의 수평선과 곡선

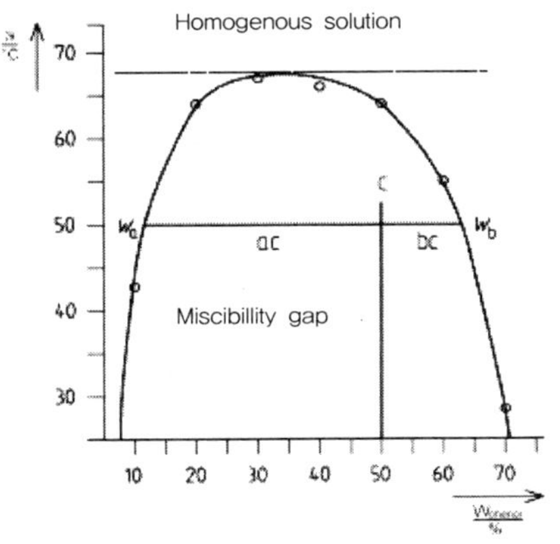

|그림 13.1| 페놀–물의 용해도 그림

이 만나는 점으로부터 알 수 있다. 예를 들어 50°C에서 페놀과 물이 무게 비로 1:1(W_{phenol}=50)로 섞여 있는 경우(점 C), 두 액체 상, 즉 물속에 12%의 페놀이 녹아있는 상 I과 페놀 속에 물이 36 % 녹아있는 상 II이 형성된다. 또한 두 액체 상의 상대적인 무게 비는 지렛대 법칙을 이용하여 알아낼 수 있다. 즉, 상 I과 상 II의 질량은 초기 조성(점 C)으로부터 온도 수평선이 용해도 곡선과 만나는 점까지의 거리에 반비례한다(그림 13.1 참조).

$$\frac{w_b}{w_a} = \frac{ac}{bc} \tag{13.1}$$

3 장치 및 시약

스탠드, 클램프, 항온조, 알코올 온도계, 시험관 지지대, 직경 18 mL × 높이 150 mm 시험관 8 개, 14/18 mm 시험관 고무마개, 10 mL 피펫, 150 mL 비커, 깔때기, 전자 저울, 페놀, 증류수

4 실험 방법

① 오른쪽 그림과 같이 실험 장치를 준비한다. 표 13.1을 참조하여 조성이 다른 페놀/물 혼합물을 7개의 시험관에 준비한다.

|표 13.1| 페놀-물 혼합물

혼합물	페놀의 무게(g)	물의 무게 (g)	페놀의 질량 백분율 W_{phenol} (%)	페놀의 몰수 (mol)	물의 몰수 (mol)	페놀의 몰분율 x_{phenol}
1	1.00	9.00	10			
2	2.00	8.00	20			
3	3.00	7.00	30			

혼합물	페놀의 무게(g)	물의 무게 (g)	페놀의 질량 백분율 W_{phenol} (%)	페놀의 몰수 (mol)	물의 몰수 (mol)	페놀의 몰분율 x_{phenol}
4	4.00	6.00	40			
5	5.00	5.00	50			
6	6.00	4.00	60			
7	7.00	3.00	70			

② 7개의 빈 시험관에 유성펜으로 1부터 7까지 번호를 표시하여 시험관 지지대에 놓는다. 표 13.1의 순서대로 전자 저울을 이용하여 페놀(고체 상태)의 무게를 재어 시험관에 넣는다. (페놀은 상온에서 고체이므로 이용 시에 약수저로 긁어내어 사용하도록 한다). 10 mL 용량의 피펫을 이용하여 표 13.1의 순서대로 증류수를 채운다. 시험관 안의 물과 페놀이 잘 섞이는지 확인한다. 물의 밀도는 1.00 g/cm^{3}로 간주한다. 각각의 시험관을 실리콘 마개로 막고 시험관 지지대를 항온조에 옮긴 후 시험관 내의 액체 혼합물이 항온조의 물속에 잠기게 한다. 항온조의 전원 스위치와 히터 스위치를 키고 물의 온도를 75°C로 지정하여 시험관을 가열한다. 가열하는 동안 가끔씩 시험관의 고무마개를 열어서 과량의 증기가 배출되도록 해주고 균일하게 섞이도록 시험관을 흔들어 준다.

〈페놀과 물 혼합물 시험관〉

〈75°C 가열 후 섞인 시험관〉

③ 모든 시험관의 액체가 단일상의 맑은 용액이 형성되면, 항온조의 히터 스위치를 끄고 냉각 기능을 작동시킨다. 냉각 기능이 없는 경우 얼음 조각을 넣어준다. 항온조의 온도가 내려감에 따라 각 시험관 용액이 두 개의 상으로 분리될 때(용액이 혼탁해지고 뚜렷한 분리 층이 생김)의 온도를 세밀히 관찰하여 기록한다.

결과보고서 및 자료 처리

학년	학과	조번호	학 번	이 름	실험일자	공동실험자

혼합물의 조성 즉 페놀의 질량 백분율에 따른 상의 분리 온도를 그림 13.1과 같이 그래프로 작성한다.

6 토론 및 질문

① 실험에서 얻어진 용해도 도표가 그림 13.1의 결과와 유사하게 얻어졌는지 확인하고 차이가 많다고 느낀다면 그 이유를 설명하시오.

7 실험 시 주의사항

① 보안경을 반드시 착용한다.

② 시약이 손에 묻으면 즉시 물로 세척한다.

③ 시험관의 시약은 폐 시약 보관통에 버린다.

④ 시험관과 피펫을 물로 씻어 말린 후 기구장에 보관한다.

8 참고 문헌

① Peter Atkins and Julio de Paula, '물리화학', 9판, 교보문고, 2010: 5장-단순 혼합물.

실험 14

탄산수소나트륨의 열분해

1 실험 목적

탄산수소나트륨 고체의 열분해를 통해 화학 반응을 정량적으로 기술하고 열역학적 특성을 이해하며, 산-염기 반응 과정을 규명한다.

2 실험 배경 및 원리

- 물질의 열역학 자료를 이용하여 고체의 열분해 온도를 예측한다.
- 열역학 자료를 이용하여 고체의 용해도를 예측하고 용액의 pH를 이해한다.
- 수용액의 산-염기 반응을 이해한다.

탄산수소나트륨을 가열하면 분해 반응에 의해 탄산나트륨과 수증기, 그리고 이산화탄소가 발생한다.

$$2NaHCO_3(s) \dashrightarrow Na_2CO_3(s) + H_2O(g) + CO_2(g)$$

위 반응이 자발적으로 일어나려면 깁스 자유에너지 값이 0보다 같거나 작아야 한다.

$$\Delta_r G^{\ominus} \leq 0$$

또한

$$\Delta_r G^{\ominus} = \Delta_r H^{\ominus} - T\Delta_r S^{\ominus} \text{ 이므로}$$

분해 반응이 자발적으로 일어나기 위한 온도는 다음과 같이 구할 수 있다.

$$\Delta_r G^{\ominus} = \Delta_r H^{\ominus} - T\Delta_r S^{\ominus} = 0 \quad \Rightarrow \quad T_{\text{분해}} = \frac{\Delta_r H^{\ominus}}{\Delta_r S^{\ominus}}$$

따라서 분해 반응의 엔탈피 $\Delta_r H^{\ominus}$ 값이 클수록 분해 온도는 높다는 것을 알 수 있다.

3 장치 및 시약

탄산수소나트륨, pH 미터, 내열성 시험관 2개, 고무호스, 만능지시약, 비커, 알코올램프, 석회수, 유리관, 클램프, 깔때기, 거름종이, 유리막대

4 실험 방법

① 석회수 수용액의 제조: 200 mL 비커에 100 mL의 증류수를 넣고 약 두 스푼 정도(약 1.0 g)의 수산화칼슘 [$Ca(OH)_2$]을 물에 넣어 교반기로 약 5분 정도 저어 충분히 녹여준다. 깔때기와 거름종이를 이용하여 포화되지 않고 남아있는 수산화칼슘 고체를 걸러내고 수산화칼슘 포화 용액, 즉 석회수 수용액만 보관한다.

② 옆의 사진과 같은 모양으로 클램프를 장치한다. 시험관을 기울여 놓는 이유는 기체가 발생될 때 같이 나오는 수증기를 관찰하기 위한 것이다. 또한 석회수[$Ca(OH)_2$ 수용액]가 들어있는 시험관에 실리콘 호스를 연결하고 호스의 끝이 용액 속에 잠기도록 함으로써 발생된 이산화탄소와 반응하도록 한다.

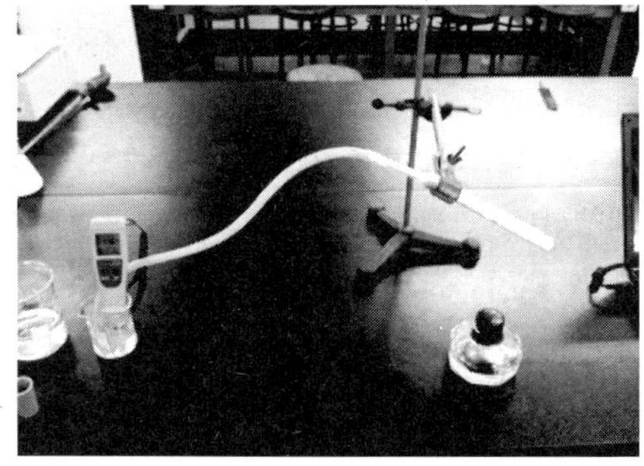

③ 램프에 불을 붙이기 전 석회수에 pH 미터의 전극을 넣고 측정하여 기록한다.

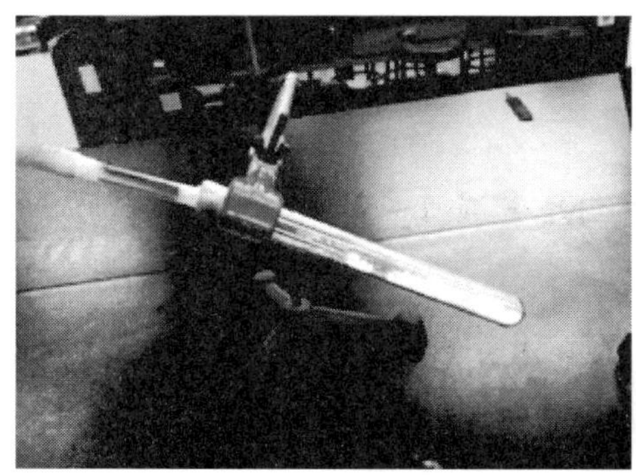

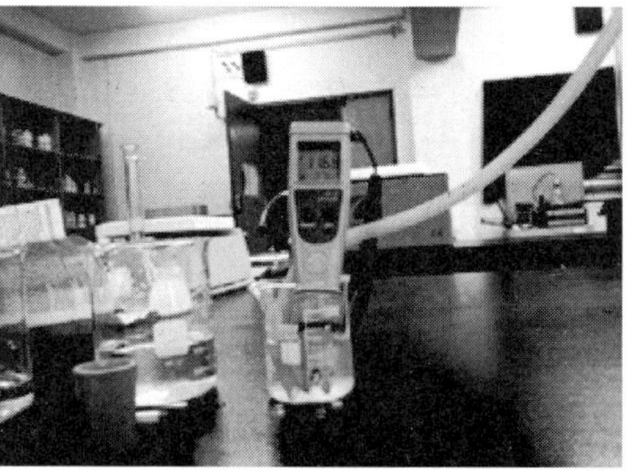

④ 램프에 불을 붙여서 시험관 안의 탄산수소나트륨을 가열하며 석회수 용액의 pH를 1분에 한번씩 측정하여 기록한다. 시험관 속 탄산수소나트륨은 충분히 넣고, 가열되는 표면적이 넓도록 시험관 내에서 골고루 흩트려놓는다.

탄산수소나트륨을 가열하면 다음과 같은 분해 반응에 의해 탄산나트륨과 수증기, 그리고 이산화탄소 기체가 발생한다.

$$2NaHCO_3(s) \text{ ---> } Na_2CO_3(s) + H_2O(g) + CO_2(g)$$

생성된 이산화탄소 기체는 실리콘 호스와 연결된 시험관에 있는 석회수[$Ca(OH)_2$ 수용액]과 반응하여 탄산칼슘 고체를 형성한다.

$$CO_2(g) + Ca(OH)_2(aq) \text{ ---> } CaCO_3(s) + H2O(l)$$

위 반응식에서 만들어진 탄산칼슘으로 인해 석회수는 아래의 사진과 같이 뿌옇게 흐려진다. 석회수가 담긴 수용액의 pH는 어떻게 변화하였는가?

⑤ 석회수에 계속해서 이산화탄소가 유입되면 탄산수소칼슘 고체가 만들어지는데 이 물질은 물에 잘 녹으므로 용액은 다시 맑아지게 된다.

$$CaCO_3(s) + H_2O(l) + CO_2(g) \text{ ----> } Ca(HCO_3)_2(aq)$$

석회수가 담긴 수용액의 pH는 어떻게 변화하였는가?

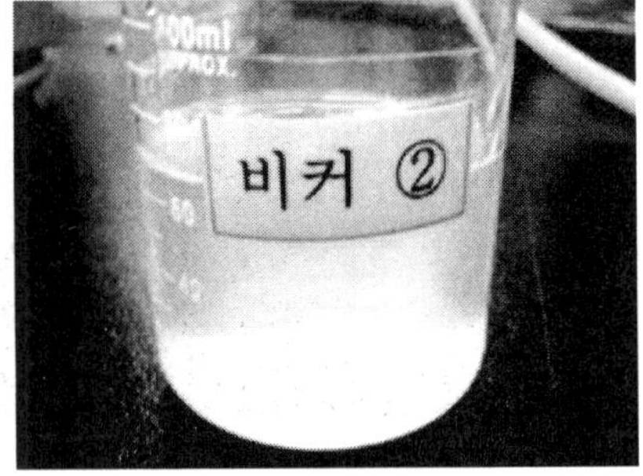

탄산수소칼슘이 녹아 있는 물을 센물이라고 하며, 석회암 동굴이 형성되는 원인이 되기도 한다.

⑥ 그럼 이제 석회수가 담긴 수용액을 시험관에 넣고 다시 가열해보자. 과정 ④에서 얻어진 맑은 수용액을 가열을 하면 이산화탄소가 날아가므로 다시 탄산칼슘이 생기게 되어 용액이 뿌옇게 흐려진다. 이 현상은 종유석이 생기는 원리와 같다. 시간이 가면 앙금이 가라앉는다. 가열하면서 끓을 때 계속해서 움직여줘야 한다. 그리고 시험관의 입구는 사람을 향하면 안 된다.

⑦ 석회수 용액에 만능지시약을 넣고 앞의 실험을 반복하며 용액의 색깔 변화를 관찰해보자. 먼저 수산화칼슘 수용액에 만능지시약을 넣으면 용액이 염기성이므로 지시약의 색은 보라색이 된다.

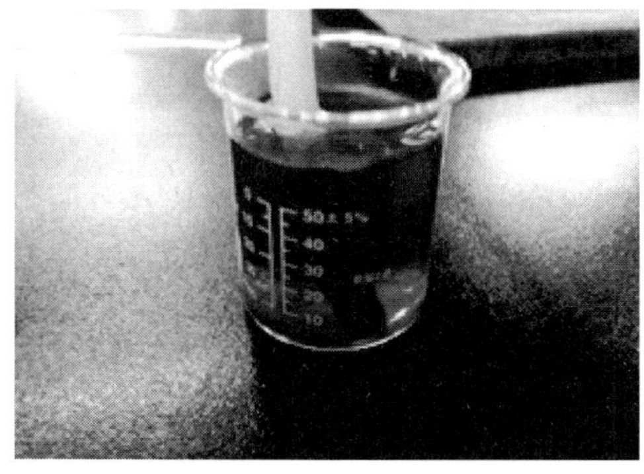

⑧ 이산화탄소가 계속해서 석회수 용액에 녹아 들어가면 용액은 중성이 되어 지시약의 색은 녹색이 된다. 그 이유는 무엇 때문인가?

결과보고서 및 자료 처리

학년	학과	조번호	학 번	이 름	실험일자	공동실험자

각 실험 과정에서 나타난 결과를 이해하고 그 이유를 적는다.

6 토론 및 질문

① 상온에서 탄산수소나트륨의 분해반응은 비자발적이다. 열역학 자료를 이용하여 근거를 제시하시오.

② 탄산수소나트륨의 분해 온도를 계산하시오.

7 실험 시 주의사항

① 시험관의 시약은 폐 시약 보관통에 버린다.

② 시험관과 비커 물로 씻어 말린 후 기구장에 보관한다.

8 참고 문헌

① Peter Atkins and Julio de Paula, '물리화학', 9판, 교보문고, 2010: 6장-화학평형.

실험 15

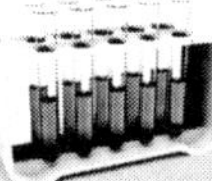

약산의 해리 상수의 결정

1 실험 목적

가시광선 분광기를 이용하여 약산성을 띠는 지시약의 해리 상수를 측정한다. 이 실험을 통해서 몰농도에 대한 기초, 해리 상수 및 해리도에 대한 이론, 흡광도와 해리 상수와의 관계 및 이론, 가시광선 분광기의 기본 원리 및 사용법을 익힐 수 있다.

2 실험 배경 및 원리

지시약으로 쓰이는 티몰 블루(thymol blue)는 수용액에서 약산으로 작용하여 부분적으로 해리된다. 이때 이온화된 성분과 이온화되지 않은 성분은 가시광선 영역의 서로 다른 파장에서 최대 흡광도를 나타낸다. 일정 농도의 티몰 블루를 묽은 HCl, 묽은 NaOH, pH가 고정된 완충용액에 용해시키고 흡광도를 측정함으로써 지시약의 해리 상수를 계산할 수 있다.

티몰 블루는 수용액에서 약산성을 띠며 부분적으로 해리되므로 다음과 같이 나타낼 수 있다.

|그림 15.1| 티몰 블루

위 평형식을 적으면 간단하게 나타내면

$$HA \Leftrightarrow H^{+} + A^{-} \tag{15.1}$$

여기서 A^-는 $C_{27}H_{29}O_5S^-$이다. 이때 해리 상수 K_a는 다음과 같다.

$$K_a = \frac{a_{A^-} \cdot a_{H^+}}{a_{HA}} \simeq \frac{C_{A^-} \cdot C_{H^+}}{C_{HA}} \tag{15.2}$$

a_i는 이온 i의 활동도를 의미한다. 따라서 농도가 묽을 때는 $a_i \approx C_i$ 이다.
pK_a와 K_a의 관계는 다음과 같다.

$$pK_a = -\log K_a \tag{15.3}$$

위 식을 이용하여 주어진 산의 세기 pK_a에서 pH와 완충 용액의 구성 성분비 C_{HA}/C_{A^-}의 상관 관계를 나타내는 Henderson-Hasselbach 식을 얻을 수 있다.

$$pK_a = pH + \log\frac{C_{HA}}{C_{A^-}} \tag{15.4}$$

약산의 전체 농도 C_0는 다음과 같다.

$$C_0 = C_{HA} + C_{A^-} \tag{15.5}$$

1×10^{-4} M HCl의 산성 용액(pH = 4 < pK_a)에는 이온화되지 않은 HA만 존재하기 때문에 $C_0 = C_{HA}$이다. 그리고 1×10^{-3} M NaOH의 염기성 용액(pH = 11)에서는 모두 이온화되어 짝염 A^-를 형성하는 쪽으로 평형이 이루어지므로 $C_0 = C_{A^-}$이다. 한편 pH 9.00의 완충 용액에서는 이온화되지 않은 산과 이온화된 짝염이 같은 농도로 존재하지만 이 두 성분은 가시광선 영역에서 현격히 다른 흡수 스펙트럼을 갖기 때문에 이 성질을 이용하여 티몰 블루의 해리 상수 K_a와 pK_a를 쉽게 구할 수 있다.

빛의 흡광도는 다음과 같이 정량적으로 정의된다.

$$A = \log\frac{I_0}{I_i} \tag{15.6}$$

여기서 I_0 와 I_i 는 각각 용액에 빛이 투과되기 전과 후의 빛의 세기이다. 특정 파장에서 시료 내 빛의 투과 경로가 d 이고 농도가 C_i 인 물질 i 성분의 흡광도는 Beer-Lambert 법칙에 의해 다음과 같이 나타낼 수 있다.

$$A = \epsilon_i \cdot C_i \cdot d \tag{15.7}$$

이때 ε_i는 몰흡광 계수이다. 빛을 흡수하는 물질이 두 개 이상 동시에 존재할 때는 각 물질의 흡광도를 더한 것과 같을 것이므로 HA와 A^-가 흡광을 일으킬 경우에

$$A = \epsilon_{HA} \cdot C_{HA} \cdot d + \epsilon_{A^-} \cdot C_{A^-} \cdot d \quad (15.8)$$

산성에서는 $C_{A^-} = 0$, $C_{HA} = C_0$이고, 염기성에서는 $C_{HA} = 0$, $C_{A^-} = C_0$이다. 따라서 식은 다음과 같이 단순해진다.

$$A = \epsilon_{HA} \cdot C_0 \cdot d = A_{HA}; \qquad 산성\ (pH < pK_a)에서 \quad (15.9)$$

$$A = \epsilon_{A^-} \cdot C_0 \cdot d = A_{A^-}; \qquad 염기성\ (pH > pK_a)에서 \quad (15.10)$$

식 15.8을 식 15.5 즉, $C_0 = C_{HA} + C_{A^-}$으로 치환하면 결과는 다음과 같다.

$$C_{A^-} = \frac{A - \epsilon_{HA} \cdot C_0 \cdot d}{d(\epsilon_{A^-} - \epsilon_{HA})} \quad (15.11)$$

식 15.11을 이용하여 수용액 내에 이온화된 짝염 A^-의 농도를 계산할 수 있다. 이때 A는 완충 용액에서의 흡광도를 나타내며, 흡광도는 등흡광점이 아닌 곳에서 측정하여야 한다. 흡광 계수 ε_{HA}와 ε_{A^-}는 산성과 염기성 용액 속에서 각각 측정한 동일 파장에서의 티몰 블루의 흡광도와 농도($C_0 = 3 \times 10^{-5}$ M)을 식 15.9와 15.10을 이용하여 계산할 수 있다. 식 15.11에서 C_{A^-}가 구해지면 식 15.5를 이용하여 C_{HA}를 구한다. 이렇게 구한 C_{A^-}, C_{HA}, 완충 용액의 C_{H^+} (1×10^{-9} M)를 식 15.1에 대입하여 지시약 상수 K_a를 구한다.

K_a를 구할 수 있는 다른 방법으로 파장 625 nm 이상에서는 짝염기인 A^-만이 실질적으로 빛을 흡수하므로 $\varepsilon_{HA} = 0$ 이고, 따라서 식 15.8은 다음과 같이 쓸 수 있다.

$$A = \epsilon_{A^-} \cdot C_{A^-} \cdot d \quad (15.12)$$

해리도 α는 식 15.12와 식 15.10의 비를 의미하므로 다음과 같이 표현된다.

$$\alpha = \frac{C_{A^-}}{C_0} = \frac{A}{A_{A^-}} \quad (15.13)$$

압력을 일정하게 하고, NaOH 용액에서의 흡광도와 주어진 완충 용액에서의 흡광도를 측정하고, 질량 보존의 법칙에 따라 식 15.5, 15.13, 15.2를 이용하면 다음과 같이 K_a값이 결정된다.

$$K_a = \frac{C_{H^+} \cdot \alpha}{1 - \alpha} \quad (15.14)$$

3 장치 및 시약

가시광선 분광기, pH 미터, 0.1 N HCl 표준용액 100 mL, 0.1 N NaOH 표준용액 100 mL, pH 9.00 완충 용액 50 mL, 티몰 블루 (thymol sulfophthalein, $C_{27}H_{30}O_5S$) 1 g, 에탄올 100 mL, 증류수 1500 mL, 500 mL 부피플라스크, 250 mL 부피 플라스크 2개, 100 mL 부피 플라스크 2개, 10 mL 눈금실린더 3개, 5 mL, 10 mL 눈금 피펫, 피펫 필러, 50 mL 비커, 큐벳 시료 용기(광학 유리) 4개, 파스퇴르 피펫 4개, 온도계, 막대자석, 교반기, pH 9.00 완충 용액

가시광선 분광기

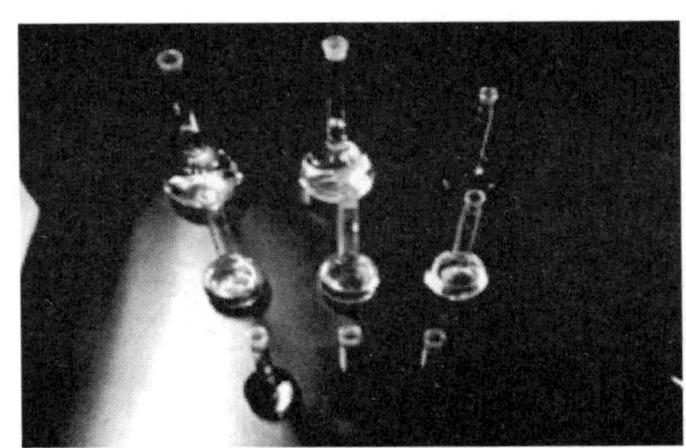

제조된 표준 용액과 최종으로 제조된 용액

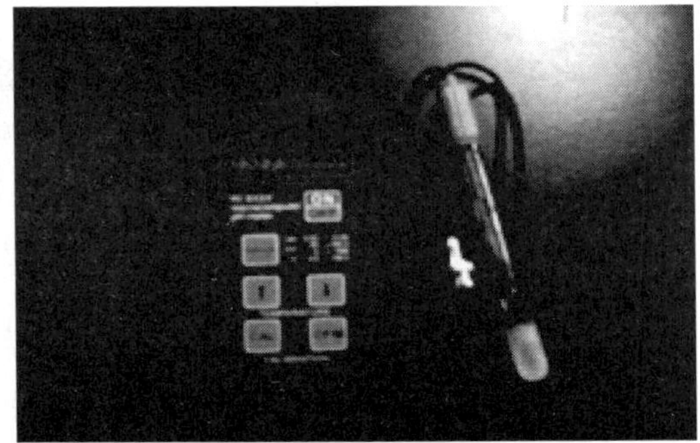

pH 미터

4 실험 방법

① 0.1 N HCl 표준 용액과 0.1 N NaOH 표준 용액을 각각 0.1 L씩 제조한다. 또는 미리 준비해둔 저장 용액을 이용해도 좋다.

② 위 표준 용액을 1×10^{-3} M NaOH (100배 희석), 1×10^{-4} M HCl(1000배 희석)이 되도록 묽힌다(교반기를 이용한다.)

③ 티몰 블루(몰질량: 466.59 g/mol)를 0.07 g(3.00×10^{-4} mol)의 100 mL 에탄올에 완전히 녹인 후, 500 mL 부피 플라스크에 넣고 증류수로 표지선까지 희석한다(교반기를 이용한다).

④ 3×10^{-4} M 티몰 블루 저장용액을 세 개의 10 mL 눈금실린더에 눈금 피펫을 이용하여 1 mL씩 취한다.

티몰 블루 0.07g
+
에탄올 100 mL
↓ 500 mL 부피 플라스크에 녹임
증류수를 채워 묽힘

⑤ 이 세 개의 10 mL 눈금실린더에 각각 1×10^{-3} M NaOH, 1×10^{-4} M HCl, pH 9.00 완충용액을 9 mL 채운다(이때 티몰 블루의 농도는 3×10^{-5} M이 된다는 점을 명심하시오).

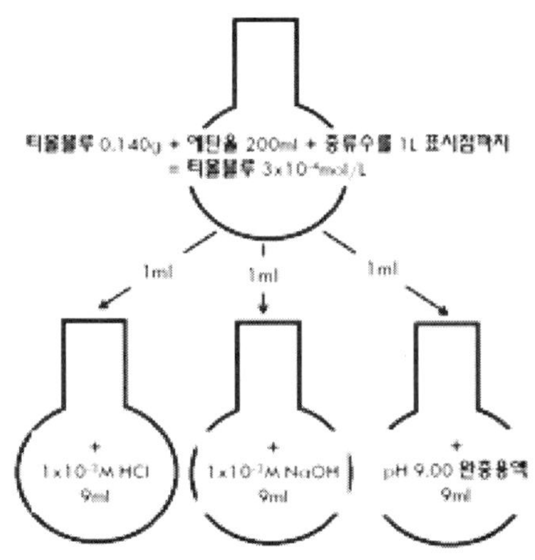

⑥ 1 cm 큐벳 시료용기에 증류수를 채워 가시광선 분광기의 영점을 보정한다.

⑦ 큐벳 시료용기에 ④에서 만든 세 가지 용액을 넣어 용액 속에 존재하는 3×10^{-5} M의 티몰 블루 용액의 흡광도를 각각 λ = 470 nm, λ = 640 nm에서 얻는다. 원하는 흡광 스펙트럼이 얻어지지 않았을 경우 각 용액의 pH를 pH 미터로 확인하고 용액을 다시 만들어 측정한다.

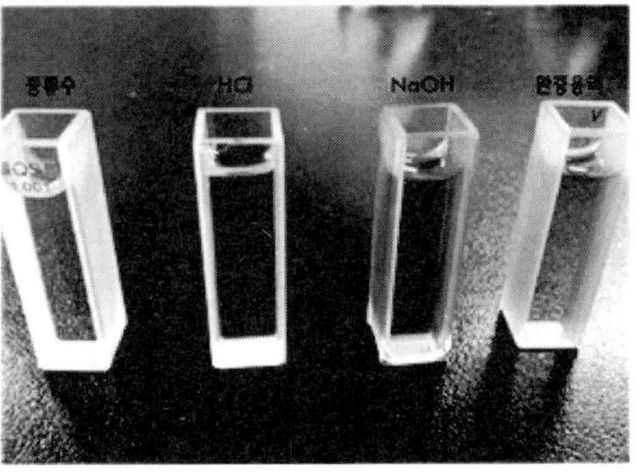

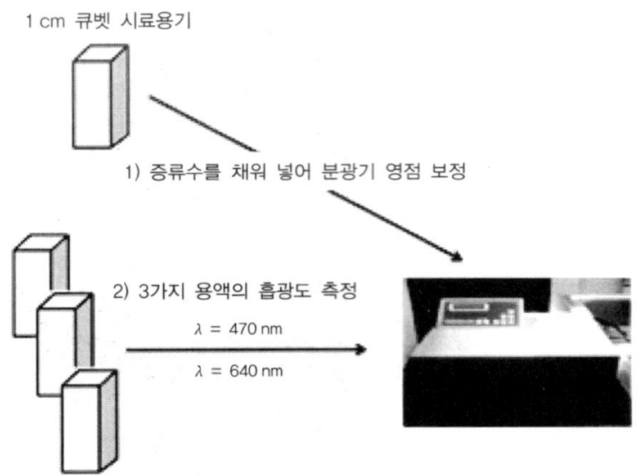
1 cm 큐벳 시료용기
1) 증류수를 채워 넣어 분광기 영점 보정
2) 3가지 용액의 흡광도 측정
λ = 470 nm
λ = 640 nm

5 결과보고서 및 자료 처리

학년	학과	조번호	학 번	이 름	실험일자	공동실험자

① λ=470 nm에서 얻어진 데이터를 식 15.9, 15.10, 15.11, 15.5, 15.2, 15.3에 적용하여 ε_{HA}, ε_{A^-}, C_{A^-}, C_{HA}, K_a, $-\log K_a$를 계산한다.

|표 15.1| λ = 470 nm에서의 실험 결과 및 해리상수(T=　　　K)

순서	흡광도 (A_{HA})	흡광도 (A_{A^-})	흡광도 (pH 9.00)	ε_{HA}	ε_{A^-}	C_{A^-}	C_{HA}	K_a	$-\log K_a$
1									
2									
평균									

(T = 293 K에서의 문헌값 pK_a = 9.00)

그림 15.2는 상온에서 얻어진 티몰 블루 수용액의 전형적인 가시광선 흡수 스펙트럼이다. 한 실험에서 얻어진 결과를 예를 들면 다음과 같다. λ = 470 nm에서 측정된 흡광도는 산성에서 A_{HA} = 0.287, 염기성에서 A_{A^-} = 0.105, pH = 9.0의 완충 용액에서 A = 0.198이었다면,

식 15.9로부터

$$A_{HA} = \epsilon_{HA} \cdot C_0 \cdot d \Rightarrow$$
$$\epsilon_{HA} = \frac{A_{HA}}{C_0 \cdot d} = \frac{0.287}{(3\times10^{-5}\,\mathrm{M})\times(1\,\mathrm{cm})} = 9.56\times10^3\ \mathrm{M}^{-1}\mathrm{cm}^{-1}$$

식 15.10으로부터

$$A_{A^-} = \epsilon_{A^-} \cdot C_0 \cdot d \Rightarrow$$
$$\epsilon_{A^-} = \frac{A_{A^-}}{C_0 \cdot d} = \frac{0.105}{(3\times10^{-5}\,\mathrm{M})\times(1\,\mathrm{cm})} = 3.5\times10^3\ \mathrm{M}^{-1}\mathrm{cm}^{-1}$$

식 15.11로부터

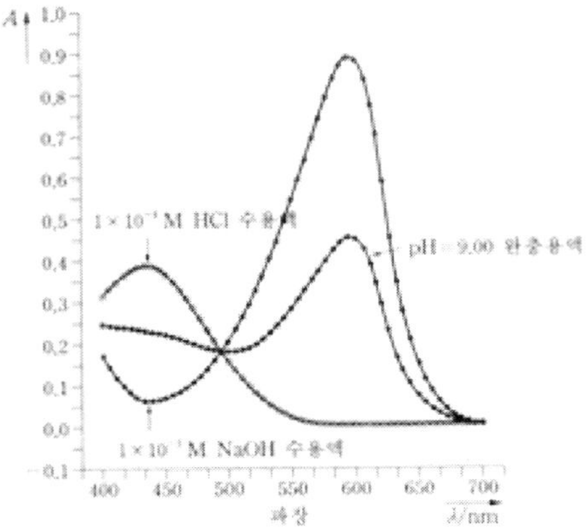

|그림 15.2| 티몰 블루 수용액의 가시광선 흡수 스펙트럼

$$
\begin{aligned}
C_{A^-} &= \frac{A - \epsilon_{HA} \cdot C_0 \cdot d}{d(\epsilon_{A^-} - \epsilon_{HA})} = \frac{0.198 - (9.56 \times 10^3\ \mathrm{M^{-1}cm^{-1}}) \times (3 \times 10^5\ \mathrm{M}) \times (1\ \mathrm{cm})}{1\ \mathrm{cm} \times (3.5 \times 10^3 - 9.56 \times 10^3)\ \mathrm{M^{-1}cm^{-1}}} \\
&= \frac{-0.0888}{-6.06 \times 10^3\ \mathrm{M^{-1}}} \\
&= 1.46 \times 10^{-5}\ \mathrm{M}
\end{aligned}
$$

식 15.5로부터

$$
\begin{aligned}
&C_0 = C_{HA} + C_{A^-} \Rightarrow \\
&C_{HA} = C_0 - C_{A^-} = (3 \times 10^{-5} - 1.46 \times 10^{-5})\mathrm{M} = 1.54 \times 10^{-5}\ \mathrm{M}
\end{aligned}
$$

식 15.2로부터

$$
\begin{aligned}
K_a &= \frac{a_{A^-} \cdot a_{H^+}}{a_{HA}} \simeq \frac{C_{A^-} \cdot C_{H^+}}{C_{HA}} = \frac{(1.46 \times 10^{-5}) \times (1.0 \times 10^{-9})}{(1.54 \times 10^{-5})} = \frac{(1.46 \times 10^{-14})}{1.54 \times 10^{-5}} \\
&= 9.48 \times 10^{-10}
\end{aligned}
$$

식 15.3으로부터

$$
\mathrm{p}K_a = -\log(9.48 \times 10^{-10}) = 9.02
$$

② λ= 640 nm에서 얻어진 데이터를 식 15.9, 15.10에 적용하여 a, K_a, $-\log K_a$를 계산한다.

|표 15.2| l=640 nm에서의 실험 결과 및 해리 상수 (T=   K)

순서	흡광도 (pH 9.00)	흡광도 (A_{A-})	해리도 (a)	K_a	$-\log K_a$
1					
2					
평균					

(T = 293 K에서의 문헌값 pK_a = 9.00)

λ = 640 nm에서 측정된 흡광도는 A_{A-} = 0.254, A = 0.127이다.
식 15.13으로부터

$$\alpha = \frac{C_{A^-}}{C_0} = \frac{A}{A_{A^-}} = \frac{0.127}{0.254} = 0.50$$

식 15.14로부터

$$K_a = \frac{C_{H^+} \bullet \alpha}{1-\alpha} = \frac{(1\times10^{-9})\times(0.5)}{(1-0.5)} = 1\times10^{-9}$$
$$\therefore pK_a = -\log(1\times10^{-9}) = 9.0$$

따라서 모든 파장에서 구한 평균값은 pK_a = 9.01이고, 이는 T = 293 K에서의 문헌값 pK_a = 9.00과도 잘 일치한다.

6 토론 및 질문

이 실험에서 가장 중요한 부분은 표준 용액의 제조이다. 정확한 농도의 표준 용액을 만들기 위해서 다음과 같은 방법으로 표준 용액을 제조한다. 이때 0.1 N HCl은 0.1 M HCl과 같고 0.1 N NaOH는 0.1 M NaOH와 같다.

순도 35% HCl(몰질량 = 36.46 g/mol, 밀도 = 1.18 g/mL) 용액으로 0.1 N HCl 용액을 만들 때는 다음과 같은 식으로 0.1 M HCl 1.0 L 수용액 제조에 필요한 HCl의 부피를 결정한다.

$$0.1\text{몰} \times \frac{36.46\,\text{g}}{1\text{몰}} \times \frac{100\text{g}}{35\text{g}} \times \frac{1\text{mL}}{1.18\text{g}} = 8.8\ \text{mL}$$

다음으로 1.0 L 부피 플라스크에 증류수를 반쯤 채운 후 진한 HCl 용액 8.8 mL를 넣고 섞은 후에 다시 증류수로 표지선까지 채운다.

순도 95%의 고체 상태 NaOH(몰질량 = 40.0 g/mol)로 0.1 N NaOH 용액을 만들 때도 다음과 같은 식으로 0.1 N NaOH 안에 있어야 할 NaOH의 양을 결정한 후 위와 같은 방법으로 표준 용액을 제조한다.

$$0.1\text{몰} \times \frac{40\,\text{g}}{1\text{몰}} \times \frac{100\,\text{g}}{95\,\text{g}} = 4.2\,\text{g}$$

표준 용액의 농도가 정확한지 확인을 위해 pH 미터를 사용하여 정확한 농도를 확인하고 만약 원하는 농도가 아니라면 pH 미터를 통해 얻은 농도를 이용하여 용질의 순도를 다시 계산하여 처음과 같은 방법으로 표준 용액을 다시 만드는 것이 중요하다. 실험 결과에서 보이는 해리 상수의 오차의 큰 원인은 표준 용액의 농도이기 때문이다.

7 실험 시 주의사항

① 보안경을 반드시 착용한다.

② 시약이 손에 묻으면 즉시 물로 세척한다.

③ HCl, NaOH 수용액은 강산, 강염기이므로 피부에 화상을 일으키고 옷에 묻으면 손상되니 접촉하지 않도록 주의해야 한다. 만일 피부에 묻으면 신속하게 물로 씻어야 한다. 시험관에 남은 염산은 폐 시약 보관병에 버리거나 조교의 도움으로 중화시킨 뒤 싱크대의 하수구에 버린다.

④ 표준 용액을 제조할 때는 pH 미터를 이용하여 만든 용액의 정확한 농도를 확인한다.

⑤ 티몰 블루로 저장 용액을 제조할 때 티몰 블루를 에탄올에 완전히 녹인 뒤 증류수로 희석한다.

⑥ 가시광선 분광기를 사용할 때는 큐벳 시료 용기에 지문이 묻지 않도록 주의한다.

⑦ 큐벳 시료 용기를 세척할 때는 용기 표면에 상처가 생기지 않도록 주의한다.

8 참고 문헌

① Peter Atkins and Julio de Paula, '물리화학', 9판, 교보문고, 2010: 6장-화학평형.
② Raymond Chang, '일반화학', 10판, 사이플러스, 2011: 15장-산과 염기.

9 UV-VIS 분광기 사용법

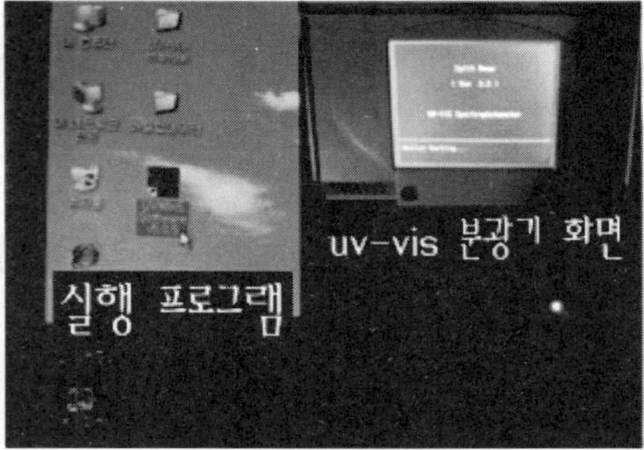

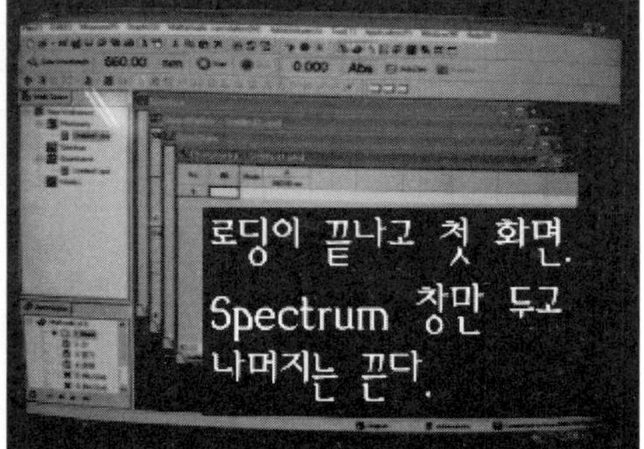

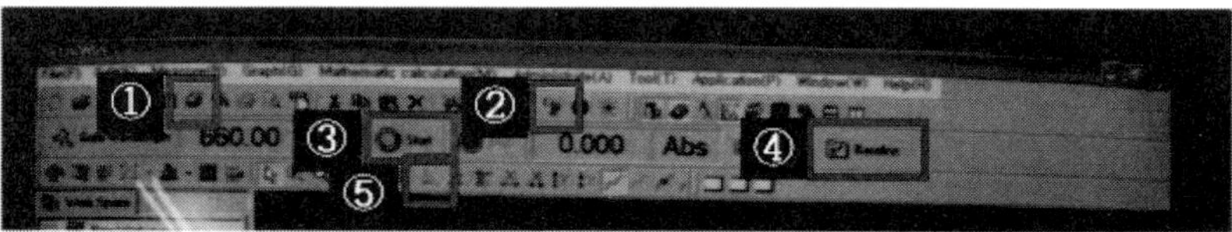

① [Save all] 모두 저장 버튼

② [Parameter] 스펙트럼 설정버튼

측정종류, 측정범위, 횟수, 측정할 셀 선택 등을 할 수 있음

③ Scan 시작

스펙트럼 설정에서 각각 셀을 선택 후 scan 시작 버튼

④ 영점보정을 위한 베이스라인 버튼

증류수 셀을 넣고 분광기의 영점보정을 할 때만 쓰임

⑤ 파장에 대한 흡광도 값 확인할 때 아이콘

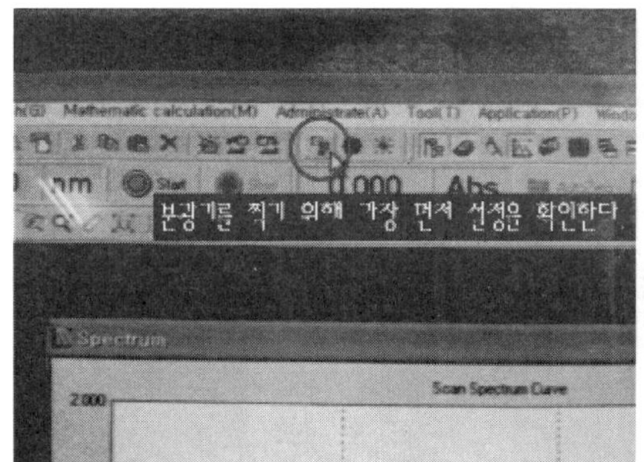
Mathematic calculation(M)
분광기를 찍기 위해 가장 먼저 설정을 확인한다
Spectrum
Scan Spectrum Curve

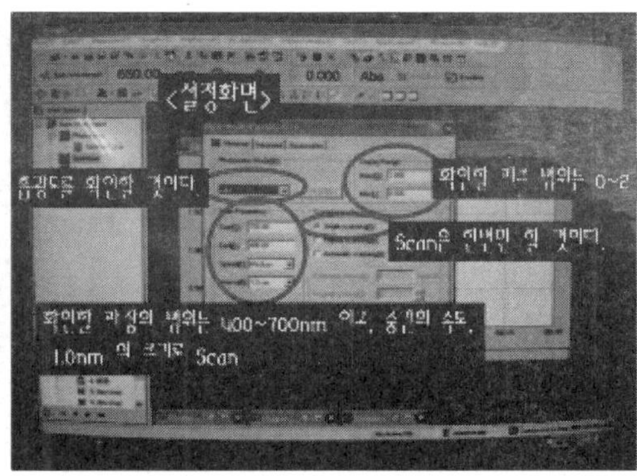
<설정화면>
1.0nm 의 크기로 Scan

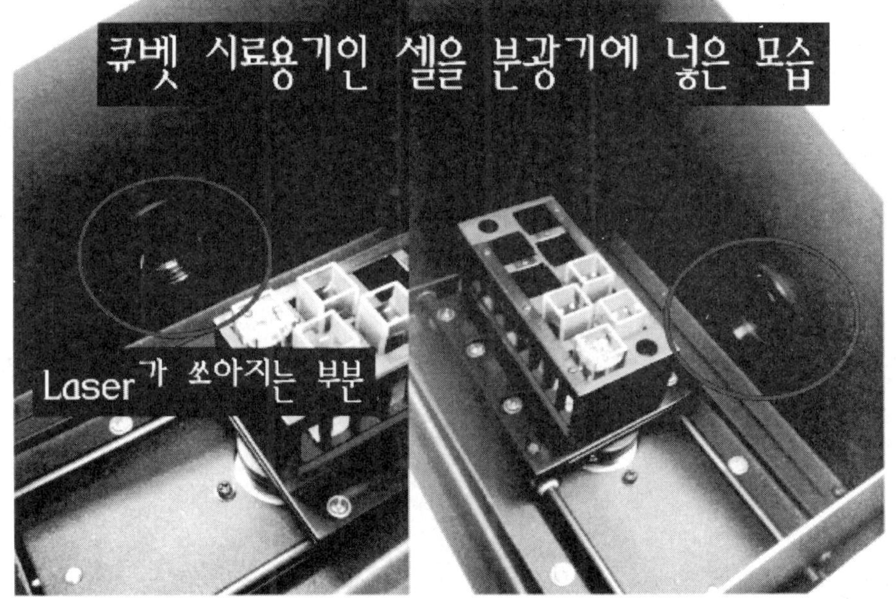
큐벳 시료용기인 셀을 분광기에 넣은 모습
Laser가 쏘아지는 부분

큐벳 시료용기를 분광기에 넣은 모습

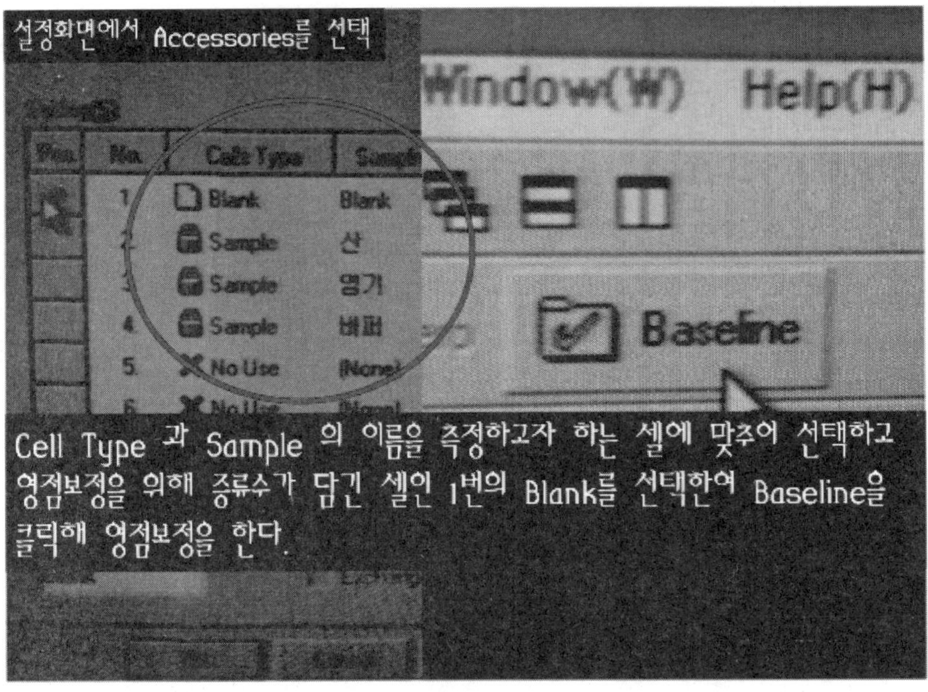
설정화면에서 Accessories를 선택
Window(W) Help(H)
Cell Type
Blank Blank
Sample 산
Sample 염기
Sample 버퍼
No Use (None)
Baseline
Cell Type 과 Sample 의 이름을 측정하고자 하는 셀에 맞추어 선택하고 영점보정을 위해 증류수가 담긴 셀인 1번의 Blank를 선택한여 Baseline을 클릭해 영점보정을 한다.

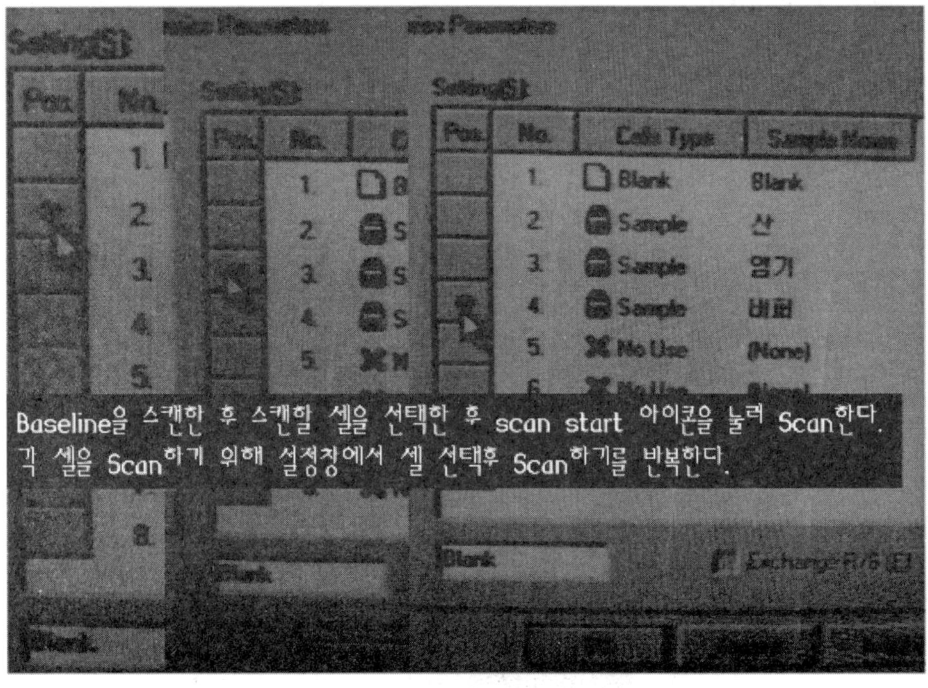
Setting(S)
Pos. No. Cells Type Sample Name
1. Blank Blank
2. Sample 산
3. Sample 염기
4. Sample 버퍼
5. No Use (None)
Blank
Baseline을 스캔한 후 스캔할 셀을 선택한 후 scan start 아이콘을 눌러 Scan한다.
각 셀을 Scan하기 위해 설정창에서 셀 선택후 Scan하기를 반복한다.

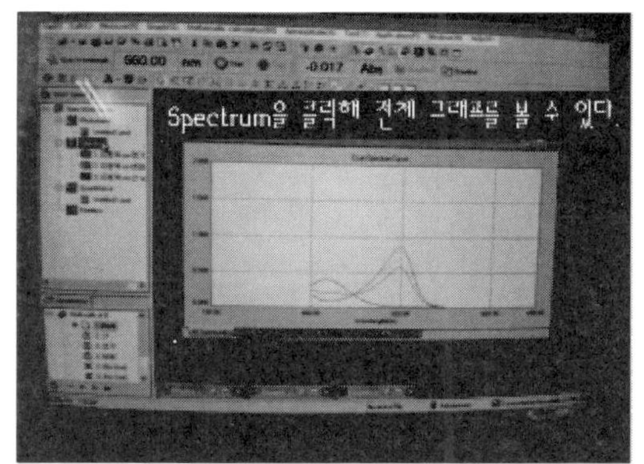
Spectrum을 클릭해 전체 그래프를 볼 수 있다.

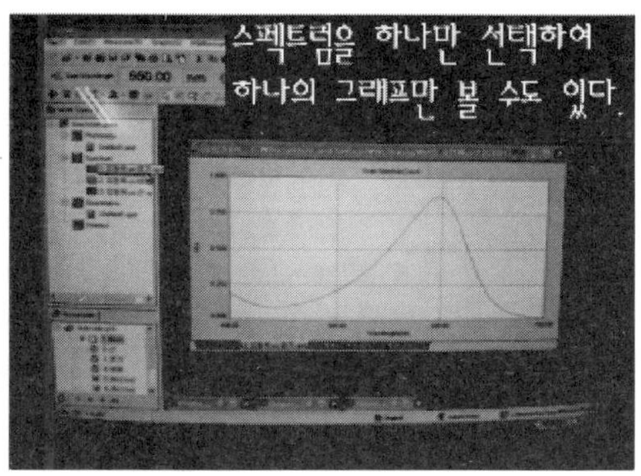
스펙트럼을 하나만 선택하여
하나의 그래프만 볼 수도 있다.

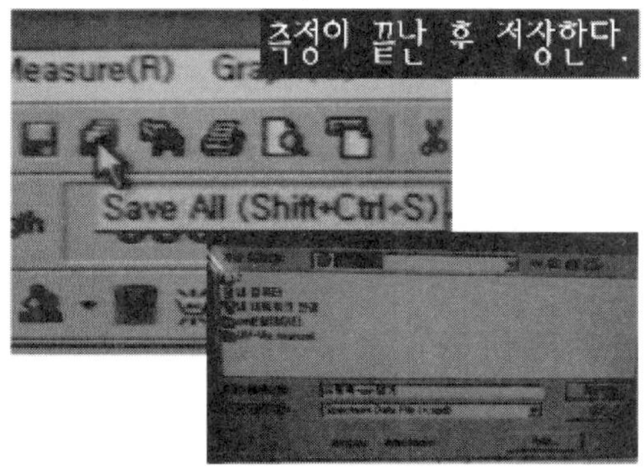
측정이 끝난 후 저장한다.
Measure(R)
Save All (Shift+Ctrl+S)

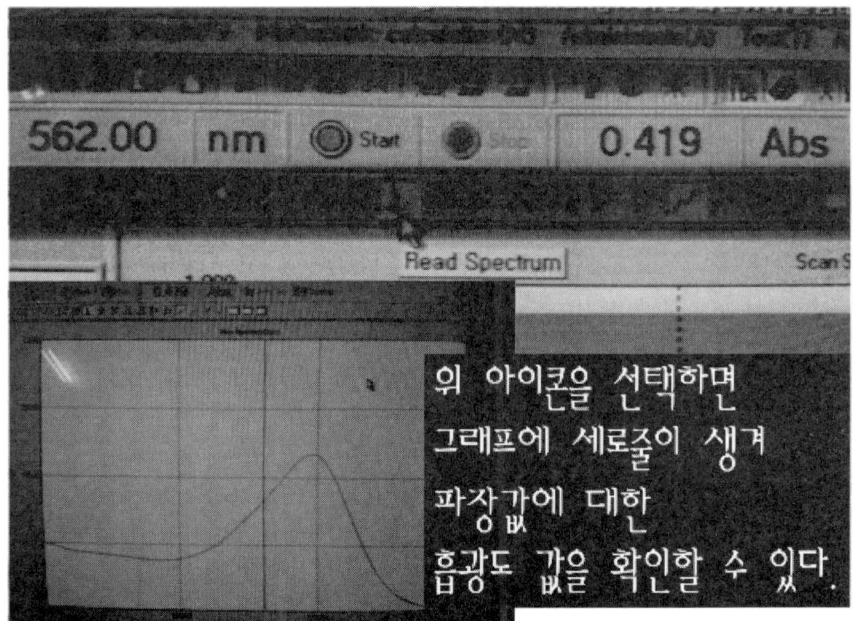
562.00
nm
Start
Stop
0.419
Abs
Read Spectrum
위 아이콘을 선택하면
그래프에 세로줄이 생겨
파장값에 대한
흡광도 값을 확인할 수 있다.

실험 16

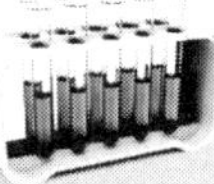

평형 분배의 법칙

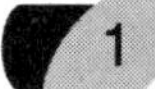

1 실험 목적

일정한 온도와 압력에서 서로 혼합되지 않는 두 종류의 용액에 제3의 물질인 용질을 용해시켜 평형을 이루게 할 수 있다. 이때 두 액체에 용해되는 용질의 농도를 측정하면 분배 계수를 구할 수 있다. 서로 혼합되지 않는 두 용매 사이에서 용질의 평형 분배를 고찰해서 각 상에서 용질의 회합이나 해리에 관한 정보를 파악하는 것이 이 실험의 목적이다.

2 실험 배경 및 원리

일정한 온도에서 서로 섞이지 않는 두 종류의 용매 A와 B를 섞으면 두 층을 이루게 된다. 이 속에 양쪽의 용매에 녹는 물질 C를 가하여 잘 휘저어주면 각 용매 속에 녹은 그 물질의 농도의 비는 항상 일정하게 된다. 이것을 분배의 법칙(Partition or distribution law)이라고 한다. 서로 섞이지 않는 두 용매 사이에서 용질이 분배되는 것은 분배 법칙이 적용되는 평형 현상이다.

이 법칙은 H.W. Nernst가 발견한 화학 법칙으로, 물과 기름처럼 두 종류의 서로 혼합되지 않는 용매 A, B를 같은 그릇에 넣으면 밀도의 차이에 의해 상, 하층으로 나누어진다. 여기에 어느 용액에도 녹을 수 있는 제3의 성분 C를 가하면 이것은 A와 B 용매 속에 녹게 된다. 또한 쪽 용매 A에 미리 용질 C를 녹여서 다른 쪽 용매 B와 함께 충분히 흔들어주면 A 속에 녹은 C의 일부는 A에서 녹아서 B로 이동, 즉 분배된다. 이때 A, B 두 상 속의 C의 농도비는 첨가한 C의 양에 관계없으며 일정 온도와 압력하에 일정하게 된다. 이 관계를 분배 법칙이라 하고, 그 농도비를 분배 계수라고 한다. 이 분배 법칙은 묽은 용액에서 성립되며 화학 퍼텐셜과 평형의 조건에서도 유도될 수 있다. 만약 용질이 용액 속에서 회합이나 해리 반응 등의 변화를 일으킨다거나 두 액상 속에서 존재하는 화학종이 다른 경우에는 위의 농도비와 같은 분배율은 성립하지 않는다. 이 관계식은 액체상뿐만 아니라 임의의 기체상이나 고체상 사이에서도 성립한다.

용질을 용해시켜 평형에 도달했을 때 A, B에 있어서의 C의 농도를 C_A, C_B라 하면 그 비는 질량 작용의 법칙에 의해 평형 상태에서 다음과 같이 된다.

$$C_B / C_A = K \quad (16.1)$$

$$K_A C_A = K_B C_B$$

묽은 용액에서는 용질의 절대량 변화에 관계없이 거의 일정하다. 여기서 K를 분배 계수(partition coefficient)라 한다.

이 실험에서는 섞이지 않는 물(H_2O)−에테르(diethyl ether, $CH_3CH_2OCH_2CH_3$)계 속에 가하는 용질로서 석신산(succinic acid, $HOOCCH_2CH_2COOH$)을 사용하여 그 분배 계수를 측정해 보고자 한다.

succinic acid

두 액체에 분배되어 있는 석신산(C)의 농도는 이것을 에테르층(A)과 물층(B)에서 분배 평형시킨 다음 각각의 시료를 적당량 피펫으로 취한다. 페놀프탈레인 용액을 지시약으로 사용하고 0.1 N KOH 표준 용액으로 사용하여 중화 적정을 한 후에 다음 식을 사용하여 구하게 된다.

$$NV = N'V' \quad (16.2)$$

에테르는 대부분의 유기물질을 잘 용해시키며 끓는점이 34.6°C로 낮기 때문에 추출이 용이하고 비중이 작기 때문에 물과 잘 분리되므로 실험실에서 가장 많이 사용한다. 그러나 마취성이 있으므로 후드 안에서 취급하고 흡입하지 않도록 주의해야 한다.

이때 물과 에테르 두 용매 어느 쪽에서도 용질의 회합은 없다. 물과 같은 극성 용매 속에서는 아세트산(acetic acid, CH_3COOH)을 비롯한 대부분 카복실산은 아주 약한 산이므로 그 이온화 정도는 무시할 수 있다. 아세트산은 벤젠 속에서는 두 분자로 용질이 회합된다. 여기서 산소를 포함하지 않는 용매 속에서 이합체(dimmer) 분자를 형성하는 것은 유기산의 특성 중 한 가지이다. 회합이란 같은 종의 분자가 화학 결합을 하지 않으면서 두 개 이상 서로 모여 분자 간의 상호 인력에 의해 한 개의 분자처럼 행동하는 것을 말한다. 각 용매에서 회합체의 상이점을 연구할 수도 있다.

분배 법칙이 잘 성립될 수 있는 조건을 요약하면 다음과 같다.

첫째 두 용매의 액체 상은 서로 섞이지 말 것.

둘째 용질이 두 액체 어느 상에서도 회합이나 해리가 일어나지 않을 것.

셋째 활동도 계수를 무시할 수 있을 만큼 용질의 농도가 비교적 낮은 묽은 용액일 것.

넷째 용질이 두 상 속에서 소량만 용해할 것.

분배 계수는 온도와 압력에만 의존한다. 이것은 용질 절대량의 다소에 관계없이 성립하며, 또한 묽은 용액이 갖는 특성 중에 한가지이다. 이 실험에서는 에틸에테르(용매 A)나 물(용매 B) 사이에 석신산(용질 C)이 어떻게 분배되는지를 살펴보기 위하여 각 용매 층에 녹아 있는 석신산의 농도를 측정한다. 일반적으로 물과 유기 용매 사이의 분배 계수의 크기는 용매의 종류, 용질의 종류, 온도에 따라서 달라지는 것이다.

식 16.1은 물질 C가 어느 쪽의 용매에서나 단위체(monomer)로 녹아 있는 것으로 가정한 것이며, 용매 속에서 분자가 만나거나 해리를 일으키는 경우에는 만나는 정도나 해리도에 따른 보정을 해줄 필요성이 있다.

예를 들어 C 분자가 A 중에서는 단위체 분자로 존재하지만, B 속에서는 n분자의 회합체 C_n으로 되어있다고 하면 식 16.1은 다음 식과 같이 다시 써야 한다.

$$C_B / C_A^{\,n} = K' \tag{16.3}$$

이때 정확하게는 C_B에 C_n의 농도를 취해야 하지만 분석적으로 n의 값을 구하는 것이 곤란한 경우에는 단위체로서의 농도를 나타내는 것으로 하여 C_B의 농도는 그 $1/n$이 되므로, 분배 계수의 값은 K'의 n배로 된다.

용질의 분배가 식 16.1에 따르는 경우는 C_A와 C_B와의 관계는 다음과 같으므로 일차 함수식(직선)이 된다.

$$C_B = KC_A \tag{16.4}$$

그러나 식 16.2에 따르는 경우에는 다음과 같이 쓸 수 있다.

$$C_B = K' C_A^{\,n}$$

이 식의 양변에 로그를 취하면 다음과 같이 된다.

$$\log C_B = n \log C_A + \log K' \quad (16.5)$$

log C_A대 log C_B를 그래프로 도시하고 최소제곱법으로 구한 직선의 기울기와 절편에서 n과 K'의 값을 구한다(그림 16.1 참고).

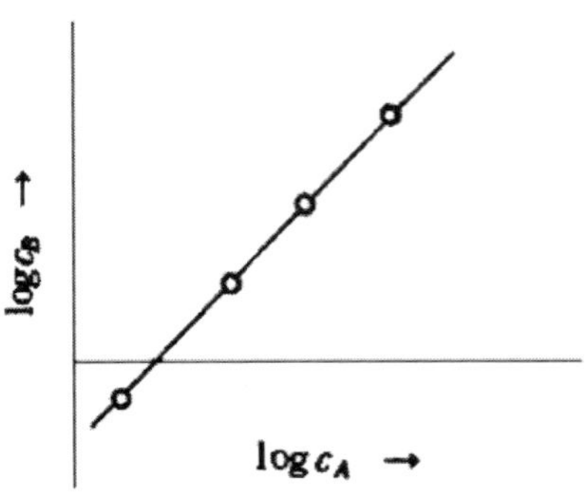

|그림 16.1|

분배의 법칙의 대표적인 응용 예가 용액 추출이다. 혼합물(A+B)를 성분 A와 B로 각각을 분리하고 싶을 경우에는 일반적으로 증류 조작을 통해 분리할 수 있다. 그러나 A와 B의 끓는점이 비슷하거나 A와 B가 함께 끓는 혼합물을 형성하는 경우에는 이들 혼합물 속에 서로 녹지 않는 별개의 상을 만들도록 제3성분 C를 가하고 접촉시켜 A 성분만을 C층으로 이동시켜 분리하는 방법이다. 어떤 용액 중의 용질을 다른 용매로 추출하는 조작이나 미량 물질의 분석, 분리에 이용되는 종이 크로마토그래피(paper chromatography) 등은 모두 분배의 법칙을 응용한 것이다.

3 장치 및 시약

항온조, 삼각 플라스크, 분액 깔대기, 고무마개, 피펫, 메스실린더, 뷰렛, 저울, 유산지, 약수저, 스포이드, 페놀프탈레인 지시약, 석신산, 에테르, 0.1 N KOH 용액

4 실험 방법

① 항온조를 25°C로 미리 조정해둔다.

② 고체 석신산을 먼저 1 g 측정해서 삼각 플라스크에 넣고 증류수를 50 mL를 첨가해서 녹

인다.

③ 후드 속에서 에테르 50 mL를 취해서 석신산을 녹여 놓은 삼각 플라스크에 넣고 마개를 막은 다음 잘 흔들어 준다(마개로 막은 삼각 플라스크를 30분 이상 항온조에 넣고 방치하면서 가끔씩 흔들어준다).

④ 항온조에 넣어둔 상태에서 마개를 뺀 후 피펫으로 에테르 층과 물 층에서 시료 4 mL씩 각각 분취해서 적정할 비커에 넣는다.

⑤ 두 분취한 시료에 대하여 페놀프탈레인 용액을 지시약으로 사용해서 미리 준비해둔 0.1 N KOH 표준 용액으로 적정한다(그림 16.2 참고). 각 용액을 적정하는 데 소요되는 0.1 N KOH 용액의 부피비를 구한다.

⑥ ⑤번 조작을 세 번씩 반복해서 평균값을 구한다.

⑦ 3 g, 5 g, 7 g 석신산 수용액에 대해서도 앞에서와 같은 방법으로 실험을 되풀이한다.

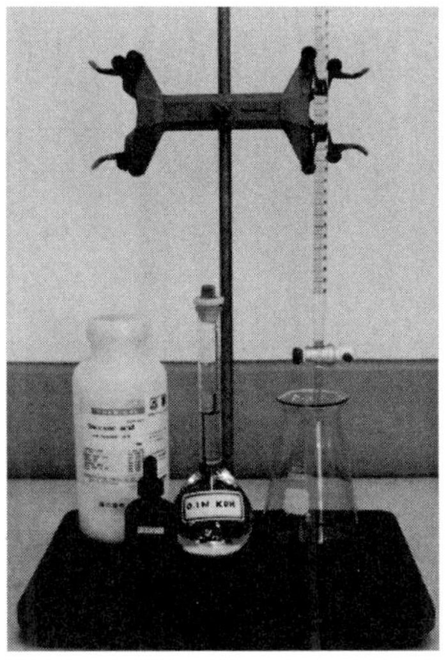

|그림 16.2|

5 결과보고서 및 자료 처리

학년	학과	조번호	학번	이름	실험일자	공동실험자

① 실험 결과

석신산 무게(g)	추출한 층	적정 1 KOH양(mL)	적정 2 KOH양(mL)	적정 3 KOH양(mL)	적정 1~3 평균	분배 계수 K
1g	H_2O					
3g	H_2O					
5g	H_2O					
7g	H_2O					

② 계산

평균 분배 계수, K =

6 토론 및 질문

① 분배실험의 응용에 대해서 기술하시오.
② 용질의 농도가 낮을 때 분배 법칙이 성립되는가?
③ 착이온의 성질 연구, 용매 추출 및 분리, 해리 상수의 측정에 관하여 아는 바를 기술하시오.
④ 분배 법칙이 정확히 성립될 수 있는 조건을 열거하시오.

7 실험 시 주의사항

디에틸 에테르($CH_3CH_2OCH_2CH_3$)는 직사광선을 쪼이면 분해되어 과산화물을 생성하므로 갈색병에 보관해야 하며 증류시킬 때 이것이 포함되어 있으면 폭발할 수도 있으므로 주의해야 하고 기체는 마취효과가 있으므로 반드시 후드 안에서 취급하도록 한다.

8 참고 문헌

① 이문득, '물리화학실험', 자유아카데미, 1997.
② 최종하 등 공역, '화학과 생명과학을 위한 물리화학', 자유아카데미, 2004.
③ 최종하 등 공역, '물리화학', 사이플러스, 2007.

실험 17

레이저를 이용한 눈금자의 회절

1 실험 목적

일정 간격의 홈이 있는 눈금자나 버니어 캘리퍼(vernier caliper)를 이용하여 레이저의 회절 효과를 관찰한다. 회절 무늬의 간격으로부터 레이저 빛의 파장을 알아낼 수도 있다. 이 실험은 회절효과는 물론 X-선 결정학을 이해하는 데 많은 도움을 준다.

2 실험 배경 및 원리

*회절의 기초 이론(Basic Theory Of Diffraction)

빛의 산란과 회절 현상은 밀접한 관련성을 갖는다. 빛의 산란 과정에서 빛의 전기장 성분은 산란을 일으키는 입자 내의 전자들과 상호작용하여, 전자들이 입사광과 같은 진동수로 진동하게 한다. 이러한 상태의 입자를 진동 쌍극자(oscillating dipole)라고 하며, 입사광과 같은 진동수를 갖는 빛을 거의 모든 방향으로 방출한다. 이와 같이 재방출된 빛을 산란광(scattered light)이라 부른다.

산란을 일으키는 입자가 1개 이상일 때는 반드시 간섭(interference) 현상을 고려해야 한다. 간섭은 빛의 파동 성질 때문에 일어난다. 모든 전자기 복사선(electromagnetic radiation)은 고유한 파장(λ, m)과 진동수(v, Hz = sec^{-1})를 가지며, 파장과 진동수의 곱은 진공에서 빛의 속도(c, m/s)와 같다.

$$c = \lambda \nu \tag{17.1}$$

여러 광원에서 방출되는 전자기파가 공간상에서 서로 중첩을 하면 각각의 파들은 합쳐진다. 같은 진폭과 파장을 가지는 두 개의 파가 있다고 생각해보자. 만약 각 파들의 위상이 같으면(파동의 최대와 최소값이 공간상에서 동시에 일치하는 경우) 파들은 서로 보강되어 보강 간섭(constructive interference)을 일으킨다(그림 17.1). 그 결과 진폭은 간섭하는 파의 두 배가 된다. 반대로 파들이 반 파장만큼 위상이 다르면 한 개 파의 진폭 최고점이 다른 파의 진폭의 최저점과 일치하여(위상이 반대일 때) 이 두 개의 파들은 서로 상쇄되며, 그 결과 진폭이 0인 파가 된다. 이러한 간섭을 상쇄 간섭(destructive interference)이라 한다.

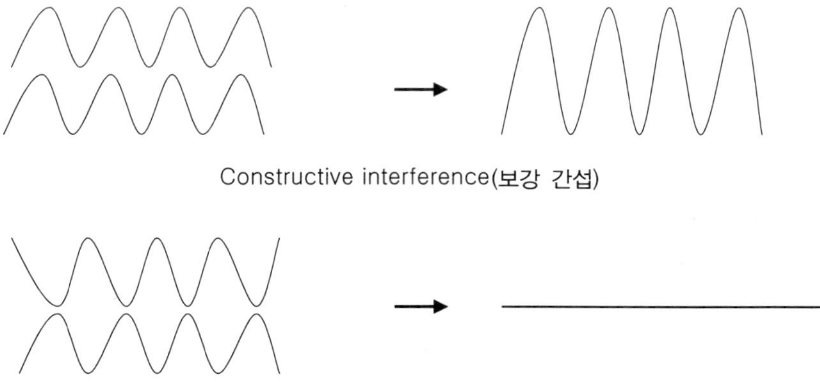

|그림 17.1| 같은 파장과 진폭을 갖는 두 파 사이의 상쇄와 보강 간섭

간섭 효과로 인해 산란광의 공간 분포가 어떻게 달라지는지를 보여 주는 간단한 예로 두 개의 진동 쌍극자를 들 수 있다. 거리 d (m) 만큼 떨어져 있는 두 개의 입자가 레이저와 같이 단일 진동수를 갖는 빛에 의해 쪼여졌다고 생각하자. 입자의 크기는 충분히 작고, 입사광과 같은 진동수의 빛을 재방출한다고 가정하자. 두 입자가 그림 17.2에서와 같이 위치한다면 두

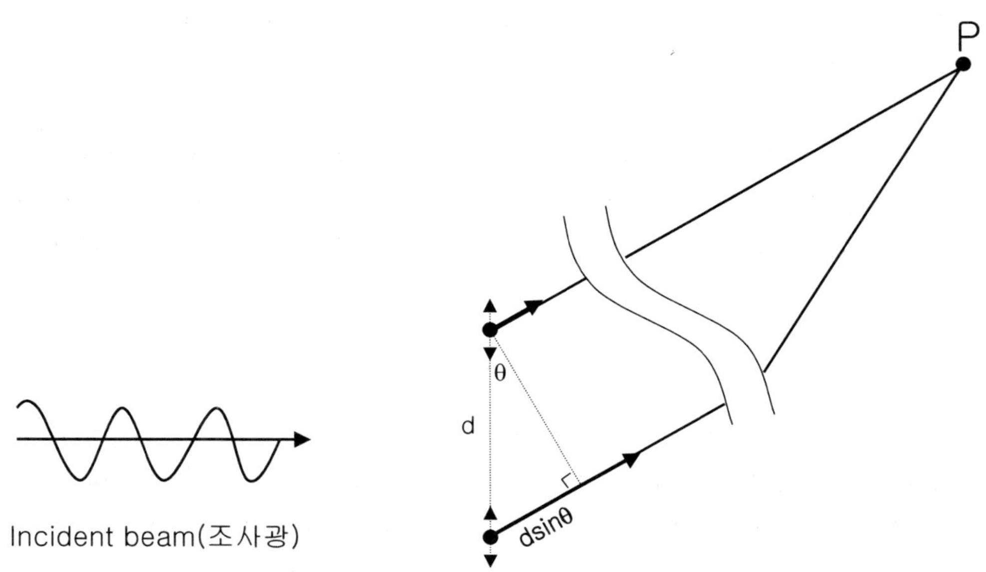

|그림 17.2| 조사광이 두 개의 진동 쌍극자에 대하여 수직으로 조사된다. 식 $n\lambda = dsin\theta$ 는 P 점으로부터 두 쌍극자까지의 거리 차를 나타낸다.

진동 쌍극자는 위상이 같고, 시간에 따라 같이 진동할 것이다.

공간의 어느 지점에서 두 입자로부터 산란된 빛은 위상차에 따라 보강이 되기도 하고 상쇄가 되기도 한다. 산란 빛의 위상이 같게 되려면 두 쌍극자의 위치가 동일하거나 혹은 거리 차이가 파장의 정수배가 되어야 한다. 그림 17.2에서 보듯이 임의의 점 P에서 경로의 차이는 $dsin\theta$와 같으며 여기서 θ는 레이저의 진행 방향인 x축과 산란 방향(각각의 산란 중심점과 P 점이 이루는 방향) 사이의 각도이다(P 점이 매우 멀리 떨어져 있다고 가정). 그러므로 보강 간섭의 조건은 다음과 같다.

$$dsin\theta = n\lambda \tag{17.2}$$

여기서 n은 양의 정수이다.

위에서 설명한 두 점광원의 경우가 회절의 가장 간단한 예이다. 마찬가지로 두 개 이상의 여러 입자에 의한 산란의 결과로 간섭 패턴이 만들어질 수도 있다. 다만, 모든 점광원으로부터의 발생되는 파의 진폭들을 모두 더해야 하기 때문에 문제가 더 복잡해질 것이다. 입자의 수가 많을 때 간섭 패턴(회절 효과)은 보통 입자들이 공간에서 규칙적으로 배열되어 있을 때만 관찰된다. 만약 입자들이 불규칙적으로 흩어져 있으면, 산란광에 의한 간섭 효과는 여러 입자들로 인해 서로 상쇄된다.

3 장치 및 시약

레이저, 눈금이 새겨진 자, 줄자, 계산기

4 실험 방법

① 그림 17.3과 같이 실험 기구를 설치하기 위하여 먼저 눈금자를 벽으로부터 2 ~ 4미터 떨어진 테이블 위에 수평으로 놓는다.

② 레이저를 켜고 몸체를 약간 기울여서 직진하는 레이저 빔이 눈금자의 평면에 약 3도 정도 되도록 쪼여준다.

③ 벽 위에 맺힌 레이저 빛을 잘 관찰하고, 눈금자의 수평면과 수직위치에 맺힌 벽면의 반사점(reflected spots)과 회절점(diffraction spots), 즉 y_0, y_1, y_2 ...를 측정한다(그림 17.4 참조).

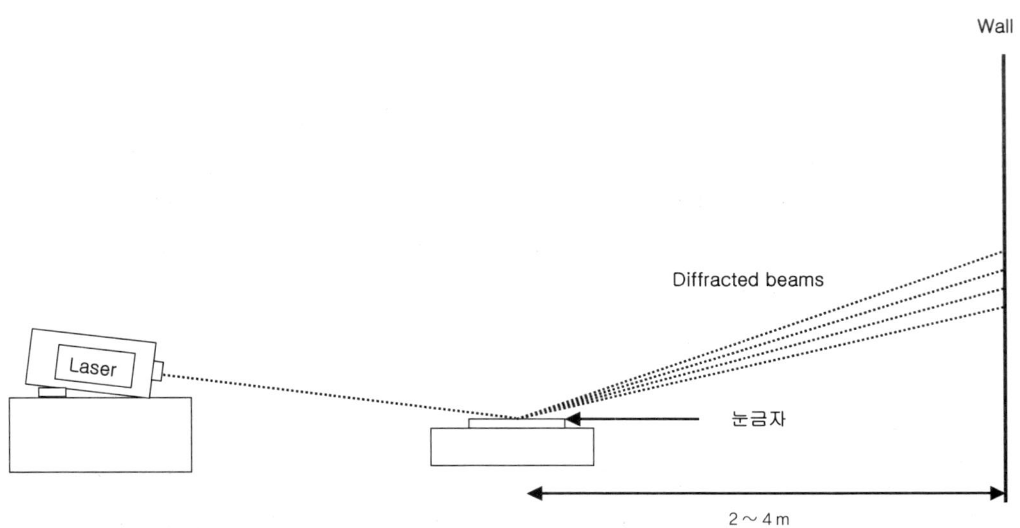

|그림 17.3| 자에 새겨진 눈금에서 회절 패턴을 관찰하기 위한 실험 기구의 개요도

④ 벽에서 y_0, y_1, y_2 ... 값들을 정확하게 측정하기 위해서는 눈금자의 기준점(그림 17.4의 점선의 위치)을 결정해야 한다. 먼저 테이블 위의 눈금자를 치운 상태에서 레이저 빛이 직진하여 벽에 맺힌 점의 높이를 측정하고, 눈금자를 다시 테이블 위에 놓았을 때 맺힌 반사점(reflected spots)의 높이를 측정하면 이 두 점의 중간 지점이 눈금자의 기준점이 된다.

⑤ 또한 눈금자에 비추는 레이저 빛의 위치와 벽과의 수평거리 z_0를 측정한다.

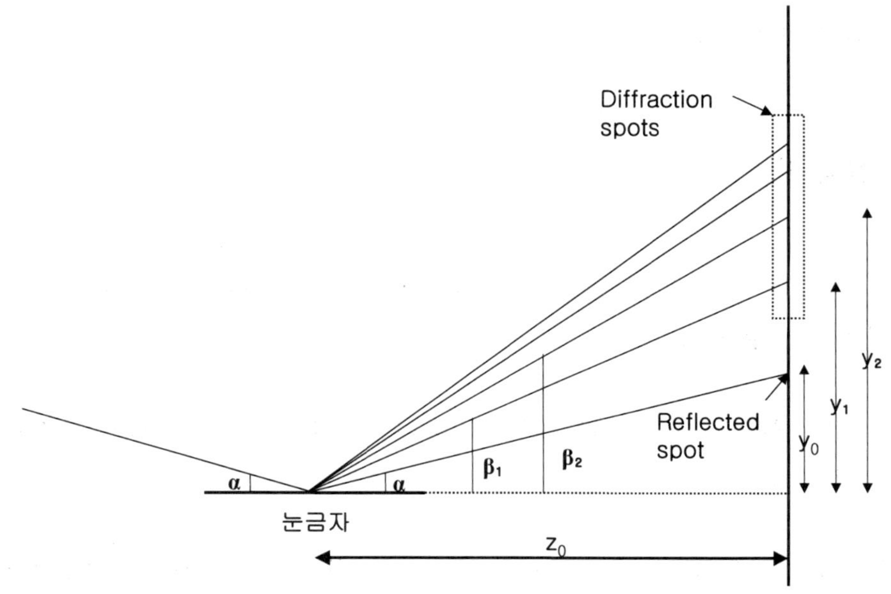

|그림 17.4| 변수 α, β_1, β_2, ...y_0, y_1, y_2, ... z_0의 정의

 결과보고서 및 자료 처리

학년	학과	조번호	학 번	이 름	실험일자	공동실험자

① 반사점(reflected spots)

m = 0		
측정 및 계산값	결과	비고
z_0 (cm)		측정값
y_0 (cm)		측정값
$\sqrt{z_0^2+y_0^2}$		계산값
$\cos\alpha = \frac{z_0}{\sqrt{z_0^2+y_0^2}}$		계산값
$\alpha(=\beta_0)$		계산값

② 회절점(diffraction spots)

m = 1		
측정 및 계산값	결과	비고
d (cm)		측정값
z_0 (cm)		측정값
y_1 (cm)		측정값
$\sqrt{z_0^2+y_1^2}$		계산값
$\cos\beta_1 = \frac{z_0}{\sqrt{z_0^2+y_1^2}}$		계산값
$\lambda = \frac{d(\cos\alpha-\cos\beta_1)}{m}$		계산값

m = 2		
측정 및 계산값	결과	비고
d (cm)		측정값
z_0 (cm)		측정값
y_2 (cm)		측정값
$\sqrt{z_0^2+y_2^2}$		계산값
$\cos\beta_2 = \dfrac{z_0}{\sqrt{z_0^2+y_2^2}}$		계산값
$\lambda = \dfrac{d(\cos\alpha - \cos\beta_2)}{m}$		계산값

m = 3		
측정 및 계산값	결과	비고
d (cm)		측정값
z_0 (cm)		측정값
y_3 (cm)		측정값
$\sqrt{z_0^2+y_3^2}$		계산값
$\cos\beta_3 = \dfrac{z_0}{\sqrt{z_0^2+y_3^2}}$		계산값
$\lambda = \dfrac{d(\cos\alpha - \cos\beta_3)}{m}$		계산값

m = 4		
측정 및 계산값	결과	비고
d (cm)		측정값
z_0 (cm)		측정값
y_4 (cm)		측정값
$\sqrt{z_0^2 + y_4^2}$		계산값
$\cos\beta_4 = \dfrac{z_0}{\sqrt{z_0^2 + y_4^2}}$		계산값
$\lambda = \dfrac{d(\cos\alpha - \cos\beta_4)}{m}$		계산값

6 토론 및 질문

눈금자의 표면 위에 레이저 빔을 비추면 레이저 빛의 대부분은 자의 표면에서 반사되지만 새겨진 눈금에 맞은 빛은 모든 방향으로 산란된다(그림 17.5). 이웃한 눈금으로부터 산란된 빛은 특정한 방향으로만 보강 간섭이 일어나 결과적으로 회절 무늬를 나타낸다. 이 회절패턴의 원인은 이 장의 소개에서 논의되었던 두 개의 점광원과 개념적으로 비슷하다. 보강 간섭이 일

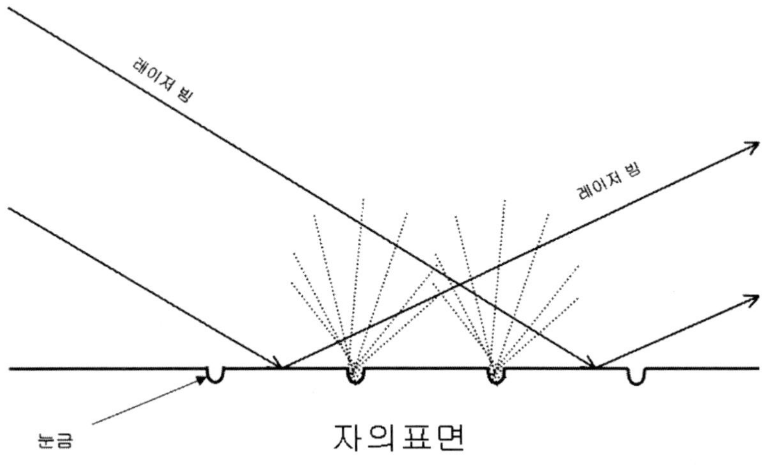

|그림 17.5| 눈금자 표면의 눈금에 의한 레이저 빛의 산란

어나는 조건은 눈금자의 이웃한 점을 비추는 두 레이저 빛의 경로의 차이에 의해 결정된다. 두 빛의 경로 차이가 파장의 정수배가 되면, 두 빛은 보강 간섭을 일으킨다. 그림 17.6에서 P 점이 매우 멀리 떨어져 있다고 가정하면 두 빛의 경로 차는 $dcos\alpha - dcos\beta$이다.
따라서 보강 간섭을 위한 조건은

$$d(\cos\alpha - \cos\beta_m) = m\lambda \tag{17.3}$$

이고 $\cos\beta_m$에서 아래 첨자 m은 회절점(diffraction spots)의 지수이다.

m = 0일 때 $\alpha = \beta_0$이고, 그 회절점은 반사점(reflected spots)과 같다.

만일 눈금 사이의 거리 d를 알고 있고 각도 α와 β를 측정하였다면, 식 17.3을 이용하여 레이저 빛의 파장을 계산할 수 있다. 이때 각도 α와 β는 회절 점의 수직 위치로부터 삼각법을 이용해서 결정한다. 그림 17.7은 회절 점 1개에 대한 기하학적 관계를 보여준다.

주어진 직각 삼각형의 빗변은

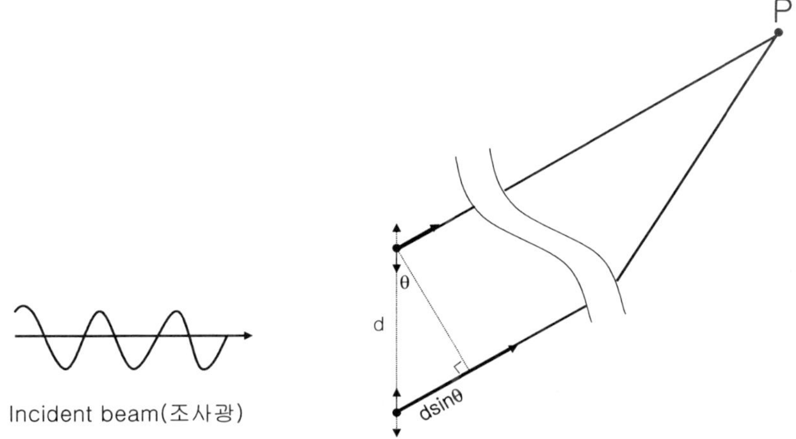

|그림 17.6| 회절식 $d(\cos\alpha - \cos\beta_m) = m\lambda$의 기본적인 개요도

$$\sqrt{z_0^2 + y_m^2} \tag{17.4}$$

이고

$$\cos\beta_m = \frac{z_0}{\sqrt{z_0^2 + y_m^2}} \tag{17.5}$$

마찬가지로, 반사점에 대해서도

$$\cos\alpha = \frac{z_0}{\sqrt{z_0^2 + y_0^2}} \quad \text{이다.} \tag{17.6}$$

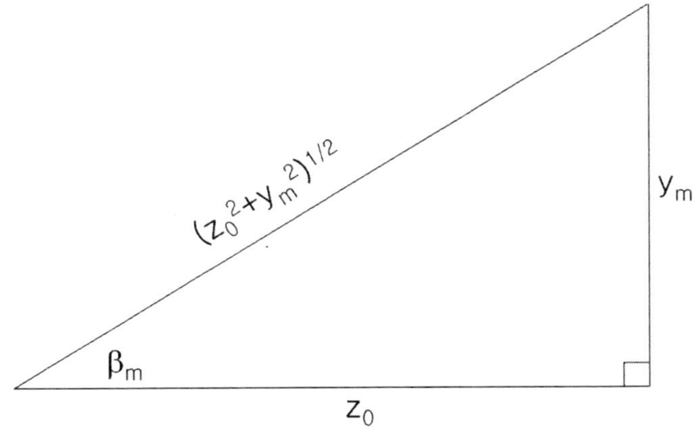

|그림 17.7| 변수 y_m, z_0와 β_m의 기하학적인 관계

이론적으로는 각각의 회절점으로부터 빛의 파장을 결정할 수 있지만, 실험에서 얻어진 여러 회절점을 이용하여 구한 파장값들의 평균을 결정하는 것이 보다 정확하다. 참고로 Sirohi 연구팀은 본 실험과 동일한 방법으로 헬륨-네온 레이저 빛의 파장을 1% 이내의 정확도로 결정할 수 있음을 보고하였다(참고 문헌 1).

7 실험 시 주의사항

① 레이저 빛을 정면으로 보아서는 절대 안 된다. 반사되거나 회절된 빛도 오랫동안 관찰하는 것도 눈에 피로를 줄 수 있으니 주의해야 한다.

② 눈금자와 벽면과의 거리, 레이저 빛이 눈금자에 비추는 각도, 그리고 자에 새겨진 눈금의 선명도 등에 의해 실험 결과가 달라질 수 있으므로 상황에 맞게 조교의 지도하에 실험한다.

8 참고 문헌

① R.S. Sirohi, *A Course of Experiments with He-Ne Laser*, John Wiley, New York, 1985: p. 45~48.

실험 18

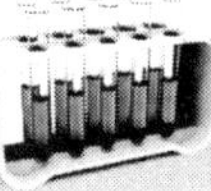

레이저를 이용한 이슬점의 온도 측정

1 실험 목적

레이저 빛의 산란 효과를 이용하여 이슬점 온도를 측정한다.

2 실험 배경 및 원리

특정한 온도에서 공기가 최대로 포함할 수 있는 수증기량(100% 습도)을 기준으로, 현재 공기에 포함되어 있는 수증기량을 퍼센트(%)로 나타낸 것을 상대 습도(relative humidity)라고 한다. 온도가 증가하면 물의 증기압도 증가하므로 따뜻한 공기는 차가운 공기보다 일반적으로 더 많은 수증기를 포함할 수 있다. 따라서 수증기를 포함하고 있는 공기의 온도가 내려가면, 상대 습도는 증가하여 100%에 이르게 되고 수증기가 응축되기 시작하는데 이때의 온도를 이슬점(dew point)이라 한다. 습도가 큰 공기는 건조한 공기보다 높은 온도에서 이슬점을 갖는다. 또한 아주 건조한 공기는 0°C 이하의 이슬점을 나타내어 서리가 되기도 한다. 이슬점은 수증기의 양에 의해 결정되므로 공기 속에 있는 수증기의 양을 나타내는 기준이 된다. 처음의 기온이 같더라도 상대 습도가 다르면 이슬점은 달라진다. 이른 아침에 비가 오지 않았는 데도 지면(地面)에 있는 돌 따위의 표면이 젖어 있는 것은 야간 복사에 의해서 돌의 온도가 이슬점 이하로 떨어져서, 수증기가 돌의 표면에 응결하기 때문이다.

이번 실험에서는 비커 물의 온도를 서서히 낮추면서 비커의 바깥 표면에 형성되는 물방울의 레이저 산란 현상 효과를 관찰함으로써 이슬점을 측정한다.

3 장치 및 시약

Red 레이저(He-Ne 레이저), 광 검출기, 자석 교반기와 마그네틱 바, 링 스탠드, 클램프 2개, 온도계, 비커(300 ~ 500 mL), 얼음

4 실험 방법

① 그림 18.1, 18.2와 같이 실험 장치를 준비한다. 자석 교반기 위에 비커를 잘 고정시키고 물 100 mL와 마그네틱 바를 넣어준다.

② 비커의 접선(tangent) 방향으로 레이저 빛을 비추도록 조절하고, 비커 내의 물의 온도를 측정할 수 있도록 온도계를 클램프로 고정시킨다.

③ 비커 표면에서 회절 되는 빛을 감지할 수 있도록 광 검출기의 방향과 위치를 잘 설정한다.

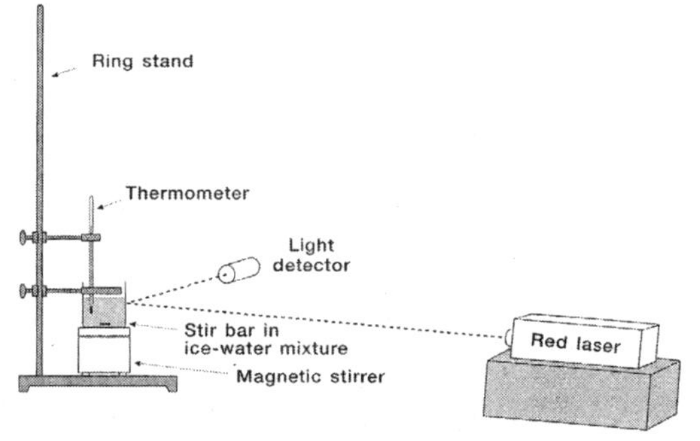

|그림 18.1| 실험 기구 배치도

|그림 18.2| 실제 실험한 기구 배치도

④ 얼음 조각을 조금씩 넣어 온도를 낮추면서 레이저의 산란된 빛이 크게 증가(광 검출기의 측정값이 크게 증가함)할 때까지 비커 물의 온도와 광 검출기 출력을 측정한다. 특히, 비커 표면에 물방울이 처음으로 맺히는 이슬점의 온도를 눈으로 세심하게 관찰하여 기록한다.

⑤ 물의 온도에 따른 산란 빛의 세기를 그래프로 나타낸다. 그림 18.3은 이슬점 온도를 측정하는 실험의 전형적인 결과이다.

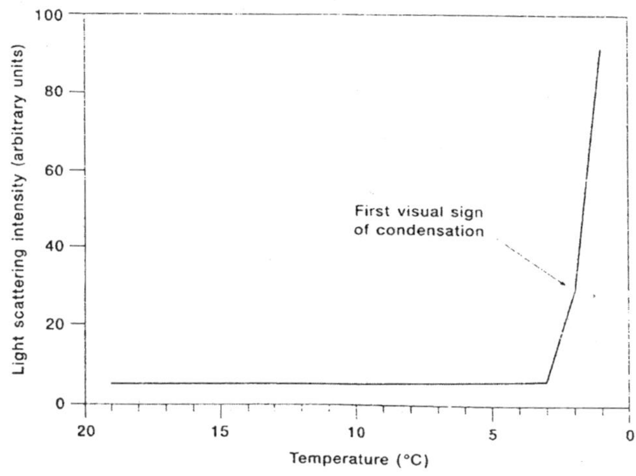

|그림 18.3| 온도에 따른 레이저 산란 빛의 세기

그림에서와 같이 광 검출기에 의해 산란된 빛이 급격히 증가하는 온도는 3°C인 데 반하여, 수증기의 응축(비커 표면의 물방울)을 눈으로 관찰할 수 있는 온도는 5°C이다. 이것은 눈으로는 확인하기 어려운 비커 표면의 미세한 응축 현상을 레이저 산란 현상을 이용하면, 정확히 측정할 수 있음을 증명하는 것이다.

5 결과보고서 및 자료 처리

학년	학과	조번호	학 번	이 름	실험일자	공동실험자

① 이슬점 측정 결과(실험을 3회 반복)

실내 온도 (　　　　)°C			
	광 검출기의 측정 전압		
비커 물의 온도 (°C)	측정실험 1	측정실험 2	측정실험 3
24			
23			
22			
21			
20			
19			
18.5			
18			
17.5			
17			
16.5			
16			
15.5			
15			
14.5			
14			
13.5			

② 비커 물의 온도에 따른 산란 빛의 세기 그래프를 그리고 이슬점 온도의 평균값을 구한다.

6 토론 및 질문

① 일반적으로 실내 온도가 높을 경우에는 비커 안과 밖의 온도차가 많이 나기 때문에 이슬이 빨리 형성된다. 또한 전형적인 실험 결과 그래프와 마찬가지로 이슬은 이미 형성되었지만 눈에 보이는 이슬점의 온도는 더 낮게 나타난다.

② 이 실험은 낮에는 주위의 빛의 세기가 강하여 순수한 레이저의 회절된 빛을 감지할 수가 없어 저녁에 실험을 실시하여 좋은 결과를 얻을 수 있고, 저녁에는 공기의 습도가 높은 관계로 이슬이 형성되는 온도가 높게 나타난다.

7 실험 시 주의사항

① 레이저의 빛을 직접 쳐다보지 않도록 한다.

② 광 검출기는 빛에 민감하므로 산란 빛을 측정하는 동안 외부의 빛(태양빛 또는 형광등 빛)이 가급적 들어가지 않도록 사용한다.

③ 마그네틱 바가 온도계에 닿지 않도록 온도계를 잘 고정시킨다.

8 참고 문헌

① Z. Blaszczak, P. Gauden, *Am. J. Phys.*, **58**, 1112 (1990).

실험 19

메틸렌 블루의 광표백

1 실험 목적

Methylene blue와 triethylamine 용액에 적색 레이저를 비추면 레이저 빛이 통과하는 경로에 표백 현상이 일어난다. 이러한 광표백(Photobleaching) 현상은 methylene blue가 삼중항(triplet-state) 상태의 중간체를 형성하여 전자를 받아들일 수 있는 능력이 더욱 증가하기 때문이며 이번 실험을 통해 확인한다.

2 실험 배경 및 원리

그림 19.1과 같은 분자 구조를 갖는 methylene blue ($^{1}MBo^{+}$)는 가시광선 스펙트럼의 빨간색 영역의 빛을 강하게 흡수하는(그림 19.2) 유기 염료이다.

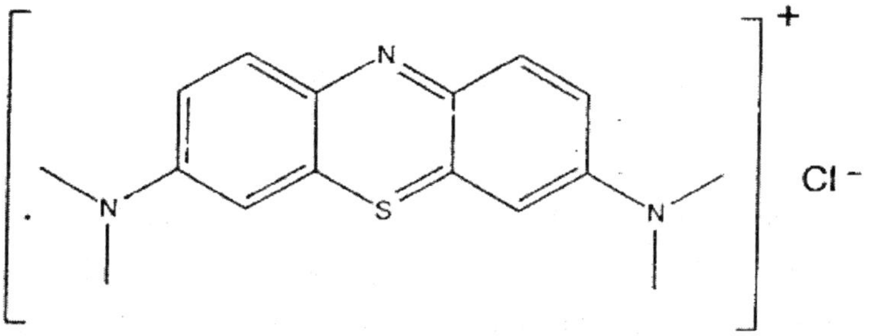

|그림 19.1| Methylene blue의 분자 구조

Methylene blue 분자가 빨간 빛을 흡수하면, 단일항(singlet state)의 들뜬 상태로 여기되며 $^{1}MB^{+}$로 표시한다. 여기된 단일항 상태의 methylene blue는 바닥 상태로 돌아오거나 들뜬 상태의 삼중항(triplet)으로 변환된다. 삼중항 상태는 $^{3}MB^{+}$로 나타내며 비교적 수명이 길어서(4.2×10^{-5} s) 바닥 상태보다도 더 나은 전자 수용체(electron acceptor), 즉 산화제 역할을 한다.

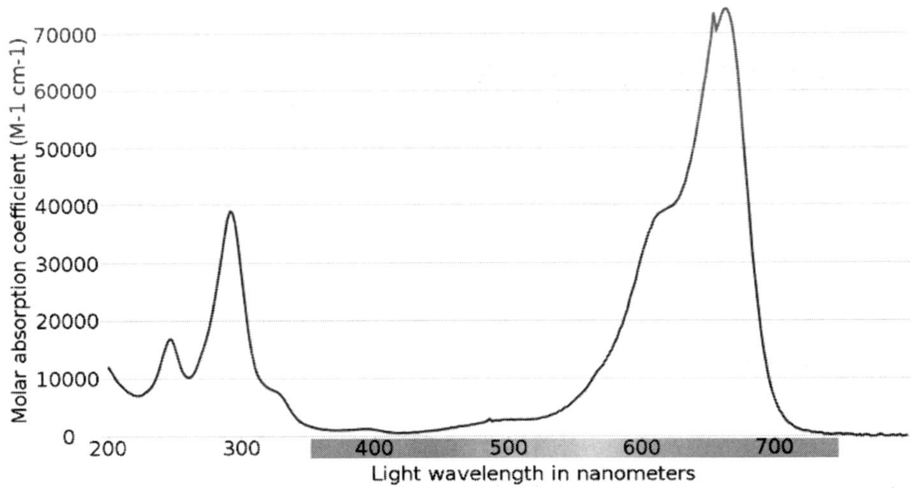

|그림 19.2| Methanol 안에서 methylene blue의 흡수 스펙트럼

이 실험에서 관찰하는 광표백 현상은 광화학적 산화환원 반응 과정의 결과이다. 바닥 상태인 methylene blue는 triethylamine과 반응하지 않지만, 삼중항 상태의 들뜬 methylene blue는 triethylamine을 효과적으로 산화시킨다. 광표백 과정은 다음과 같이 요약할 수 있다.

$$^{1}MB_0^{+} \xrightarrow{hv} {}^{1}MB^{+} \longrightarrow {}^{3}MB^{+}$$

(청색)

$$^{3}MB^{+} + :NR_3 \longrightarrow MB\bullet + \bullet NR_3^{+}$$

(투명)

여기서, NR_3는 triethylamine 또는 다른 유사한 amine을 나타낸다.

햇빛은 광표백 반응을 일으키는 데 사용될 수 있으나, 빛의 세기가 강한 붉은색의 He-Ne 레이저를 사용하면 더욱 현저한 광표백을 일으킨다(용액에 레이저 광선을 비추면 레이저 광선이 지나간 자리가 하얗게 표백됨을 볼 수 있다). 반면에 햇빛을 비추지 않은 대조 시료는 표백이 되지 않는다.

따라서 광표백은 광화학 과정으로 들뜬 상태의 methylene blue가 강한 산화제로 작용한다는 것을 입증한다. 그리고 녹색의 빛을 비춘 시료 용기 안의 용액도 역시 표백이 되지 않는다. 왜냐하면 methylene blue는 녹색의 빛을 거의 흡수하지 않기 때문이다. 광화학적으로 표백된 용액은 그늘에서 빠른 속도로 처음의 푸른 색상으로 돌아간다. 무색으로 표백된 용액을 흔들어 주면 푸른 색상으로의 전환 속도가 빨라진다.

3 장치 및 시약

He–Ne 레이저(Red Laser), 마개 달린 10 mL 바이알 병, 마개 달린 1.0 mL 바이알 병 3개, 피펫, methylene blue 2 mg, triethylamine 5방울, 녹색 레이저 또는 더 짙고 밝은 녹색 광원.

4 실험 방법

① 물 10 mL, methylene blue 1 ~ 2 mg, 10 ~ 20 방울 triethylamine을 10 mL 바이알 병에 넣어 마개를 닫고 섞는다.

② 3개의 1.0 mL 바이알 병에 이 용액을 0.75 mL씩 나누어 넣고 뚜껑을 닫는다.

③ 남아있는 10 mL 바이알 병의 용액을 밝은 햇빛에 약 5분간 두고 그 용액의 색깔 변화를 관찰한다. 또, 이 용액을 다시 태양 빛으로부터 차단하고 색깔의 변화를 관찰한다.

④ 암실 안에 세 개의 1 mL 바이알 병을 놓고, 하나에는 붉은색 레이저를 비추고, 두 번째 바이알 병에는 녹색 레이저 또는 가능하다면 적당한 빛 세기의 녹색 색 광원을 비춘다. 세 번째 바이알 병은 대조군으로 한다. 이 세 개의 바이알 병들을 일정한 시간을 두고 가끔씩 색상 변화를 관찰한다. (이 실험에서 사용하는 붉은색 레이저의 파장은 630 nm 근처이어야 한다. 685 nm의 붉은색을 내는 다이오드 레이저는 methylene blue의 흡광도가 낮아 실험에 적합하지 않다.)

5 결과보고서 및 자료 처리

학년	학과	조번호	학 번	이 름	실험일자	공동실험자

① 물 10 mL, methylene blue 1 ~ 2 mg, 10 ~ 20 방울 triethylamine을 섞은 용액을 밝은 햇빛에 약 5분간 노출시켰을 때 용액의 색깔 변화를 설명하시오(사진 첨부).

② 위 용액을 햇빛으로부터 차단시켰을 때 용액의 색깔 변화를 설명하시오(사진 첨부).

③ 암실에서 바이알 병에 붉은색 레이저를 비추며 용액의 색깔 변화를 10분 간격으로 관찰한 결과를 사진으로 첨부하고 대조군의 세 번째 바이알 병과 비교한다.

④ 암실에서 바이알 병에 녹색 레이저를 비추며 용액의 색깔 변화를 10분 간격으로 관찰한 결과를 사진으로 첨부하고 대조군의 세 번째 바이알 병과 비교한다.

 토론 및 질문

① Methylene blue의 광표백 원리를 설명하시오.

② 무색으로 표백된 용액이 서서히 푸른 색상으로 전환되는 이유는 무엇인가?

③ 광표백 효과에서 triethylamine의 역할은 무엇인가?

 실험 시 주의사항

① Triethylamine은 부식성이고 쉽게 피부를 투과한다. 반드시 후드에서 용액을 준비하고, 용액들을 다룰 때에는 장갑을 낀다.

② 항상 눈 보호 안경을 착용한다.

 참고 문헌

① V.L. Lutoshkin, S.V. Volkon, *Theor. Exp. Chem.*, **13**, 278 (1977).

산란광의 공간 분포와 편광

1 실험 목적

빛을 산란시키는 매질로써 물에 알부민 단백질을 녹인 콜로이드 혼합물을 이용하여 산란된 빛의 공간 분포와 편광을 살펴본다.

2 실험 배경 및 원리

빛의 진동면, 즉 전기장과 자기장의 방향이 항상 일정한 평면에 한정되어 있는 빛을 편광이라고 한다. 편광에 대하여 광원으로부터의 직사광선처럼, 진동 방향과 세기가 불규칙적으로 변화하면서 평균적으로는 어느 방향에서 같은 세기를 가지고, 진동면이 빛의 진행방향에 대칭인 빛을 자연광이라 한다. 또 자연광과 편광이 섞인 빛을 부분 편광이라 하며, 이에 대해 진동면이 일정한 편광을 완전 편광 또는 직선(평면) 편광이라 한다. 이러한 자연광과 편광은 직접 보아서는 구별할 수가 없으나, 특정한 진동면을 가진 빛만을 통과시키는 필터를 통과시키면 편광은 필터의 회전에 수반하여 투과광의 밝기가 변하므로, 필터의 회전에 관계없이 항상 같은 밝기를 가지는 자연광과 다르다는 것을 알 수가 있다.

레이저 광선은 보통 빛에 비하여 매우 순수하며 퍼지지 않고 곧바로 진행하는 빛이다. 물체를 태울 때 나는 빛이나 형광등에서 나오는 빛은 고온으로 가열된 원자나 분자 하나하나에서 자유로이 발생하는 빛이며, 이러한 빛은 같은 종류의 원자나 분자에서 나오는 빛이라도 무수히 다른 파장의 빛을 포함하고 있다. 그리고 개개의 원자나 분자에서 나오는 빛은 서로 관련성이 없는 여러 가지 빛의 모임이다. 그러나 레이저 광선은 한 종류의 파장만을 가진 빛이며 위상(位相)이 고른 연속된 빛이다. 즉, 레이저 광선은 위상이 고른 단색광(丹色光)이라고 한다.

이 실험에서는 콜로이드 용액에 편광된 레이저 빛을 조사하여 산란된 빛의 공간에 따른 분포와 세기 그리고 편광 효과를 관찰한다.

3 장치 및 시약

He-Ne 레이저(Red Laser) - 편광된 상태, 편광기 - 1개, 샘플 셀 - 5개(사면이 투명한 Cuvette 또는 테스트 튜브), 알부민 - 100 mg, Latex beads - 100 nm, 광 검출기, 전자저울, 증류수, 비커, 눈금 피펫, 메스 플라스크

4 실험 방법

① 레이저와 샘플 셀을 그림 20.1과 같이 설치한다. 그림 20.1의 레이저는 편광된 빛을 방출하지 않는 경우이며 이때는 편광계를 사용하여 편광된 빛을 만들어야 한다. 그러나 편광된 빛을 방출하는 레이저를 사용하는 경우에 따로 편광계를 설치할 필요가 없다(레이저를 고정시키고 전원을 켜서 레이저 빛을 나오도록 한 후 편광계를 서서히 돌려가면서 빛의 세기를 관찰하면 레이저의 편광 방향을 확인할 수 있다).

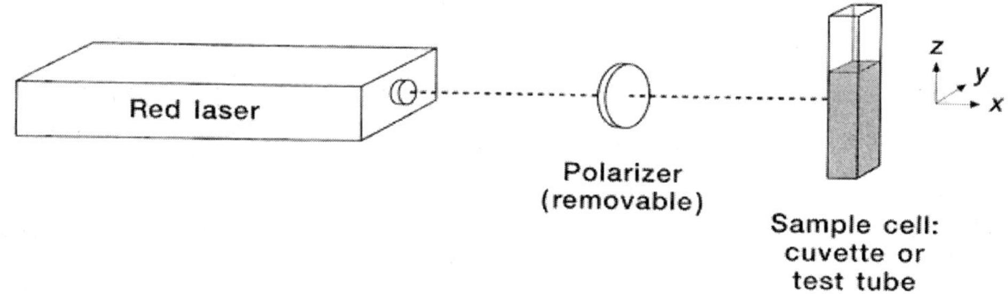

|그림 20.1| 공간적 분포를 관찰하기 위한 실험

② 물 20 mL에 100 mg의 건조한 알부민을 섞어서 단백질 진한(약 0.5 %) 수용액을 만든다.

③ 농축된 알부민 수용액을 10, 10^2, 10^3, 10^4 배 희석된 용액을 각각 10 mL씩 준비하고 5개의 샘플 셀의 4/5 높이까지 채운다. 레이저 빛의 편광 면이 실험 테이블 면의 수직이 되도록 조정한다. 서로 다른 농도의 5개 샘플 셀에 대하여 레이저 빛의 산란 효과를 눈으로 관찰하고 산란이 가장 잘 관찰되는 농도(묽은 농도)를 결정한다. 매우 묽은 용액을 사용하는 것은 다중 산란을 최소화하고 편광 효과를 매우 분명하게 보여주기 때문이다.

④ 산란 효과가 가장 큰 샘플 셀에 대하여 산란된 빛을 Y축과 Z축 방향에서 관찰하고 어느 방향에서 산란된 빛이 더 강한지 눈으로 확인한다(주의: 샘플 셀을 투과한 레이저 빛을 눈으로 직접 관찰해서는 절대로 안 된다).

⑤ 편광기의 각도를 15도씩 회전시키면서 눈으로 관찰하는 대신 광 검출기를 이용하여 정밀한 측정(광 검출기의 측정 전압)을 한다(주의: 광 검출기는 빛에 민감한 기기이므로 샘플 셀을 투과한 레이저 빛에 광 검출기로 직접 측정하면 안 된다). 또한 Z축 방향에서도 편광기의 각도를 15도씩 회전시키면서 광 검출기로 정밀하게 측정을 한다.

⑥ 레이저 빛의 편광 면이 실험 테이블 면과 수평이 되도록 조정한 수 ⑤ 과정의 실험을 반복한다.

5 결과보고서 및 자료 처리

학년	학과	조번호	학 번	이 름	실험일자	공동실험자

① 산란 효과가 가장 큰 알부민 수용액의 최소 농도: (%)

② 레이저 빛의 편광면이 실험 테이블면의 수직인 상태에서 산란 효과를 눈으로 관찰할 때 Y축과 Z축 중 어느 축 방향에서 산란된 빛이 더 강한가? (   )

③ 레이저 빛의 편광면이 실험 테이블면의 수평인 상태에서 산란 효과를 눈으로 관찰할 때 Y축과 Z축 중 어느 축 방향에서 산란된 빛이 더 강한가? (   )

④ **레이저 빛의 편광면이 실험 테이블 면의 수직인 상태**에서 산란 효과가 가장 큰 샘플 셀에 대하여 편광기의 각도를 15도씩 회전시키면서 광 검출기의 측정 전압을 기록한다. 샘플의 농도가 묽으면 묽을수록 Y, Z축 방향의 산란광의 세기가 약해진다.

|표 20.1| 레이저 빛의 편광면이 실험 테이블 면의 수직인 상태에서 Y 및 Z축의 편광기의 각에 따른 산란광의 세기(샘플의 농도 =   %)

각도	광 검출기의 출력 전압	
	Y축	Z축
15		
30		
45		
60		
75		
90		
105		
120		
135		
150		
165		

⑤ Y 및 Z축의 편광기 각도에 따른 산란광의 세기를 그래프로 그린다.

⑥ **레이저 빛의 편광면이 실험 테이블면의 수평인 상태**에서 산란 효과가 가장 큰 샘플 셀에 대하여 Y축에 편광기를 설치하고 편광기의 각도를 15도씩 회전시키면서 광 검출기의 측정 전압을 기록한다.

|표 20.2| 레이저 빛의 편광면이 실험 테이블면의 수평인 상태에서 Y 및 Z축의 편광기의 각에 따른 산란광의 세기 (샘플의 농도 = %)

각 도	광 검출기의 출력 전압	
	Y축	Z축
15		
30		
45		
60		
75		
90		
105		
120		
135		
150		
165		

⑦ Y 및 Z축의 편광기 각도에 따른 산란광의 세기를 그래프로 그린다.

6 토론 및 질문

물에 알부민을 소량 녹이는 것은 빛을 효과적으로 산란시키는 콜로이드 현탁액을 만들기 때문이다. 그림 20.2는 편광이 안 된 레이저 빛을 콜로이드 현탁액에 쪼여 주었을 때의 산란되는 빛의 공간 분포와 편광 특성을 보여 준다. 빛은 모든 방향으로 산란되지만 빛의 세기가 최대인 방향과 최소인 방향이 관찰된다. 특히, 레이저 빛의 진행축에 수직으로 산란되는 빛(Y 및 Z축 방향)은 선편광(linearly polarized)되어 있으므로 편광계를 이용하여 확인할 수 있다.

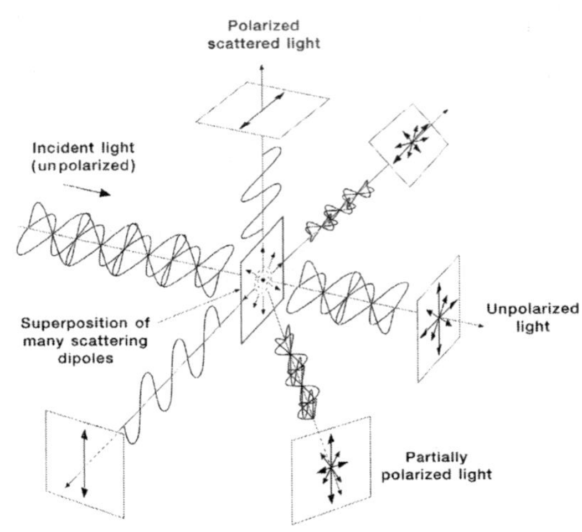

|그림 20.2| 편광이 안 된 빛을 쪼여주었을 때 진동 쌍극자로부터 산란된 빛의 공간분포 및 편광 특성

그림 20.3은 편광된 레이저 빛을 콜로이드 현탁액에 쪼여주었을 때 산란되는 빛의 공간 분포와 편광 특성을 보여주며 실험 과정 ④~⑦의 결과를 예상할 수 있는 참고 자료이다. 이 경우 레이저 빛은 모든 방향으로 산란되지 않는데, 레이저 빛의 전기장 (electric field)과 같은 면이고 동시에 레이저 빛의 진행 방향에 수직인 방향에서는 빛의 세기가 0 (zero intenisty)이 되는 것이 특징이다. 또한 모든 산란된 빛은 편광이 되어서 편광계를 이용하여 쉽게 확인할 수 있다.

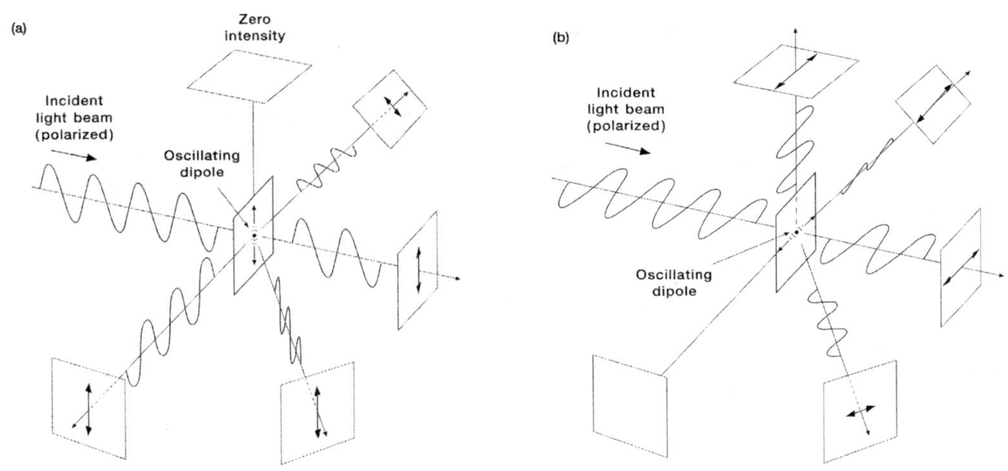

|그림 20.3| 편광된 빛을 쪼여주었을 때 진동 쌍극자로부터 산란된 빛의 공간 분포 편광

편광된 레이저 빛을 사용하여 실험했을 때 샘플로부터 산란되는 빛은 다중 산란(multiple scattering) 때문에 사실상 완전하게 편광되지 않는다. 빛이 샘플 셀로부터 나오기 전 여러 지점들로부터 산란되면 편광을 예측하는 것은 복잡해지기 때문이다. 따라서 산란을 유발하는 입자들의 농도를 가급적 낮게 해줌으로써 다중 산란을 최소화할 수 있다.

7 실험 시 주의사항

① 레이저를 직접 눈으로 보는 경우가 없도록 주의한다.

② 알부민 수용액과 Latex beads를 함께 사용할 수 있다.

③ 광 검출기 주변으로 레이저 빛 외에 다른 빛이 들어가지 않도록 주의한다.

④ 반응한 혼합물은 유기성 폐기물 용기에 폐기한다.

⑤ 실험이 끝나면 콜로이드 수용액은 싱크대에서 물로 세척해도 무방하다.

8 참고 문헌

① E. Hecht, *Optics*, 2nd ed., Addison-Wesley; Reading, MA: 278 (1987).

② J.R. Meyer-Arendt, *Introduction to Classical and Modern Optics,* Prentice-Hall, Englewood Cliffs, NJ, 1972.

실험 21

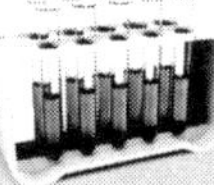

TiO_2 광촉매에 의한 분자의 분해

1 실험 목적

넓은 띠 간격 반도체의 광촉매 역할을 이해하고, 산화티타늄 콜로이드를 광촉매로 유해한 염료 분자인 malachite green을 분해할 때 그 과정을 가시광선 흡수 스펙트럼이 사라지는 것을 관찰하면서 광분해 반응을 관찰한다.

2 실험 배경 및 원리

산화티타늄(TiO_2)은 다양한 응용성을 띤 반도체이다. 흰색 페인트의 주요 원료로서 1991년 한 해를 기준으로 할 때 연간 3000만 톤이나 생산되기도 하였으며, 그 외에도 화장품을 제조하는 데에도 중요한 역할을 한다. 또한 TiO_2는 띠 간격이 약 3.2 eV에 달하는 넓은 띠 간격 반도체 부류에 속하여 360 nm 이하의 파장을 잘 흡수한다. 흡수된 빛은 전도띠에 전자(electron)와 원자가 띠에 정공(hole)을 생성시켜, 이들은 주위의 흡착된 분자들에 산화환원 반응을 유발한다(그림 21.1, 참고 문헌 1 참조).

$$TiO_2 \rightarrow (h\nu)\, e^- + h^+$$

TiO_2의 이러한 광촉매적인 역할은 태양열을 이용한 전기에너지 생성, 광합성, 혹은 유해한 무기물질의 정화 등을 위해 응용할 수 있는 가능성을 보여 주며 많은 연구가 되고 있다.

이번 실험에서 사용하는 TiO_2는 지름이 약 20 nm 정도에 불과한 미세한 입자들이다. 이러한

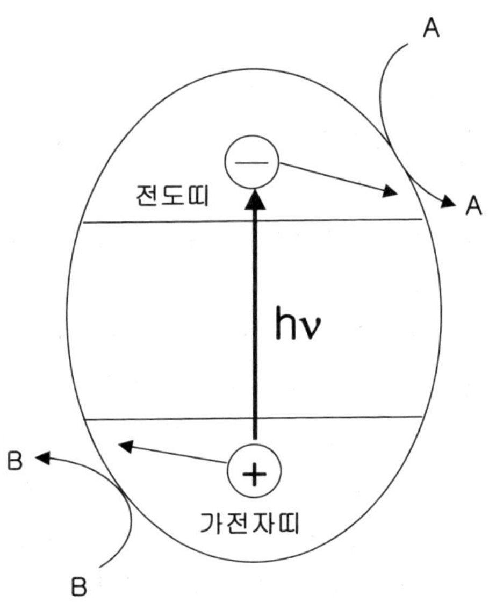

|그림 21.1| 띠 간격이 큰 반도체의 광촉매 활동에 대한 개략도

미세한 입자들은 양자 구슬(quantum dot), 나노입자(nanoparticle), 콜로이드(colloide) 등으로 불려오고 있다. 이러한 미세입자가 수용액에서 어떤 역할을 할 때 콜로이드라고 하므로 TiO_2를 콜로이드로 볼 수 있다. 입자의 크기가 매우 작으면 그만큼 표면적이 커지므로 광촉매 활성이 커질 것으로 기대할 수 있다. TiO_2는 anatase, rutile, brookite의 세 가지 상 구조를 가질 수 있다. 이 중에서 brookite 구조는 극심한 온도와 압력에서만 존재하므로 일반적인 조건 하에서는 rutile 구조와 anatase 구조를 띤다. TiO_2의 광촉매 활성은 anatase 구조를 갖는 것이 더 우수하다고 알려져 있다. TiO_2 콜로이드는 합성하는 방법에 따라 그 입자 크기와 구조가 다를 수 있는데, 이번 실험에서는 독일의 Degussa 사에서 오래 전에 개발하여 페인트나 화장품의 원료로서 생산하여 온 P-25 TiO_2를 사용할 것이다. P-25는 개발한 상품명에 해당하는데 P-25는 주로 anatase 구조로 되어 있으며 입자의 크기는 대략 20 nm 정도로 알려져 있다.

수용액 상에서 TiO_2의 광촉매 반응을 유발시킬 때 H_2O는 정공을 중화시키는 역할을 하며, 이때 발생한 산소는 전자를 포획하게 된다. 산소가 녹아 있는 수용액에서 일어나는 여러 라디칼 발생 메커니즘에 대해서 참고 문헌 2에서 논의된 바 있으며, 이를 간추리면 다음과 같다.

$$e^- + O_2 \rightarrow O_2^-$$

$$H_2O + h^+ \rightarrow OH\bullet + H^+$$

$$O_2 + 2H^+ + 2e^- \rightarrow H_2O_2$$

$$H_2O_2 + O_2^- \rightarrow OH\bullet + OH^- + O_2$$

$$H_2O_2 + e^- \rightarrow OH\bullet + OH^-$$

염료와 같은 유기물이 들어 있는 용액에서는 위와 같이 생성된 OH 라디칼이 유기물과 반응할 것이다. TiO_2를 광촉매로 하여 아세트산, 알데하이드 등 유해한 유기물질을 무해한 CO_2와 H_2O로 분해하는 실험 결과들은 많이 알려져 있다(참고 문헌 3 참조). 이 과정의 정확한 메커니즘은 불분명하지만 OH 라디칼이 반복적으로 유기물과 반응하는 과정이 중요할 것이라고 추측하고 있다.

이번 실험에서는 malachite green 이라는 유기물 염료가 TiO_2의 광촉매 활성에 의해 분해되는 과정을 자외선-가시광선 분광기로 확인할 것이다. Malachite green은 일종의 triphenylmethane 계의 양이온성 염료로서 여러 가지 음이온과 결합한 염의 형태의 분말이다. 이 실험에 사용하는 malachite green은 옥살산 이온과 결합하여 이합체의 형태를 띤 malachite green oxalate (F.W.= 927.03 g/몰)으로서 그 구조와 자외선-가시광선 스펙트럼은 그림 21.2와 같다. 특히, 610 nm의 흡수띠를 이 실험에서 추적할 것이다.

이번 실험에서는 물에 약 10 ppm 정도로 오염된 malachite green이 TiO_2 콜로이드의 광촉매 효과에 의해 분해되어 얼마나 감소할 것인가를 추적할 것이다.

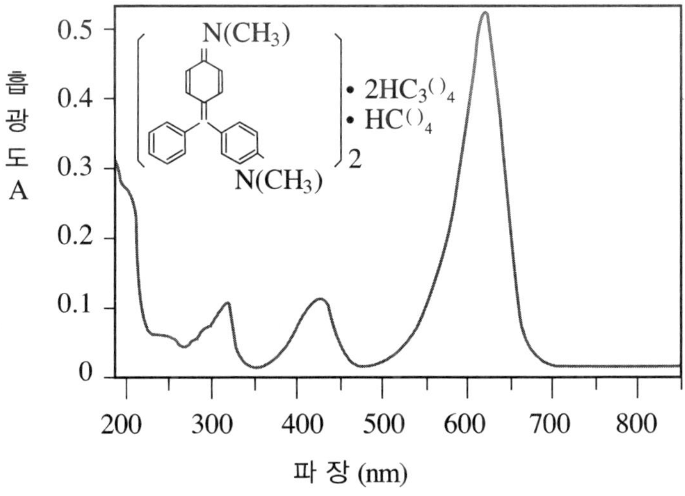

|그림 21.2| Malachite green(oxalate)의 구조와 자외선-가시광선 스펙트럼(농도: 3.3 mg/l)

3 장치 및 시약

가시광선 분광기, 원심분리기

pasture 피펫: 1개

시험관: 14개

부피 플라스크 100 mL: 6개, 250 mL: 2개

25 mL 눈금 피펫: 2개

수은 자외선램프(4W 이상): 1개

TiO_2 나노입자(Degussa P-25가 적당): 100 mg

MG(malachite green oxalate): 수 g

증류수: 다량

알루미늄 호일: 1통

주사기형 필터(0.45 ㎛): 3~5개

입구 넓은 비커: 1개

Magnetic Stiller, Magnetic bar 각각 1개씩

4 실험 방법

① Beer–Lambert 법칙의 보정

ㄱ) 100 ppm(1 ppm = 1 mg/L) 농도의 malachite green oxalate (MG) 저장 용액을 만든다. 예: 100 mL – MG 10 mg을 100 mL 부피 플라스크에 넣고 표시선까지 증류수로 묽힌다.

ㄴ) 100 ppm MG 저장용액 2, 5, 8, 10 mL 씩을 100 mL 부피 플라스크에 각각 넣고 표시선 까지 묽혀 2, 5, 8, 10 ppm 농도의 MG 용액을 만든다.

ㄷ) 가시광선 분광기를 이용하여 H_2O를 standard로 하고 500 nm부터 650 nm까지 각 MG 용액의 흡광스펙트럼을 얻는다. 2, 5, 8, 10 ppm 용액의 스펙트럼에서 610 nm(혹은 λ_{max})의 흡광도를 읽어서 농도와 흡광도 간의 선형성을 확인 후 Beer–Lambert 법칙의 보정을 한다(Beer–Lambert 법칙의 보정이란 그림 21.3과 같은 직선을 그리는 것을 말한다).

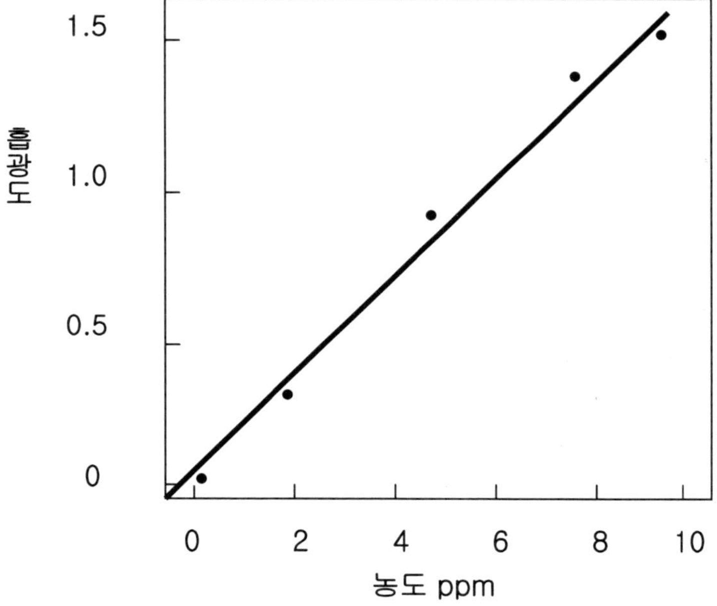

|그림 21.3| Beer Lambert 법칙의 보정 직선(흡광도는 610 nm에서 측정)

*Beer-Lambert 법칙

$$A = \log\frac{1}{T} = \log\frac{I_0}{I} = -\log T = abc \quad (21.1)$$

$$T = \frac{I}{I_0} = e^{-abc}$$

T: 투광도

A: 흡광도

a: 몰 흡수도(1/mol×cm)

b.: 광로의 길이(빛이 지나가는 셀의 길이)

c: 시료의 농도

I_0: 입사광의 세기

I: 투과된 빛의 세기

② 광촉매와 반응물의 준비

ㄱ). 100 mg의 TiO_2를 100 mL 부피 플라스크에 넣고 증류수로 녹여 0.1% 농도의 TiO_2를 만들고 이 부피 플라스크를 알루미늄 호일로 잘 덮어 빛을 차단한다.

ㄴ). 앞의 100 ppm MG 저장용액 25 mL를 취하여 250 mL 부피 플라스크에서 묽혀 10 ppm 농도의 MG 용액을 만든다.

③ 빛의 조사

ㄱ). 햇볕이 나는 날의 경우: 250 mL 부피 플라스크에 들어 있는 10 ppm MG 용액을 광반응이 잘 일어날 수 있도록 500 mL 정도의 넓은 비커로 옮긴 후 0.1% TiO_2 수용액을 3~5 방울 넣고 햇빛을 쬐어 주며 광반응을 개시한다. 균일한 반응을 위하여 Magnetic stiller를 이용해도 좋다.

ㄴ). 햇볕에 의한 광반응이 시작된 후 0분, 5분, 10분, 15분, 25분, 40분, 60분마다 약 7 mL 정도씩 시료를 채취하여 알루미늄 호일로 쌓인 시험관에 옮긴다. 광반응이 일어나기 직전의 시료(0분 시료)를 반드시 채취해야 한다.

ㄷ). 햇볕이 나지 않는 날의 경우: 햇빛 대신 4W 자외선 수은 램프를 이용해서 앞의 실험을 반복한다. 이때 램프를 광반응 용기에 되도록 가까이 가져가고 실험하는 동안은 용기의 위치를 이동시키지 않는다.

* 햇볕은 비, 눈, 구름 등의 저해 요인 때문에 일정한 조사량을 기대하기 힘들다. 그러므로 자외선 수은 램프를 이용한 실험이 결과를 얻기에 쉽다. 그러므로 여기서는 자외선 램프를 이용하여 실험하는 것이 좋다.

④ **여과**

각각 채취한 시료가 들어 있는 시험관을 TiO_2의 침전 속도를 빠르게 하기 위해 원심분리기를 사용한다. 이 시험관에서 상층만을 약 5 mL씩 채취하여 내공의 지름이 0.45 μm인 주사기형 필터를 사용하여 남아있는 TiO_2 콜로이드를 제거한다.

⑤ **가시광선 스펙트럼**

TiO_2와 MG가 들어 있고 빛을 쪼이지 않은 용액과 주어진 시간 동안 빛을 쪼인 용액들의 가시광선 스펙트럼을 그림 21.4와 같이 얻는다. 이때 610 nm(혹은 λ_{max})의 흡광도를 기록하고 앞의 Beer-Lambert 법칙의 보정을 이용하여 각 시료의 농도를 구해보시오.

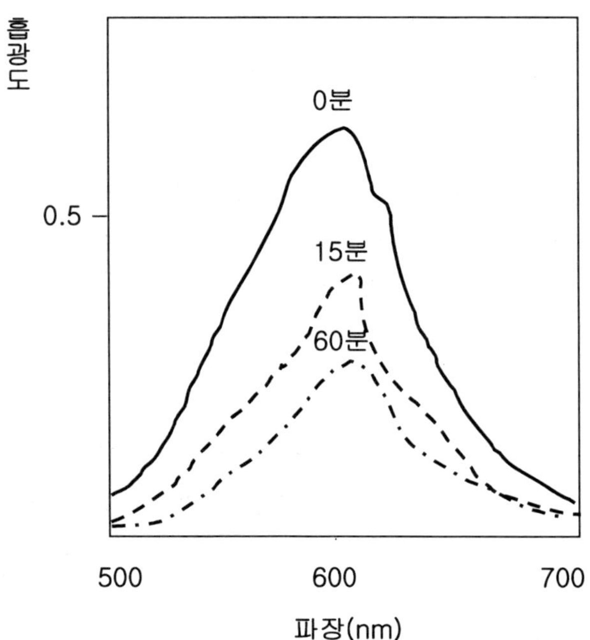

|그림 21.4| 4W 자외선 램프를 광촉매가 들어 있는 MG 용액에 0분, 15분, 60분 조사하였을 때 가시광선 스펙트럼의 변화

5 결과보고서 및 자료 처리

학년	학과	조번호	학 번	이 름	실험일자	공동실험자

① 그림 21.2와 같이 malachite green oxalate (MG)의 자외선-가시광선 스펙트럼의 결과를 나타내시오.

② Beer-Lambert 법칙의 보정: MG 용액의 농도에 따른 최대 흡수 파장(λ_{max})에서의 흡광도

농도	흡광도 (λ_{max} = nm)
2 ppm	
5 ppm	
8 ppm	
10 ppm	

위 표의 자료를 이용하여 그림 21.3과 같은 보정 직선을 그린다.

③ 광촉매의 반응

시간에 따른 10 ppm MG 용액의 광촉매 분해 반응 결과(500 ~ 700 nm 영역의 가시광선 스펙트럼)를 그림 21.4와 같이 나타낸다.

④ 과정 ③의 자료를 토대로 아래의 표를 작성한다.

광반응 시간	흡광도(λ_{max} = nm)	농도(보정 곡선 이용) ppm
0 분		
5 분		
10 분		
15 분		
25 분		
40 분		
60 분		

⑤ $\ln v$를 $\ln C$에 대해 도시하고 직선의 기울기로부터 반응의 차수 n과 속도 상수 k를 구하시오.

6 토론 및 질문

광반응 개시 후 MG의 농도 변화를 시간에 따라 나타내면(즉, 앞의 실험에서 구한 시간에 따른 농도를 도시하면) MG의 광분해 메커니즘에 대해 무엇을 알 수 있을까? MG의 광분해 메커니즘은 매우 복잡할 것이므로 반응속도는 간단한 1차, 2차, 3차 반응이 아닐 수도 있다. 그러나 일단 MG의 농도에 대해서 n차 반응이라고 가정한다면 MG의 농도를 C라 할 때,

반응 속도, $$v = -\frac{dC}{dt} = kC^n \tag{21.2}$$

혹은

$$\ln v = \ln k + n \ln C \tag{21.3}$$

위 식에서 k는 반응 상수로서 우리의 반응에서는 TiO_2 콜로이드의 농도, 조사되는 빛의 세기, 반응 플라스크의 구조 등에 기인한 광조사의 효율성 등에 의존할 것이다. 이들이 일정한 조건에서는 식 21.2를 이용하여 $\ln v = (\ln(-\frac{\Delta C}{\Delta t}))$를 lnC에 대해서 도시하면 그 기울기로부터 n을 얻을 것이다. 여러분이 얻은 자료를 이렇게 처리하면 어떤 n이 얻어지는가? 즉, 몇 차 반응인가?

7 실험 시 주의사항

① Malachite green은 염색약의 재료이기도 하지만 발암물질이므로 피부에 직접 닿지 않게 하며, 실험 후 방류 시 지정된 곳에 방류한다.

② UV 스펙트럼은 사용 30분 전에 미리 가동시켜 놓는 것이 감도가 좋다.

8 참고 문헌

① N. Serpone, E. Pelizzetti, *Photocatalysis, Fundamentals and Applications*, John Wiley & Sons, New York, 1989.

② a) I. Izumi, W.W. Dunn, K.O. Wilbourn, E.-R.E. Fan, A.J. Bard, *J. Phys. Chem.* 84, 3207 (1980). b) I. Izumi, E.-R.E. Fan, A.J. Bard, *J. Phys. Chem.*, 85, 218 (1981).

③ D.G. Ollis, *Environ. Sci. Technol.*, 19, 480 (1985).

실험 22

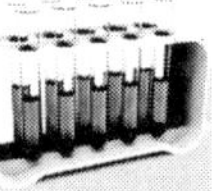

컨쥬게이션 염료의 흡수 스펙트럼

1 실험 목적

대칭 polymethine 염료들의 가시광선 흡수 스펙트럼을 측정하고, 측정한 스펙트럼을 자유 전자 모델을 이용하여 해석할 수 있다.

2 실험 배경 및 원리

가시광선 영역에서 스펙트럼의 흡수띠는 어떤 분자가 바닥 상태로부터 170 ~ 300 kJ/mol 높은 들뜬, 전자 상태로 전이될 때 나타난다. 많은 물질들에서 최저 들뜬 전자 상태는 바닥 상태보다 300 kJ/mol 이상에 존재하며 가시광선 스펙트럼은 관찰되지 않는다. 일반적으로 색을 띤(가시광선을 흡수하여) 이런 화합물들은 자유 라디칼 속의 홀전자나 컨쥬게이션 유기 분자 속의 π 전자와 같이 약한 결합이나 비편재화된 전자들을 가지고 있다.

Polymethine 염료에 대한 가시광선 흡수띠는 polymethine 사슬을 따라서 존재하는 π-전자들의 전자 전이로부터 생긴다. 이들 띠의 흡수 파장은 전자 에너지 준위들의 간격에 의존한다. 이들 염료들에 대해서 결합 궤도함수와 분자 궤도함수의 계산을 수행하였으나 계산으로부터 예측된 값은 실험에 의해 관찰된 값과 잘 일치되지 않는다. 본 실험에서는 Kuhn에 의해서 최초로 제안된 간단한 자유 전자 모델을 소개하겠다. 이 모델은 약간 과장된 가정이 포함되어 있지만 컨쥬게이션 염료와 같은 분자들에 대해서는 상당히 잘 들어맞는다.

예를 들면 일명 cryptocyanine(1,1'-diethyl-4,4'-carbocyanine iodide)의 묽은 용액을 생각해보자 수용액 상태에서 이 분자의 양이온은 그림 22.1에 나타난 바와 같이 두 개의 공명

Et—N: C=CH—CH=CH—C N⁺—EtI⁻ ⟷ Et—⁺N C—CH=CH—CH=C :N—EtI⁻
CH=CH CH—CH CH—CH CH=CH

|그림 22.1| cryptocyanine 분자의 두 가지 공명 구조

구조를 갖는데, 이것은 두 가지 상태가 동등하게 기여하고 있음을 뜻한다. 따라서 이 사슬을 따라 존재하는 모든 결합들은 결합 차수가 1.5(벤젠의 C-C 결합과 유사)로 동등하다고 간주할 수 있는 것이다. 사슬에 존재하는 각 탄소 원자와 끝에 존재하는 각 질소 원자는 3개의 편재화된 결합(σ 결합)에 의해 3개의 원자들과 결합을 형성하고 있고, 사슬의 탄소 원자에 존재하는 여분의 원자가 전자와 2개의 질소 원자에 남아있는 3개의 전자들은 사슬을 따라서 움직이는 π 전자 구름을 형성한다(사슬면의 위와 아래로). 퍼텐셜 에너지는 사슬을 따라 일정하게 변함이 없다가 각 끝에서 무한대로 급격히 증가한다고 가정할 수 있다. 다시 말하자면, π 전자계가 길이 L인 1차원 상자 안에서 움직이는 자유 전자들이라고 생각할 수 있을 것이다. 이 모델의 에너지 준위에 대한 양자역학적인 해는 다음 식과 같다.

$$E_u = \frac{n^2h^2}{8mL^2} \qquad n=1,\ 2,\ 3,\ \cdots \tag{22.1}$$

여기서 m은 전자의 질량, h는 Planck 상수이다.

Pauli의 배타 원리는 어떤 주어진 에너지 준위에 들어갈 전자들의 수를 두 개로 제한하므로, N개의 π 전자를 가지는 분자의 바닥 상태는 가장 낮은 에너지 준위에서부터 N/2 번째(만약 N이 짝수이면)의 준위까지 전자로 채워지고 그보다 높은 준위는 비어 있다. 분자(여기서는 이온)가 빛을 흡수할 때는, 채워진 것 중 가장 높은 에너지 준위 (n_1 = N/2)에서 비어 있는 가장 낮은 에너지 준위로(n_2 = N/2+1) 한 개의 전자가 여기되어 올라가게 된다. 이러한 전이로 인한 에너지 변화는 다음과 같은 식으로 나타낼 수 있다.

$$\Delta E = \frac{h^2}{8mL^2}(n_2^2 - n_1^2) = \frac{h^2}{8mL^2}(N+1) \tag{22.2}$$

$\Delta E = h\nu = hc/\lambda$로 나타낼 수 있기 때문에 파장 λ는 다음과 같이 나타낼 수 있다. 여기서 c는 빛의 속도이다.

$$\lambda = \frac{8mc}{h}\frac{L^2}{N+1} \tag{22.3}$$

Polymethine 사슬에 있는 탄소 원자들의 수를 p로 표시하자. 그러면 $N = p+3$이다. Kuhn은 L을 양쪽에 결합 길이 1개씩을 더한 질소 원자들 사이에 존재하는 사슬의 길이로 가정했다(참고 문헌 1 참조). 그래서 $L = (p+3)l$ 이 되고, 여기의 l은 사슬을 따라 존재하는 원자들 사이의 결합길이를 나타낸다. 그러므로 λ에 대한 식은 다음과 같이 된다.

$$\lambda = \frac{8mcl^2}{h}\frac{(p+3)^2}{p+4} \tag{22.4}$$

$l = 1.39\,\text{Å} = 0.139$ nm로 놓으면 λ는 다음과 같다.

$$\lambda/\text{nm} = 63.7\frac{(p+3)^2}{p+4} \qquad (22.5)$$

만약 사슬의 끝에 쉽게 편극이 되는 그룹이 있을 경우(벤젠 고리와 같이)에는 사슬에서 π 전자들의 퍼텐셜 에너지는 양끝에서 급격히 올라가지 않을 것이다. 실제로 이것은 길이 L을 증가시키게 되고 다음과 같이 쓸 수 있다.

$$\lambda/\text{nm} = 63.7\frac{(p+3+\alpha)^2}{p+4} \qquad (22.6)$$

여기서 α는 주어진 유형에 대한 염료 계열의 상수값이고, α는 0과 1 사이에 놓여야 한다.

앞에서 설명한 자유 전자 모델의 결과와 더 정교한 결합 궤도함수 또는 분자 궤도함수 계산 결과를 간단히 비교해보자. 먼저 $\alpha = 0$으로 가정한 식 22.5를 사용하여 cryptocyanine (p=9) 염료에 대한 파장 λ를 계산한 자유 전자 모델의 결과와, Herzfeld와 Sklar에 의해 주어진 값(참고 문헌 2 참조)을 비교하면 다음과 같다.

자유 전자 모델,	λ = 707 nm
결합 궤도함수(경우 1),	λ = 3900 nm
결합 궤도함수(경우 2),	λ = 2900 nm
분자 궤도함수,	λ = 2700 nm

위 결과에서와 같이 오직 자유 전자 모델만이 실험적으로 관찰된 값과 일치하는 가시광선 영역에서의 흡수띠를 예측하고 있다. 궤도함수 계산이 polymethine 염료들에 대해 잘 들어맞지는 않지만 이 위 식들은 원리 면에서 아주 뛰어나고 불포화 탄화수소 화합물에 대해서는 훌륭한 결과를 주고 있다.

3 장치 및 시약

가시광선 분광기, 10 mL 부피 플라스크 3개, 10 mL 눈금피펫, 피펫 필러, 검은 유리병 (용액의 장시간 보관 시), 큐벳 시료용기(파이렉스나 폴리스티렌) 4개, 파스퇴르 피펫 3개, 플라스틱 씻기병, 렌즈 티슈, 메탄올 200 mL,

Polymethine 염료 각각 1g:

1,1′-diethyl-4,4′-carbocyanine iodide

3,3′-Diethylthiadicarbocyanine iodide
1,1′-diethyl-2,2′-carbocyanine iodide

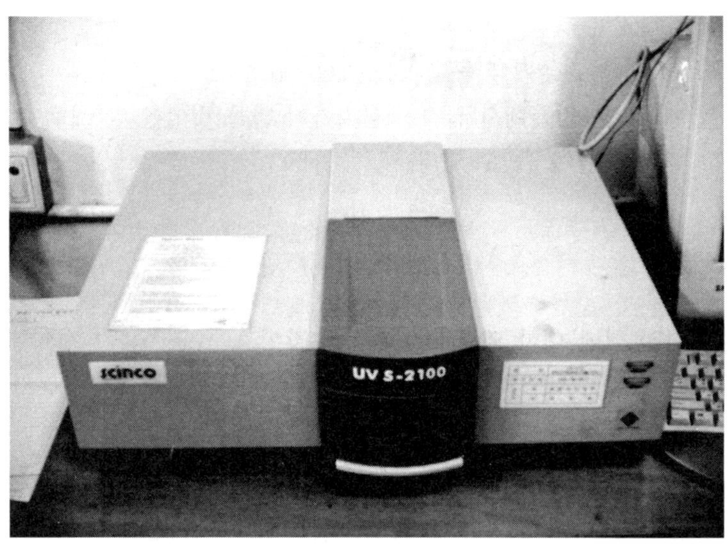

|그림 22.2| UV-Visible Spectrophotometer

4 실험 방법

① 1,1′-Diethyl-2,2′-carbocyanine iodide, 3,3′-Diethylthiadicarbocyanine iodide, 1,1′-Diethyl-4,4′-carbocyanine iodide 중 하나를 선택하여 메탄올을 용매로 사용하여 1×10^{-3} M 농도로 10 mL를 준비한다(장시간 보관을 위해서는 검은 유리병에 넣어둔다).

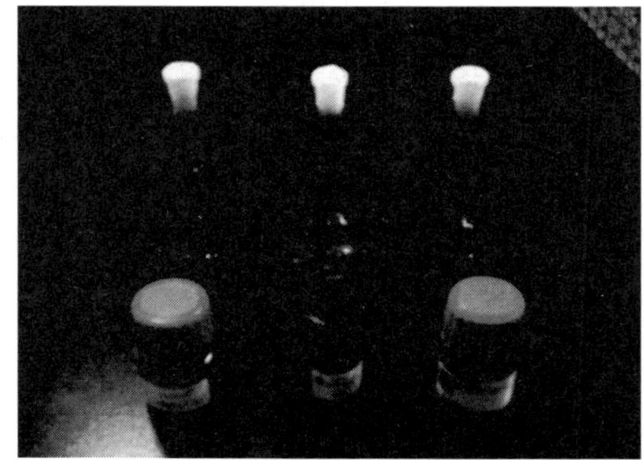

|그림 22.3| 컨쥬게이션 염료와 제조된 용액

② 가시광선 분광기를 사용하여 흡수띠가 나타날 때까지 전 가시광선 영역 (400 ~ 750 nm)에 걸쳐서 넓은 간격으로 위 용액의 흡광 스펙트럼을 얻는다.

③ 처음 용액을 1/5로 희석하여 스펙트럼을 다시 얻는다.

④ 과정 ②와 ③을 반복하여 흡수띠의 최대 피크에서 흡광도가 약 1(투광도 ~ 0.1)이 얻어질 때까지 반복한다.

⑤ 가장 좋은 결과를 준 몰농도와 비슷하게 나머지 다른 염료에 대해서도 용액을 10 mL 정도 만들어 위와 같은 방법으로 스펙트럼을 얻는다.

5 결과보고서 및 자료 처리

학년	학과	조번호	학 번	이 름	실험일자	공동실험자

① 측정한 흡광 스펙트럼을 첨부한다(화합물의 종류와 농도를 정확히 표시).

② 실험한 각각의 염료에 대해서 최대 흡수 파장 λ_{max}를 결정하고 식 22.6을 이용하여 각각의 화합물에 대해 자유 전자 모델을 적용하여 λ_{max}를 계산한다.

|표 22.1| 실험에 사용된 염료 용액의 농도 및 실험 결과

화합물의 종류	측정한 농도(M)	흡수 꼭대기에서의 파장 λ_{max}	자유 전자 모델을 적용 λ_{max}
1,1′-diethyl-2,2′-carbo cyanine iodide	1×10^{-3}		
	1×10^{-4}		
	1×10^{-5}		
	1×10^{-6}		
3,3′-Diethylthiadicarbo cyanine iodide	1×10^{-3}		
	1×10^{-4}		
	1×10^{-5}		
	1×10^{-6}		
1,1′-diethyl-4,4′-carbo cyanine iodide	1×10^{-3}		
	1×10^{-4}		
	1×10^{-5}		
	1×10^{-6}		

③ 식 22.6의 계산 과정을 적으시오.

6 토론 및 질문

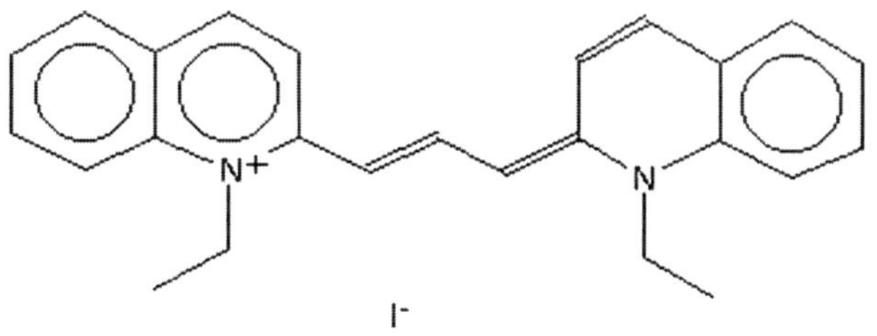

|그림 22.4| 1,1′–diethyl–2,2′–carbocyanine iodide (p=5)

|그림 22.5| 3,3′–Diethylthiadicarbocyanine iodide (p=7)

|그림 22.6| 1,1′–diethyl–4,4′–carbocyanine iodide (p=9)

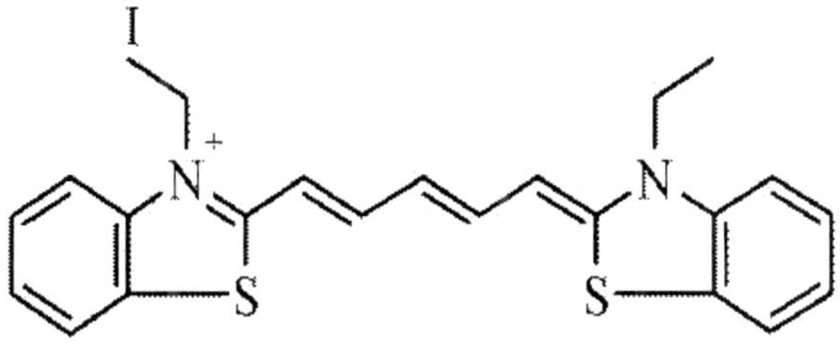

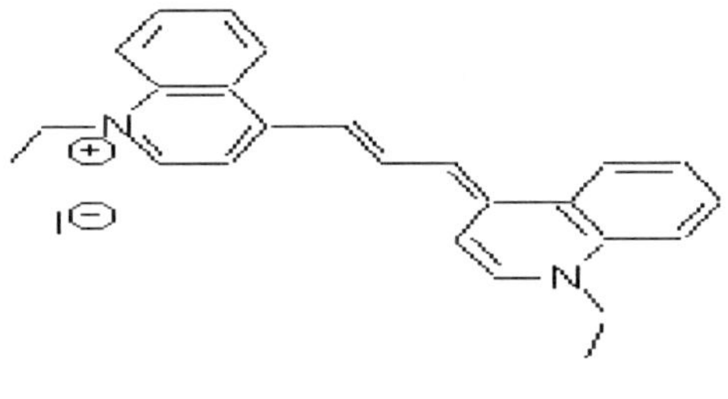

1×10^{-3} M의 polymethine 용액에 들어갈 염료의 양은 다음과 같은 식으로 계산한다.

1,1′–diethyl–2,2′–carbocyanine iodide. $0.001\text{mol}\times\frac{480.39\text{g}}{1\text{mol}}\times\frac{100}{97}=0.5\text{g}$

3,3′–Diethylthiadicarbocyanine iodide. $0.001\text{mol}\times\frac{518.48\text{g}}{1\text{mol}}\times\frac{100}{98}=0.53\text{g}$

1,1′–diethyl–4,4′–carbocyanine iodide. $0.001\text{mol}\times\frac{480.39\text{g}}{1\text{mol}}\times\frac{100}{97}=0.5\text{g}$

위 실험에서 사용한 세 가지 polymethine 염료는 polymethine 사슬의 탄소수가 각각 5, 7, 9개로서 실험의 결과가 탄소수가 늘어날수록 장파장을 흡수하는 스펙트럼이 나타나는 것을 예상할 수 있다. 이는 컨쥬게이션의 길이가 길어질수록 분자 궤도함수의 LUMO와 HOMO의 에너지 차이가 작아지기 때문인데 이를 Red shift라고 한다.

자유 전자 모델에 적용한 이론값과 실험값이 완전히 일치하지는 않지만 polymethine 염료의 탄소수가 늘어남에 따라 흡수 스펙트럼이 장파장으로 이동하는 것을 확인할 수 있었다.

이 실험을 통해서 몰농도에 대한 기초, 컨쥬게이션의 특징, 자유 전자 모델과 전자 전이에 대한 지식, 가시광선 분광기의 기본 원리 및 사용법을 익힐 수 있다.

7 실험 시 주의사항

① 염료를 메탄올에 녹일 때는 완전히 녹았는지 계속 확인한다.

② 만들어진 용액을 오래 보관할 때는 햇빛에 의해 분해되는 것을 방지하기 위해 검은 유리병에 보관한다.

③ 가시광선 분광기를 사용할 때는 큐벳 시료 용기에 지문이 묻지 않도록 주의한다.

④ 큐벳 시료 용기를 세척할 때는 용기에 상처가 생기지 않도록 주의한다.

⑤ 되도록이면 분광기와 시료 용기는 같은 회사 제품을 사용한다.

8 참고 문헌

① H. Kuhn, *J. Chem. Phys.*, 17, 1198 (1949).

② K.F. Herzfeld, A.L. Sklar, *Rev. Mod. Phys.*, 14, 294 (1942).

실험 23

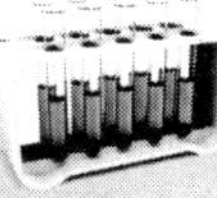

유화와 미세유화

1 실험 목적

섞이지 않는 두 가지 이상의 액체가 혼합되어 있는 상태를 유화(emulsion 또는 유제(乳劑)라고도 불림)라고 한다. 그림 A는 섞이지 않는 두 액체 I과 II가 시험관에 들어 있는 모형이고, 그림 B는 상 I 속에서 상 II가 분산되어 유화를 이루고 있는 모습이다. 그림 C는 불안정한 유화가 점차 분리되는 모습이고, 그림 D는 계면활성제(surfactant, surface-active-agent의 줄인 말)가 상 I과 II의 계면에 위치하여 유화를 안정화시키는 것을 보여준다.

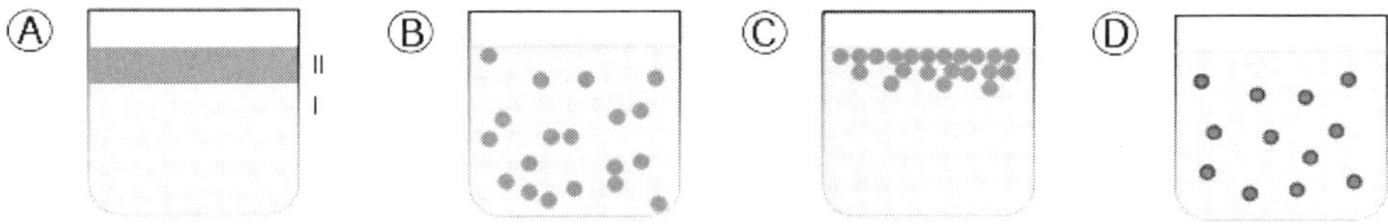

일반적으로 우유 빛의 불투명한 유화에 보조계면활성제를 첨가하면 미세유화(microemulsion)라고 불리는 안정되고 투명한 유화를 형성하는데, 이 실험에서는 유화에 의한 레이저 빛의 산란 현상을 이용하여 미세유화가 형성되는 시점을 관찰해본다.

2 실험 배경 및 원리

극성(polar)과 비극성(nonpolar)의 두 액체를 섞어주면, 마치 물과 기름이 뚜렷하게 분리되듯이 두 성분은 불균일(heterogeneous) 혼합물을 형성한다. 이것은 실험 과정 ①에서 n-dodecane과 물을 혼합했을 때의 결과와 같다. 즉 물은 극성이 크고 n-dodecane은 비극성이어서 두 액체는 잘 섞이지 않을뿐더러 격렬하게 흔들어주어도 잠시 후엔 뚜렷한 두 개의 상으로 분리된다.

그러나 비누 혹은 계면활성제를 첨가해주면 불균일 용액 내에 작은 방울들이 안정하게 형성된다. 계면활성제는 극성과 비극성 액체의 경계면에 모여서 표면적을 줄여주는 역할을 하

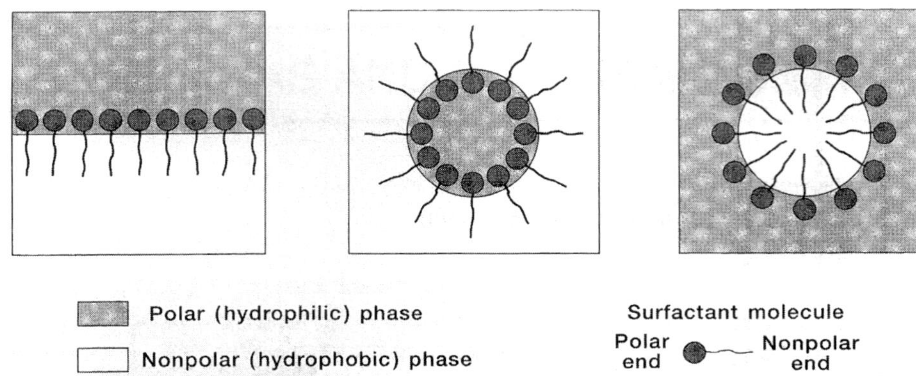

|그림 23.1| 계면활성제는 극성과 비극성 액체의 경계면에 정렬된다.

Oleic acid (9-octadecanoic acid)

O

OH

Myristic acid (tetradecanoic acid)

O

OH

|그림 23.2| 계면활성제 역할을 하는 oleic acid와 myristic acid의 분자 구조

기 때문이다. 즉 계면활성제는 화합물 내에 극성의 성질을 띠는 부분과 비극성을 성질을 띠는 부분이 함께 존재하는 양쪽성(amphiphilic)을 갖고 있어서 극성-비극성 액체 혼합물을 잘 섞일 수 있도록 도와준다. 그림 23.1에 나타난 바와 같이 탄화수소의 사슬 부분은 극성-비극성 액체 경계면에 수직으로 정렬하게 되는데, 극성 부분은 친수성(hydrophilic) 액체 쪽으로, 비극성 부분은 소수성(hydrophobic) 액체 쪽으로 향한다. 이 실험에서 사용하는 oleic acid와 myristic acid도 계면활성제의 역할을 하며 구조를 그림 23.2에서 보여준다.

"유화"라는 용어는 액체 방울들이 콜로이드 형태로 존재하는 액체-액체 혼합물을 말한다. 즉 한 종류의 액체가 다른 종류의 액체에 분산되어 있는 경우를 유화하고 한다. 흔히 콜로이드(colloid)와 유화라는 용어가 함께 사용되기도 하지만 유화는 분산상(dispersed phase)과 연속상(continuous phase)이 액체인 경우에만 사용한다.

유화의 예로는 비네그레트(vinaigrette) 드레싱, 우유, 마요네즈 등이 있으며, 사진 필름은 콜로이드의 전형적인 예이다. 이번 실험에서는 물-dodecane 유화의 형성을 관찰하기 위하여 oleic acid 또는 myristic acid의 포타슘 염을 유화제(emulsifier)로 사용할 것이다.

대개의 유화는 시간이 지나면 두 개의 상으로 나뉘지만, 특정한 조건에서는 분리되지 않고 안정한 상태로 존재하는 미세유화(microemulsion)를 형성한다(참고 문헌 1 참조). 명칭에서 알 수 있듯이 미세유화는 아주 작은 입자들로 분산되어 있는 상태이며, 미세유화의 입자 크기는 대략 5 nm 정도라는 사실이 빛의 산란 현상에 의하여 확인되었다(참고 문헌 2, 3 참조).

이 실험에서는 물-dodecane으로 이루어진 불투명한 우유 빛의 거친 유화 (coarse or hard emulsion, 입자가 크다는 의미)에 1-pentanol을 가해줌으로써 안정하고 투명한 미세유화의 형성을 관찰한다. 이때 1-pentanol은 계면활성제와 함께 유화를 안정화시키므로 보조 계면활성제(cosurfactant)라고 한다. 보조 계면활성제는 미세유화의 형성에 다양하고도 복잡한 역할을 한다(참고 문헌 4 참조). 보조 계면활성제(1-pentanol) 화합물은 극성과 비극성의 양쪽 끝을 가지고 있어서 그림 23.3에서와 같이 계면활성제의 사이에 끼어들어 극성과 비극성 상의 경계면에서 정렬을 하게 된다.

따라서 보조계면활성제는 계면활성제 홀로 존재할 때에 비해 극성과 비극성 두 상간의 표면장력을 더 낮추어주기 때문에 물 속에서 비극성 상(n-dodecane)의 구형 크기를 더욱 작게 만

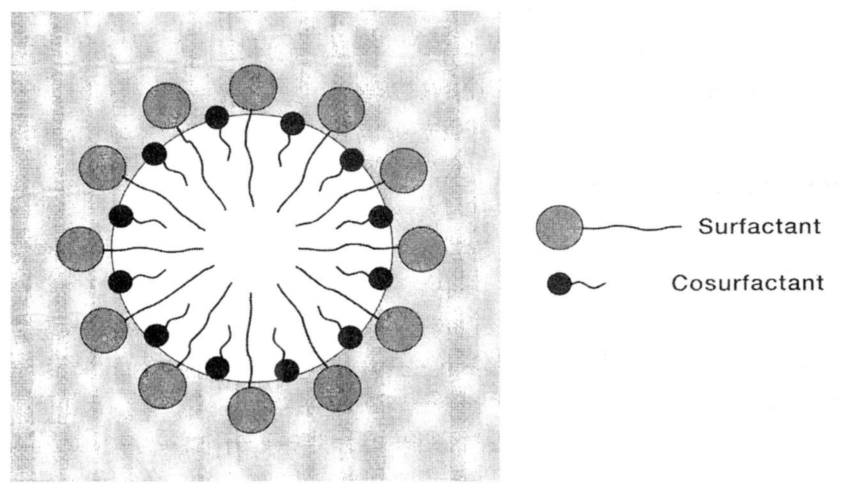

|그림 23.3| 보조 계면활성제는 극성과 비극성 상의 경계면에서 계면활성제 분자와 함께 정렬을 한다.

들어줄 수 있다.

입자 크기가 큰 거친 유화는 빛을 강하게 산란하지만 미세유화는 입자 크기가 작아서 산란 효과가 아주 약하다. 보조 계면활성제인 1-pentanol을 가하주면 빛의 산란 현상이 점차 감소하여 미세유화가 형성되는 최소 지점에 이르게 된다. 따라서 광 검출기를 사용하면 거친 유화가 미세유화로 바뀌는 과정을 정확히 예측할 수 있다. 1-pentanol을 과량으로 첨가하면 1-pentanol 분자들끼리 용액 내에서 새로운 유화를 형성(눈으로 보일 정도의 방울이 형성됨)하여 푸른색을 띠게 된다.

3 장치 및 시약

He-Ne 레이저, 뷰렛-1개, 샘플 셀 - 15 mL 이상 되는 작은 바이알 병, 2.0 M KOH 수용액 - 1.5 mL, 자석 교반기, 작은 Stir bar, Oleic acid - 0.208 g, Myristic acid - 0.220 g, *n*-Dodecane - 6.5 mL 1-Pentanol - 1 mL, 1.0 M HCl, 광 검출기, 전자 저울, 증류수, 비커, 눈금 피펫, 스탠드

4 실험 방법

① 작은 비커에 Dodecane 5 mL와 물 5 mL을 잘 섞고 관찰한다. 물에 식용 색소를 첨가하면 물과 Dodecane 성분에 어떤 변화가 생기는지를 쉽게 구별할 수 있다.

② 그림 23.4와 같이 스탠드에 적정을 위한 뷰렛을 장착하고, 클램프를 이용하여 샘플 셀을 고정시켜 자석 교반기 위에 올려놓는다. 샘플 셀에 자석 막대를 넣는다. 레이저의 전원을 켜서 빛이 셀을 통과하도록 레이저 위치를 조정한다.

③ 1-Pentanol을 뷰렛에 채운다.

④ Oleic acid 0.208 g(또는 Myristic acid 0.220 g)을 샘플 셀에 넣어준다.

⑤ 샘플 셀에 증류수 7.0 mL와 KOH 수용액 1.5 mL를 넣어준다. 레이저 빛이 샘플 셀을 통과하는 위치에 소용돌이가 발생되지 않도록 자석 교반기를 천천히 작동시킨다.

⑥ Dodecane 1.5 mL(Myristic acid의 경우엔 1.0 mL)을 샘플 셀에 추가한다. 이때 샘플 셀

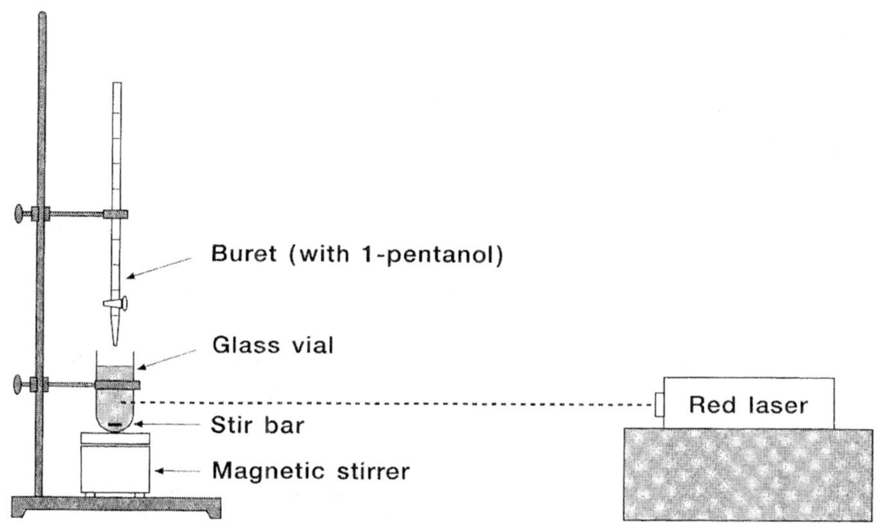

|그림 23.4| 레이저로 종말점을 발견하기 위한 실험

내의 용액은 우유 빛의 혼탁한 유화(emulsion)를 형성하게 된다.

⑦ 뷰렛의 1-Pentanol을 한 번에 한 방울씩 가해주면서 샘플 셀 유화 용액의 변화와 레이저 산란 효과를 세심하게 관찰한다. 산란 현상이 최소가 되는 지점까지 소모된 1-Pentanol의 양을 기록한다. 필요하다면 광 검출기를 이용하여 산란된 빛(레이저 진행 방향의 90도 방향)의 세기를 기록하여 적정의 종말점을 정확히 측정한다. 보통 1-Pentanol은 8 ~ 10 방울(0.40 ~ 0.50 mL) 정도면 된다.

⑧ 계속해서 1-Pentanol을 가해주면 시험관의 용액은 푸른빛을 띠는 유화 용액으로 변하게 되고 산란 효과가 다시 증가함을 눈 또는 광 검출기를 이용하여 확인한다.

⑨ 몇 방울의 1.0 M HCl을 샘플 셀에 가해주고 용액의 변화를 기록하시오. Oleic acid (또는 Myristic acid)의 포타슘 염 형태가 산의 형태로 바뀌게 되므로 계면활성제의 성질을 잃게 되고 따라서 용액 내의 유화 형성이 사라지게 된다.

5 결과보고서 및 자료 처리

학년	학과	조번호	학 번	이 름	실험일자	공동실험자

① 우유 빛의 혼탁한 유화 용액을 자석 교반기를 사용하여 계속 섞어주며 1-Pentanol을 1 방울 단위로 떨어뜨릴 때마다 Y축 (90도) 방향에서 측정된 산란된 빛을 광 검출기로 측정한다. 그리고 빛의 세기가 일정해질 때까지 1-Pentanol을 첨가한다.

|표 23.1| 산란된 빛의 세기 (광 검출기의 출력 값)

1-Pentanol 방울 수	1-Pentanol 부피 (mL)	빛의 세기(mV)
0		
1		
2		
…		
…		
…		
…		
…		

② 첨가한 1-Pentanol의 부피에 따른 산란광의 세기를 그래프로 나타낸다.

③ 계속해서 1-Pentanol을 가해주었을 때 시험관의 용액은 색깔 변화와 유화 용액으로 변화, 그리고 산란 빛의 변화를 설명하시오.

④ 몇 방울의 1.0 M HCl을 샘플 셀에 가해주었을 때 용액의 변화를 설명하시오.

 토론 및 질문

버터와 마요네즈도 유화의 대표적인 예이다. 특히 마요네즈는 가정에서도 쉽게 만들 수 있는 유화 제품이다. 달걀 노른자에 있는 레시틴(lecithin)이 유화제(유화를 만드는 계면활성제의 역할을 하는 물질)로 작용하여 잘 섞이지 않는 식용유와 식초를 혼합시킨다. 식초에 있는 아세트산은 보조 계면활성제(cosurfactant)의 역할을 한다. 그리고 우유는 물에 분산된 버터지방 방울들의 유화 용액이다. 단백질인 카세인이 유화제로 작용하여 지방을 분산시킨다.

 실험 시 주의사항

① KOH 수용액이 피부에 위험이 노출되었을 때는 많은 양의 물로 피부를 씻어주어야 한다.

② Pentanol과 Dodecane은 아주 유독한 시약은 아니지만 가급적 증기를 들이마시지 않도록 주의해야 한다.

③ Oleic acid와 Myristic acid는 피부, 폐, 눈 등을 자극시킬 수 있는 물질이다.

 참고 문헌

① H.L. Rosano, T. Lan, A. Weiss, *J. Colloid Int. Sci.*, **72**, 233 (1979).

② A.M. Cazabat, D. Langevin, A. Pouchelon, *J. Colloid Int. Sci.*, **73**, 1 (1980).

③ A.M. Bellocq, G. Fourche, *Optica Acta*, **27**, 1629 (1980).

④ D. Myers, *Surfactant Science and Technology*, VCH Publishers, New York, 1988; p. 176.

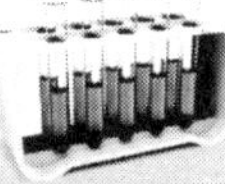

부록 A 화학물질에 노출되었을 때의 비상조치

실험실 복도에 설치된 비상샤워기

항상 실험에 필요한 보안경과 실험복을 준비하며 실험실에서는 안전을 최우선으로 한다. 각 실험에 나와 있는 주의사항을 숙지하여 매번 실험에 임하도록 한다.

부득이하게 화학물질에 노출되었을 때에는 다음의 조치를 취한다.

영실관 2층 복도에 있는 비상 샤워시설을 이용한다.

눈 세정용 샤워기

1. 먼저 빨간색 밸브를 돌려 물을 열어준다.
2. 머리, 몸통, 팔, 다리 등의 신체가 화학물질에 노출된 경우 비상샤워기의 위에 있는 레버를 당기고 샤워한다.
3. 눈에 화학물질이 들어간 경우 샤워기 중간의 노란색 커버를 벗기고 앞에 있는 레버를 밀어준다. 물이 나오면 눈을 뜬 채로 갖다 대어 오염물질을 씻어낸다.
4. 이상의 임시조치를 취한 후 신속히 병원으로 이동한다(필요에 따라 구급차를 요청한다).

부록 B 주요 시약의 특성

1 산

1) 황산(sulfuric acid, H_2SO_4) : 18 M 수용액(98 wt%)으로 판매되며, 매우 강산으로 물과 격렬하게 반응하면서 많은 열을 낸다. 진한 황산을 묽힐 때는 물을 잘 저으면서 산을 서서히 넣어 주어야 한다. 진한 황산은 강한 탈수력을 가지고 있다. 황산으로 금속을 녹이는 경우에 너무 많은 양을 사용하면 남은 황산을 증발 시키기가 매우 어렵기 때문에 적당한 양을 사용해야 한다.
2) 질산(nitric acid, HNO_3) : 15 M 수용액(70 wt%)으로 판매되는 매우 강산으로 강한 산화력을 가지고 있어서 금속과 잘 반응하고, 갈색의 이산화 질소 기체가 발생한다. 그러나 알루미늄, 철, 주석과 같은 금속은 진한 질산에 의해서 산화되면 잘 녹지 않는 금속 산화물 막이 만들어지기 때문에 묽은 질산을 사용한 것이 더 유리하다.
3) 염산(hydrochloric acid, HCl) : 12 M 수용액(37 wt%)으로 판매되는 강산이다. 금속과 반응하면 수소 기체와 금속 양이온이 생성된다. 휘발성이 크기 때문에 반응 후에 남은 염산은 가열해서 쉽게 증발시킬 수 있다.
4) 인산(phoporic acid, H_3PO_4) : 15 M 수용액(85 wt%)으로 판매되는 약산이다. 휘발성이 없고 산화력이 약하다.
5) 아세트산(acetic acid, CH_3COOH) : 유기산으로, 빙초산이라고 부르는 18M 수용액(99.7 wt%)으로 판매된다. 흔히 사용되는 약산으로 산성의 완충 용액을 만드는 데 많이 사용된다. 진한 질산과 혼합하면 폭발성 물질이 만들어지기 때문에 조심해야 한다.

2 염기

1) 수산화 소듐(sodium hydroxide, NaOH) : 물에 녹이면 많은 열이 발생하고, 수용액은 강한 염기성을 나타낸다. 수용액은 공기 중의 이산화 탄소를 흡수해서 탄산염이 만들어지면서 용액의 pH가 낮아진다. 그러므로 사산화 소듐 수용액은 사용하기 직전에 만들어야 하

고, 정밀한 실험을 위해서는 1차 표준 물질로 표준화해야 한다.

2) 암모니아 수용액(aqueous ammonium solution, NH_4OH) : 진한 암모니아 용액은 15 M의 암모니아를 포함하고 있으며, 전형적인 약염기로 염기성의 완충 용액을 만드는 데 사용된다.

3 기타 시약

1) 과산화 수소(hydrogen peroxide, H_2O_2) : 보통 30% 수용액으로 판매되는 강한 산화제이지만 약한 환원력도 가지고 있다. 진한 과산화 수소 용액은 피부에 화상을 입힐 수 있기 때문에 주의해야 하지만, 묽은 용액은 소독용으로 사용되기도 한다.
2) 과망가니즈 포타슘(potassium permanganate, $KMnO_4$) : 매우 강한 산화제로, 산성 용액에서는 Mn^{2+} 이온이 생성되고, 염기성 용액에서는 물에 녹지 않은 MnO_2가 생성된다. 진한 황산을 넣어주면 폭발성이 매우 큰 화합물이 만들어진다.
3) 다이크로뮴산 포타슘(potassium dichromate, K_2CrO_7) : 강한 산화제로 초록색의 Cr^{3+} 이온을 생성한다. 산성 용액에서는 오렌지색의 Cr_2O7^{2-}로 존재하고, 염기성 용액에서는 노란색의 CrO_4^{2-}로 존재한다. 크로뮴 이온은 독성이 매우 강하기 때문에 사용한 다음에는 반드시 회수해서 적절하게 처리해야 한다.
4) 싸이오아세트아마이드(thioacetamide, CH_3CSNH_2) : 고체의 유기 화합물로 산성과 염기성 용액에서 쉽게 가수분해 되어서 H_2S가 발생하기 때문에 정성 분석에서 황화물 침전을 얻기 위한 H_2S의 공급원으로 많이 사용된다.

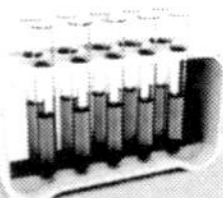

부록 C 단위 환산표

인터넷에 접속이 가능하다면 www.onlineconversion.com을 방문하여 여기에서 단위 환산을 할 수 있다.

■ **물리 상수**

상수	기호	값
원자 질량 단위	amu	1.6606×10^{-27} kg
아보가드로 수	N	6.022×10^{23} particles mol^{-1}
기체 상수	R(at STP)	0.08205 L atm K^{-1} mol^{-1}
전자 질량	m_e	9.109×10^{-28} kg
		5.486×10^{-4} amu
중성자 질량	m_n	1.675×10^{-27} kg
		1.00866 amu
양성자 질량	m_p	1.673×10^{-27} kg
		1.00728 amu
광속	c	2.997925×10^{8} m/s

■ SI 단위 및 환산 인자

길이	질량
SI 단위: meter(m)	SI 단위: kilogram(kg)
1 meter = 1.0936 yards = 100 centimeters = 1000 milimeters 1 centimeter = 0.3937 inch 1 inch = 2.54 centimeters (exactly) 1 kilometer = 0.62137 mile 1 mile = 5280 feet = 1.609 kilometers 1 angstrom = 10^{-10} meter	1 kilogram = 1000 grams = 2.20 pounds 1 gram = 1000 milligrams 1 pound = 453.59 grams = 0.45359 kilogram = 16 ounces 1 ton = 2000 pounds = 907.185 kilograms 1 ounce = 28.3 kg 1 atomic mass unit = 1.6606×10^{-27} kilogram
부피	**온도**
SI 단위: cubic meter(m^3)	SI 단위: kelvin(K)
1 liter = 10^{-3} m^3 = 1 dm^3 = 1.0567 quarts = 1000 mililiters 1 gallon = 4 quarts = 8 pints = 3.785 liters 1 quart = 32 fluid ounces = 0.946 liter 1 fluid ounce = 29.6 milliliters	0 K = −273.15℃ = −459.67°F K = ℃ + 273.15 $℃ = \frac{°F - 32}{1.8}$ °F = 1.8(℃) + 32 $℃ = \frac{5}{9}(°F-32)$
에너지	**압력**
SI 단위: joule(J)	SI 단위: pascal(Pa)
1 joule = 1 kg m^2/s^2 = 0.23901 calorie 1 calorie = 4.184 joules	1 pascal = 1 kg/m s^2 1 atmosphers = 101.325 kilopascals = 760 torr(mm Hg) = 14.70 pounds per squarc inch (psi)

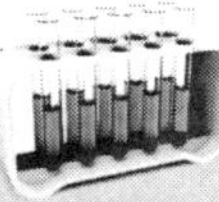

부록 D 기본단위, 접두사 및 실험에 필요한 자료들

표 1 SI 기본 단위

물리량	단위명	기호
길이	미터(m)	m
질량	킬로그램(kg)	kg
시간	초(second)	s
전류	암페어(ampere)	A
온도	켈빈(kelvin)	K
물질 양	몰(mole)	mol
빛의 세기	칸델라(candela)	cd

표 2 SI 접두사

의미	접두사	기호	의미	접두사	기호
10^{18}	엑사	E	10^{-1}	데시	d
10^{15}	페타	P	10^{-2}	센티	c
10^{12}	테라	T	10^{-3}	밀리	m
10^{9}	기가	G	10^{-6}	미크론	μ
10^{6}	메가	M	10^{-9}	나노	n
10^{3}	킬로	k	10^{-12}	피코	p
10^{2}	헥토	h	10^{-15}	펨토	f
10^{1}	데카	da	10^{-18}	아토	a

표 3 각 온도에서 물의 증기압

온도(℃)	증기압(mmHg)	온도(℃)	증기압(mmHg)	온도(℃)	증기압(mmHg)
−10	1.0	22	19.8	50	92.5
−5	3.0	23	21.1	60	149.4
0	4.6	24	22.4	70	233.7
5	6.5	25	23.8	80	355.1
10	9.2	26	25.2	90	525.8
15	12.8	27	26.7	100	760.0
16	13.6	28	28.3	110	1074.6

표 4 용해도곱 상수(18 ~ 25℃)

화합물	분자식	Ksp
alumbonateinum hydroxide	$Al(OH)_3$	1.4×10^{-34}
barium carbonate	$BaCO_3$	1.6×10^{-9}
barium chromate	$BaCrO_4$	1.2×10^{-10}
barium fluoride	BaF_2	2.4×10^{-5}
barium oxalate	$BaC_2O_4 \cdot 2H_2O$	1.5×10^{-8}
barium sulfate	$BaSO_4$	1.0×10^{-10}
bismuth sulfide	Bi_2S_3	1.0×10^{-35}
calcium carbonate	$CaCO_3$	4.7×10^{-9}
calcium chromate	$CaCrO_4$	7.1×10^{-4}
calcium fluoride	CaF_2	1.7×10^{-10}
calcium oxalate	$CaC_2O_4 \cdot H_2O$	2.1×10^{-9}
calcium sulfate	$CaSO_4 \cdot 2H_2O$	2.4×10^{-5}
cadimium hydroxide	$Cd(OH)_2$	2.8×10^{-14}
cadimium oxalate	CdC_2O_4	2.8×10^{-8}
cadimium sulfide	CdS	2.8×10^{-8}
cobalt(II) hydroxide(pink)	$Co(OH)_2$	2.0×10^{-15}
cobalt(III) hydroxide	$Co(OH)_3$	1.0×10^{-43}
cobalt(II) sulfide	CoS	8.0×10^{-23}
copper(I) chroride	$CuCl$	3.2×10^{-7}
copper(II) chromate	$CuCrO_4$	3.6×10^{-6}
copper(II) hydroxide	$Cu(OH)_2$	2.2×10^{-20}
copper(I)iodide	CuI	1.1×10^{-12}
copper(I) sulfide	Cu_2S	1.0×10^{-48}
copper(II)sulfide	CuS	6.0×10^{-36}
iron(II) hydroxide	$Fe(OH)_2$	8.0×10^{-16}
iron(III)hydroxide	$Fe(OH)_3$	6.0×10^{-38}
iron(II)sulfide	FeS	6.0×10^{-18}

표 5 수용액의 산해리 상수 (a) 강산 순서(289K)

Acid	HA	A−	*Ka*	p*Ka*
Hydroiodic	HI	I^-	10^{11}	−11
Perchloric	$HClO_4$	ClO_4−	10^{10}	−10
Hydrobromic	HBr	Br^-	10^{9}	−9
Hydrochloric	HCl	Cl^-	10^{7}	−7
Sulfuric	H_2SO_4	HSO_4^-	10^{2}	−2
Hydronium ion	H_3O^+	H_2O	1	0.0
Oxalic	$(COOH)_2$	$HOOCCO_2^-$	5.9×10^{-2}	1.23
Sulfurous	H_2SO_3	HSO_3^-	1.5×10^{-2}	1.81
Hydrogensulfate ion	HSO_4^-	SO_4^{2-}	1.2×10^{-2}	1.92
Phosphoric	H_3PO_4	$H_2PO_4^-$	7.5×10^{-3}	2.12
Hydrofluoric	HF	F^-	3.5×10^{-4}	3.45
Formic	$HCOOH$	HCO_2^-	1.8×10^{-4}	3.75
Lactic	$CH_3CH(OH)COOH$	$CH_3CH(OH)CO_2^-$	1.4×10^{-4}	3.86
Hydrogenoxalate ion	$HOOCCO_2^-$	$(CO2)_2^{2-}$	6.5×10^{-5}	4.19
Anilinjum ion	$C_6H_5NH_3^+$	$C_6H_5NH_2$	2.3×10^{-5}	4.63
Acetic (ethanoic)	CH_3COOH	$CH_3CO_2^-$	1.8×10^{-5}	4.75
Butanoci	C_3H_7COOH	$C_3H_7CO_2^-$	1.5×10^{-5}	4.82
Propanoic	C_2H_5COOH	$C_2H_5CO_2^-$	1.4×10^{-5}	4.87
Pyridinium ion	$HC_5H_5N^+$	C_5H_5N	5.6×10^{-6}	5.25
Carbonic	H_2CO_3	HCO_3^-	4.3×10^{-7}	6.37
Hydrogen sulfide	H_2S	HS^-	9.1×10^{-8}	7.04
Dihydrogenphosphate ion	$H_2PO_4^-$	HPO_4^{2-}	6.2×10^{-8}	7.21
Hypochlorous	$HClO$	ClO^-	3.0×10^{-8}	7.53
Hydrazinium ion	$NH_2NH_3^+$	NH_2NH_2	5.9×10^{-9}	8.23
Hypobromous	$HBrO$	BrO^-	2.0×10^{-9}	8.69
Boric	$B(OH)_3$	$B(OH)_4^-$	7.2×10^{-10}	9.14
Ammonium ion	NH_4^+	NH_3	5.6×10^{-10}	9.25
Hydrogen cyanide	HCN	CN^-	4.9×10^{-10}	9.31
Glycinium ion	NH_2CH_2COOH	$NH_2CH_2CO_2^-$	1.7×10^{-10}	9.78
Trimethylammoium ion	$(CH_3)_3NH$+	$(CH_3)_3N$	1.6×10^{-10}	9.81
Phenol	C_6H_5OH	$C_6H_5O^-$	1.3×10^{-10}	9.89
Hydrogencarbonate ion	HCO_3^-	CO_3^{2-}	5.6×10^{-11}	10.25
Hypoiodous	HIO	IO^-	2.3×10^{-11}	10.64
Methylammonium ion	$CH_3NH_3^+$	CH_3NH_2	2.2×10^{-11}	10.66
Dimethylammonium ion	$(CH_3)_2NH_2^+$	$(CH_3)_2NH$	1.9×10^{-11}	10.73
Triethylammonium ion	$(C_2H_5)_3NH^+$	$(C_2H_5)_3N$	1.7×10^{-11}	10.76
Ethylammonium ion	$C_2H_5NH_3^+$	$C_2H_5NH_2$	1.6×10^{-11}	10.81
Diethylammonium ion	$(C_2H_5)_2NH_2^+$	$(C_2H_5)_2NH$	1.0×10^{-11}	10.99
Hydrogenarsenate ion	$HAsO_4^{2-}$	AsO_4^{3-}	3.0×10^{-12}	11.53

표 6 298K에서 표준 전위(알파벳 순서)

환원 반반응	E°/V	환원 반반응	E°/V
$Ag^+ + e^- \rightarrow Ag$	+0.80	$I_2 + 2e^- \rightarrow 2I^-$	+0.54
$Ag^{2+} + e^- \rightarrow Ag^+$	+1.98	$I_3^- + 2e^- \rightarrow 3I^-$	+0.53
$AgBr + e^- \rightarrow Ag + Br^-$	+0.0713	$In^+ + e^- \rightarrow In$	−0.14
$AgCl + e^- \rightarrow Ag + Cl^-$	+0.22	$In^{2+} + e^- \rightarrow In^+$	−0.40
$Ag_2CrO_4 + 2e^- \rightarrow 2Ag + CrO_4^{2-}$	+0.45	$In^{3+} + 2e^- \rightarrow In^+$	−0.44
$AgF + e^- \rightarrow Ag + F^-$	+0.78	$In^{3+} + 3e^- \rightarrow In$	−0.34
$AgI + e^- \rightarrow Ag + I^-$	−0.15	$In^{3+} + e^- \rightarrow In^{2+}$	−0.49
$Al^{3+} + 3e^- \rightarrow Al$	−1.66	$K^+ + e^- \rightarrow K$	−2.93
$Au^+ + e^- \rightarrow Au$	+1.69	$La^{3+} + 3e^- \rightarrow La$	−2.52
$Au^{3+} + 3e^- \rightarrow Au$	+1.40	$Li^+ + e^- \rightarrow Li$	−3.05
$Ba^{2+} + 2e^- \rightarrow Ba$	−2.91	$Mg^{2+} + 2e^- \rightarrow Mg$	−2.36
$Be^{2+} + 2e^- \rightarrow Be$	−1.85	$Mn^{2+} + 2e^- \rightarrow Mn$	−1.18
$Bi^{3+} + 3e^- \rightarrow Bi$	+0.20	$Mn^{3+} + e^- \rightarrow Mn^{2+}$	+1.51
$Br_2 + 2e^- \rightarrow 2Br^-$	+1.09	$MnO_2 + 4H^+ + 2e^- \rightarrow Mn^{2+} + 2H_2O$	+1.23
$BrO^- + H_2O + 2e^- \rightarrow Br^- + 2OH^-$	+0.76	$MnO_4^- + 8H^+ + 5e^- \rightarrow Mn^{2+} + 4H_2O$	+1.51
$Ca^{2+} + 2e^- \rightarrow Ca$	−2.87	$MnO_4^- + e^- \rightarrow MnO_4^{2-}$	+0.56
$Cd(OH)_2 + 2e^- \rightarrow Cd + 2OH^-$	−0.81	$MnO_4^{2-} + 2H_2O + 2e^- \rightarrow MnO_2 + OH^-$	+0.60
$Cd^{2+} + 2e^- \rightarrow Cd$	−0.40	$Na^+ + e^- \rightarrow Na$	−2.71
$Ce^{3+} + 3e^- \rightarrow Ce$	−2.48	$Ni^{2+} + 2e^- \rightarrow Ni$	−0.23
$Ce^{4+} + e^- \rightarrow Ce^{3+}$	+1.61	$NiOOH + H_2O + e^- \rightarrow Ni(OH)_2 + OH^-$	+0.49
$Cl_2 + 2e^- \rightarrow 2Cl^-$	+1.36	$NO_3^- + 2H^+ + e^- \rightarrow NO_2 + H_2O$	−0.80
$ClO^- + H_2O + 2e^- \rightarrow Cl^- + 2OH^-$	+0.89	$NO_3^- + 4H^+ + 3e^- \rightarrow NO + 2H_2O$	+0.96
$ClO_4^- + 2H^+ + 2e^- \rightarrow ClO_3^- + H_2O$	+1.23	$NO_3^- + H_2O + 2e^- \rightarrow NO_2^- + 2OH^-$	+0.10
$ClO_4^- + H_2O + 2e^- \rightarrow ClO_3^- + 2OH^-$	+0.36	$O_2 + 2H_2O + 4e^- \rightarrow 4OH^-$	+0.40
$Co^{2+} + 2e^- \rightarrow Co$	−0.28	$O_2 + 4H^+ + 4e^- \rightarrow 2H_2O$	+1.23
$Co^{3+} + e^- \rightarrow Co^{2+}$	+1.81	$O_2 + e^- \rightarrow O_2^-$	−0.56
$Cr^{2+} + 2e^- \rightarrow Cr$	−0.91	$O_2 + H_2O + 2e^- \rightarrow HO_2^- + OH^-$	−0.08
$Cr_2O_7^{2-} + 14H^+ + 6e^- \rightarrow 2Cr^{3+} + 7H_2O$	+1.33	$O_3 + 2H^+ + 2e^- \rightarrow O_2 + H_2O$	+2.07
$Cr^{3+} + 3e^- \rightarrow Cr$	−0.74	$O_3 + H_2O + 2e^- \rightarrow O_2 + 2OH^-$	+1.24
$Cr^{3+} + e^- \rightarrow Cr^{2+}$	−0.41	$Pb^{2+} + 2e^- \rightarrow Pb$	−0.13
$Cs^+ + e^- \rightarrow Cs$	−2.92	$Pb^{4+} + 2e^- \rightarrow Pb^{2+}$	+1.67
$Cu^+ + e^- \rightarrow Cu$	+0.52	$PbSO_4 + 2e^- \rightarrow Pb + SO_4^{2-}$	−0.36
$Cu^{2+} + 2e^- \rightarrow Cu$	+0.34	$Pt^{2+} + 2e^- \rightarrow Pt$	+1.20
$Cu^{2+} + e^- \rightarrow Cu^+$	+0.16	$Pu^{4+} + e^- \rightarrow Pu^{3+}$	+0.97
$F_2 + 2e^- \rightarrow 2F^-$	+2.87	$Ra^{2+} + 2e^- \rightarrow Ra$	−2.92
$Fe^{2+} + 2e^- \rightarrow Fe$	−0.44	$Rb^+ + e^- \rightarrow Rb$	−2.93
$Fe^{3+} + 3e^- \rightarrow Fe$	−0.04	$S + 2e^- \rightarrow S^{2-}$	−0.48
$Fe^{3+} + e^- \rightarrow Fe^{2+}$	+0.77	$S_2O_8^{2-} + 2e^- \rightarrow 2SO_4^{2-}$	+2.05
$[Fe(CN)_6]^{3-} + e^- \rightarrow [Fe(CN)_6]^{4-}$	+0.36	$Sc^{3+} + 3e^- \rightarrow Sc$	−2.09
$2H^+ + 2e^- \rightarrow H_2$	0	$Sn^{2+} + 2e^- \rightarrow Sn$	−0.14
$2H_2O + 2e^- \rightarrow H_2 + 2OH^-$	−0.83	$Sn^{4+} + 2e^- \rightarrow Sn^{2+}$	+0.15
$2HBrO + 2H^+ + 2e^- \rightarrow Br_2 + 2H_2O$	+1.60	$Sr^{2+} + 2e^- \rightarrow Sr$	−2.89
$2HClO + 2H^+ + 2e^- \rightarrow Cl_2 + 2H_2O$	+1.63	$Ti^{2+} + 2e^- \rightarrow Ti$	−1.63
$H_2O_2 + 2H^+ + 2e^- \rightarrow 2H_2O$	+1.78	$Ti^{3+} + e^- \rightarrow Ti^{2+}$	−0.37
$H_4XeO_6 + 2H^+ + 2e^- \rightarrow XeO_3 + 3H_2O$	+3.0	$Ti^{4+} + e^- \rightarrow Ti^{3+}$	0.00
$Hg_2^{2+} + 2e^- \rightarrow 2Hg$	+0.79	$Tl^+ + e^- \rightarrow Tl$	−0.34
$Hg_2Cl_2 + 2e^- \rightarrow 2Hg + 2Cl^-$	+0.27	$U^{3+} + 3e^- \rightarrow U$	−1.79
$Hg^{2+} + 2e^- \rightarrow Hg$	+0.86	$U^{4+} + e^- \rightarrow U^{3+}$	−0.61
$2Hg^{2+} + 2e^- \rightarrow Hg_2^{2+}$	+0.92	$V^{2+} + 2e^- \rightarrow V$	−1.19
$Hg_2SO_4 + 2e^- \rightarrow 2Hg + SO_4^{2-}$	+0.62	$V^{3+} + e^- \rightarrow V^{2+}$	−0.26
		$Zn^{2+} + 2e^- \rightarrow Zn$	−0.76

물리화학실험

| 저 자 최종하 · 정광우 · 이기학
| 발행인 김지영
| 발행처 자유아카데미
| 주 소 경기도 파주시 회동길 37-42
파주출판도시
| 전 화 031-955-1321
| 팩 스 031-955-1322
| 홈페이지 www.freeaca.com
| 전자우편 main@freeaca.com(대표)
editor@freeaca.com(편집)
crm@freeaca.com(영업)
| 등 록 제406-2003-017호, 1980. 7. 12
| 제1판1쇄 2013년 2월 15일 발행
| 제1판4쇄 2022년 1월 5일 발행
| 정 가 15,000원

저자와의 협의하에 인지생략

ISBN 978-89-7338-488-4 93430